U0148479

Photoshop CS4
Flash CS4
Dreamweaver CS4
网页制作50例

陈志浩 任保宏 李 峰 等编著

電子工業出版社·

Publishing House of Electronics Industry

北京·BEIJING

内 容 简 介

　　本书是一本介绍 Photoshop CS4、Flash CS4 和 Dreamweaver CS4 在网页设计领域应用的实例书籍。全书共包含 50 个实例，分为图像浏览网站、企业网站、设计网站、营销网站、主流网站五大部分，全面分析了 Photoshop CS4、Dreamweaver CS4 和 Flash CS4 中各种工具的应用方法、实际操作方法，以及网页设计相关知识。

　　本书内容较为全面，知识点分析深入透彻，适合网页设计师、平面设计师、广告设计师、网络和多媒体行业相关人员、美术爱好者以及相关专业的学生使用。

图书在版编目(CIP)数据

Photoshop CS4　Flash CS4　Dreamweaver CS4 网页制作 50 例 / 陈志浩等编著.—北京：电子工业出版社，2010.1

(应用实例系列)

ISBN 978-7-121-09943-4

I. P…　Ⅱ.陈…　Ⅲ.主页制作—图形软件，Photoshop CS4　Flash CS4　Dreamweaver CS4　Ⅳ.TP393.092

中国版本图书馆 CIP 数据核字（2009）第 216041 号

责任编辑：　祁玉芹
印　　刷：　北京市天竺颖华印刷厂
装　　订：　三河市鑫金马印装有限公司
出版发行：　电子工业出版社
　　　　　　北京市海淀区万寿路 173 信箱　邮编 100036
开　　本：　787×1092　1/16　印张：25　字数：640 千字
印　　次：　2010 年 1 月第 1 次印刷
定　　价：　48.00 元（含光盘 1 张）

　　凡所购买电子工业出版社图书有缺损问题，请向购买书店调换。若书店售缺，请与本社发行部联系，联系及邮购电话：(010) 88254888。

　　质量投诉请发邮件至 zlts@phei.com.cn，盗版侵权举报请发邮件至 dbqq@phei.com.cn。

　　服务热线：(010) 88258888。

前　言

随着因特网深入人们的生活，网络的应用越来越广泛，网站建设对艺术性和技术性的要求越来越高，网页设计也日益被网站建设者所注重。网页制作是一项非常复杂的工作，仅使用一个软件，很难制作标准的网页。在本书中，主要介绍了 Photoshop CS4、Flash CS4 和 Dreamweaver CS4 三款软件配合来制作网页的方法。

Dreamweaver CS4 是一款用于网页制作的设计类软件，该软件是集网页制作和管理网站于一身的网页编辑器，它是第一套针对专业网页设计师特别发展的视觉化网页开发工具，利用它可以轻而易举地制作出跨越平台限制和跨越浏览器限制的充满动感的网页，该软件集众多优点于一身，兼容性更强，能够很方便地导入 Flash、Photoshop 等软件编辑的图像或动画，只要单击便可使 Dreamweaver CS4 自动开启 Photoshop 进行编辑与设定图档的最佳化；使用 Dreamweaver CS4 可以很容易地设计出网页雏形，自动更新所有链接，编辑和重组网页，更改素材路径、使用支援文字、HTML 码、HTML 属性标签等，便于对网页的管理；Dreamweaver CS4 提供 Roundtrip HTML、视觉化编辑与原始码编辑同步，使网页的设计更方便、更为简化，使更多的人能够参与网页的设计；Flash CS4 是一款能够设置动画，并可以使用脚本来设置作品的互动，还能够直接将完成的作品发布为网页，这两个软件都属于著名的"网页三剑客"；而 Photoshop CS4 在图形图像处理方面的功能非常强大，并且可以使用切片工具来编辑完成后的网页，直接将图像输出为网页或者素材。使用这三款软件，可以取长补短，制作出性能稳定，效果美观的优秀网页。

本书是一本针对于 Photoshop CS4、Flash CS4 和 Dreamweaver CS4 三款软件在网页设计和制作领域应用的实例书籍。全书根据网页类型来分类，共分为图像浏览网站、企业网站、设计网站、营销网站、主流网站五大部分，每部分包含 10 个实例，由于每部分有着特定的目的和要求，所以不仅可以使读者深入了解各种工具的使用方法，还可以使读者了解不同类型的网站的设计要求及实现方法。

网站的设计及规划是一项非常复杂的工作，仅靠简单的设置很难实现，但如果实例过于复杂，不利于读者的学习和掌握，所以本书中会将一个复杂实例分为几部分来进行讲解，每部分可以单独作为一个实例来进行讲解，几部分综合起来就是一个完整的网页设计作品，这样既能够使读者牢固掌握知识点，又能够提高读者学习兴趣。网站制作方法介绍较为全面，对图像素材制作、动画制作、网页的布局和发布、视频和音频的添加等内容均有所介绍，通过实例的制作，可以使读者全面深入地了解制作网页的方法。

本书包括了 Photoshop CS4、Flash CS4 和 Dreamweaver CS4 三款软件在网页设计领域绝大部分的实际应用形式，适用范围较为广泛；根据设计作品应用工具的复杂程度和实现的难易程度来安排每部分的顺序，使读者能够循序渐进地进行学习；实例严格遵循设计行业的制作规范，使读者能够将所学的知识点应用于实际；实例制作精美，视觉效果好，能够提高读者的学习兴趣。

参与书籍编写的既有从事多年书籍编写工作的作者，也有专门从事网页设计的设计人员，两方面人员的知识可以相互补充、取长补短，既能够在写作上很好地与读者沟通，又能够根据实际经验，了解读者的需要和困难，从而使本书更为完善，具有更高的可操作性，易于读者的理解。

本书由陈志浩、任保宏和李峰主持编写。此外，参加编写的还有温顺焯、陈志红、薛峰、巫珊珊、张丽、王珂、徐静、陈艳玲、李保田、张秋涛、刘勇、陈梦影、李江涛、申士爱、杨传健、马新春和孟兆宏等。由于水平有限，书中难免有疏漏和不足之处，恳请广大读者及专家提出宝贵意见。

我们的 E-mail 地址为 qiyuqin@phei.com.cn。

编著者

2009 年 10 月

目　　录

第 1 篇　图像浏览网站

第 2 篇　企 业 网 站

Contents

第3篇　设 计 网 站

Contents

第 1 篇

图像浏览网站

本部分实例为本书的第一大部分实例，包括悠悠图霸网、居家视野网和星源饮吧网 3 个网站的制作。为了使读者能够快速掌握，主要介绍了制作网页和网页素材的基础方法，包括网页素材的制作、动画的制作、超链接的设置、标准网页的制作等。通过这部分实例的学习，可以使读者了解制作网页的基础知识，以及使用 Photoshop CS4、Dreamweaver CS4 和 Flash CS4 配合制作网页的方法。

一、悠悠图霸网

悠悠图霸网为一个简约风格的图片浏览网页，网页整体为灰色调，色彩较为单一，网页左上角的彩色预览图丰富了网页的效果，使网页显得更有情趣，网页的功能区设置简单明了，便于网友进行操作。网页的制作包括两个实例，实例 1 介绍了在 Photoshop CS4 中编辑素材图像以及切片和输出的方法，实例 2 介绍了在 Dreamweaver CS4 中设置网页的超链接。通过这部分实例的学习，使读者了解网页的基础设置知识以及网页制作的基础工具使用。下图为悠悠图霸网完成后的效果。

悠悠图霸网完成的效果

实例 1 制作悠悠图霸网素材

在本实例中，将指导读者使用 Photoshop CS4 制作悠悠图霸网的素材图片。通过本实例的学习，使读者了解矩形选框工具、文字工具的使用方法，并能够将图片导出 HTML 格式的网页文件。

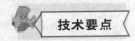

在本实例中，首先需要创建一个宽为 1 024 像素，高为 768 像素的标准网页文件，通过矩形选框工具绘制出背景图像，通过再制工具准确地摆放各矩形图形的位置；使用文字工具为网站添加名称，并导入位图图像在网站上添加缩览图，使用切片工具将图像切成多个小图像；最后将编辑的文件导出网页格式。图 1-1 所示为本实例完成后的效果。

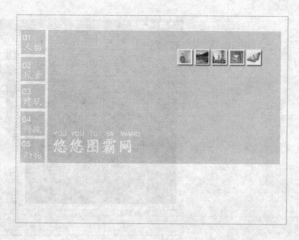

图 1-1　悠悠图霸网

[1] 运行 Photoshop CS4，在菜单栏执行"文件"/"新建"命令，打开"新建"对话框。在"名称"文本框中键入"悠悠图霸网"文本。在"宽度"参数栏中键入 1 024，在"高度"参数栏中键入 768，设置单位为"像素"，在"分辨率"参数栏中键入 72，在"颜色模式"下拉选项栏中选择"RGB 颜色"选项，在"背景内容"下拉选项栏中选择"白色"选项，如图 1-2 所示，单击"确定"按钮，创建一个新文件。

[2] 在"图层"调板中单击 □ "创建新图层"按钮，创建一个新图层——"图层 1"，如图 1-3 所示。

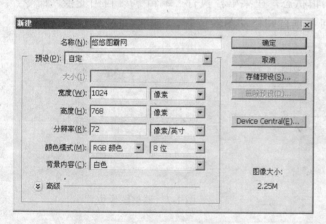

图 1-2　"新建"对话框

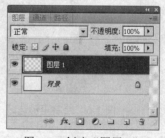

图 1-3　创建"图层 1"

[3] 在工具箱中单击 □ "矩形选框工具"按钮，在如图 1-4 所示的位置绘制一个矩形选区。

[4] 在工具箱中单击"设置前景色"按钮，打开"拾色器（前景色）"对话框。在 R 参数栏中键入 198，在 G 参数栏中键入 197，在 B 参数栏中键入 192，如图 1-5 所示。然后单击"确定"按钮，退出该对话框。

[5] 退出"拾色器（前景色）"对话框后，按下键盘上的 Alt+Delete 组合键，使用前景色填充选区。

[6] 在菜单栏执行"选择"/"取消选择"命令，取消选区。

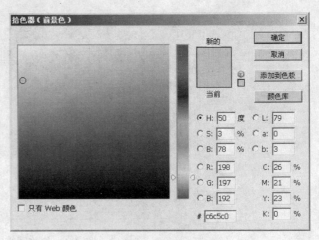

图 1-4　绘制矩形选区　　　　　　　图 1-5　"拾色器（前景色）"对话框

7 再次使用工具箱中的 ⬚."矩形选框工具"，在如图 1-6 所示的位置绘制一个矩形选区。

8 在"图层"调板中单击 ⬚ "创建新图层"按钮，创建一个新图层——"图层 2"，使用步骤 4 中设置的前景色填充选区，然后按下键盘上的 Ctrl+D 组合键，取消选区。

9 按下键盘上的 Ctrl+J 组合键，将"图层 2"复制，在"图层"调板中会生成一个新的图层——"图层 2 副本"。

10 确定"图层 2 副本"仍处于可编辑状态，在菜单栏执行"编辑"/"自由变换"命令，打开自由变换框，然后参照图 1-7 所示向下垂直并移动图像位置。

图 1-6　绘制矩形选区　　　　　　　　图 1-7　调整图像位置

11 双击鼠标，结束"自由变换"操作，然后按下键盘上的 Shift+Ctrl+Alt+T 组合键，进行再制操作，重复按下该组合键，再次复制图像，共复制 3 个，如图 1-8 所示。

图 1-8　复制图像

⓬　在工具箱中单击 T，"横排文字工具"按钮，在属性栏中的"设置字体系列"下拉选项栏中选择 Arial 选项，在"设置字体大小"参数栏中键入 30，将"设置文本颜色"显示窗中的颜色设置为白色，在如图 1-9 所示的位置键入 01 文本。

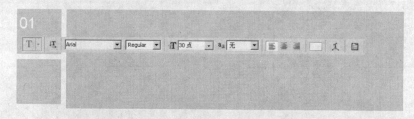

图 1-9　键入文本

⓭　再次使用工具箱中的 T，"横排文字工具"，在画布中分别键入 02、03、04、05 文本，其基本属性与步骤 12 设置的文本相同，如图 1-10 所示。

图 1-10　键入 02、03、04、05 文本

⓮　在工具箱中单击 T，"横排文字工具"按钮，在属性栏中的"设置字体系列"下拉选项栏中选择"楷体_GB2312"选项，在"设置字体大小"参数栏中键入 36，将"设置文本颜色"显示窗中的颜色设置为白色，在如图 1-11 所示的位置键入"人物"文本。

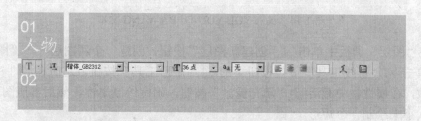

图 1-11　键入"人物"文本

⓯　使用相同的属性，在画布中键入"风景"、"建筑"、"科技"、"动物"文本，然后参照图 1-12 所示来调整文本的位置。

⓰　在工具箱中单击 T，"横排文字工具"按钮，在属性栏中的"设置字体系列"下拉选项栏中选择"楷体_GB2312"选项，在"设置字体大小"参数栏中键入 60，将"设置文本颜色"显示窗中的颜色设置为白色，在如图 1-13 所示的位置键入"悠悠图霸网"文本。

⓱　在工具箱中单击 T，"横排文字工具"按钮，在属性栏中的"设置字体系列"下拉选项栏中选择 Arial 选项，在"设置字体大小"参数栏中键入 24，将"设置文本颜色"显示窗

中的颜色设置为白色，在如图 1-14 所示的位置键入 YOU YOU TU BA WANG 文本。

图 1-12　调整文本位置

图 1-13　键入"悠悠图霸网"文本

图 1-14　键入 YOU YOU TU BA WANG 文本

18 在"图层"调板中单击 "创建新图层"按钮，创建一个新图层——"图层 3"，在工具箱中单击 "直线工具"下拉按钮下的 "矩形工具"按钮，这时在属性栏中会出现其编辑参数，在属性栏中激活 "填充像素"按钮，确定绘制属性，然后参照图 1-15 所示的位置和大小来绘制一个矩形。

图 1-15　绘制矩形

19　使用前面介绍的再制方法，然后参照图 1-16 所示再绘制新的图形。

图 1-16　再制图形

20　在"图层"调板中双击"图层 3"的图层缩览图，打开"图层样式"对话框。选择"样式"选项组中的"投影"复选框，进入投影编辑窗口，其编辑参数均使用系统默认设置，如图 1-17 所示，然后单击"确定"按钮，退出该对话框。

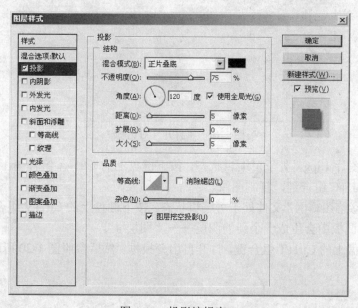

图 1-17　投影编辑窗口

21　使用同样的方法，为"图层 3"的其他副本图层添加"投影"图层样式，如图 1-18 所示。

图 1-18　添加"投影"图层样式

22 在菜单栏执行"文件"/"打开"命令，打开"打开"对话框，从该对话框中选择本书附带光盘中的"图像浏览网站/实例 1~2：悠悠图霸网/图片 1.jpg"文件，如图 1-19 所示，单击"打开"按钮，退出该对话框。

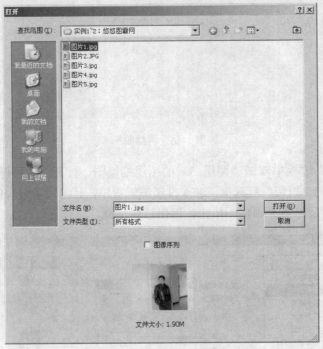

图 1-19　"打开"对话框

23 确定"图片 1.jpg"处于可编辑状态，按下键盘上的 Ctrl+A 组合键，全选图像，然后按下键盘上的 Ctrl+C 组合键，复制图像。

24 确定"悠悠图霸网"文件处于可编辑状态，按下键盘上的 Ctrl+V 组合键，粘贴图像，这时在"图层"调板中会生成一个新的图层——"图层 4"。

25 按下键盘上的 Ctrl+T 组合键，打开自由变换框，然后参照图 1-20 所示来调整图像的大小和位置。

图 1-20　调整图像的大小和位置

26 在菜单栏执行"文件"/"打开"命令，打开"打开"对话框，从该对话框中打开本书附带光盘中的"图像浏览网站/实例 1~2：悠悠图霸网/图片 2.jpg、图片 3.jpg、图片 4.jpg、图片 5.jpg"文件。

27 使用复制"图片 1.jpg"的方法，将"图片 2.jpg"、"图片 3.jpg"、"图片 4.jpg"、"图

片 5.jpg" 文件的图像复制到 "悠悠图霸网" 文档窗口中。

28 使用 "自由变换" 工具，然后参照图 1-21 所示对复制的图像来调整其大小和位置。

图 1-21 调整图像的大小和位置

29 悠悠图霸网的素材制作完成。下面需要使用 "切片工具" 编辑图像，使图像切成很多需要的小图片，以加快网页浏览的速度。

30 在工具箱中单击 "裁剪工具" 下拉按钮下的 "切片工具" 按钮，以画布右上角的五个图像边框为边界，绘制切片框，如图 1-22 所示。

图 1-22 绘制切片框

31 在菜单栏执行 "文件" / "存储为 Web 和设备所用格式" 命令，打开 "存储为 Web 和设备所用格式" 对话框，如图 1-23 所示。

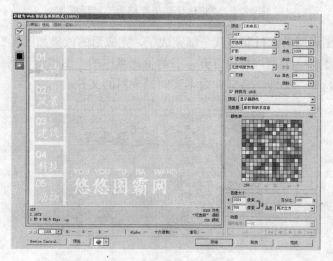

图 1-23 "存储为 Web 和设备所用格式" 对话框

32 在 "存储为 Web 和设备所用格式" 对话框中单击 "存储" 按钮，打开 "将优化结果存储为"对话框。在"保存在"下拉选项栏中选择文件保存的路径，在"文件名"文本框中键入"悠悠图霸网"文本，使用对话框默认的 HTML 格式类型，如图 1-24 所示。然后单击"保存"按钮，退出该对话框。

提示

读者在设置了保存路径之后，需要在该路径位置创建一个新的文件夹，以供放置素材图片之用。

图 1-24　"将优化结果存储为"对话框

33 现在悠悠图霸网的素材制作就全部完成了，完成后的效果如图 1-25 所示。如果读者在制作过程中遇到了什么问题，可以打开本书附带光盘中的"图像浏览网站/实例 1~2：悠悠图霸网/悠悠图霸网.psd"文件，该文件为本实例完成后的文件。

图 1-25　悠悠图霸网

实例 2 设置悠悠图霸网页

实例说明　在本实例中，将指导读者使用 Dreamweaver CS4 设置悠悠图霸网页。通过本实例的制作，使读者了解设置超链接网页的方法。

技术要点　在本实例中，首先打开由 Photoshop CS4 中导出的网页文件；设置图像的边框为 0，取消图像的边框，通过选择文件对话框导入链接图片，最后按下键盘上的 F12 键，预览设置的网页效果。图 2-1 所示为本实例完成后的效果。

图 2-1　悠悠图霸网

1 首先将本书附带光盘中的"图像浏览网站/实例 1~2：悠悠图霸网"文件夹复制到本地站点路径内。

2 运行 Dreamweaver CS4，在运行界面上选择"打开"选项，如图 2-2 所示。

3 选择"打开"选项后，打开"打开"对话框，从该对话框中选择复制的"图像浏览网站/实例 1~2：悠悠图霸网/悠悠图霸网.html"文件，如图 2-3 所示，然后单击"打开"按钮，退出该对话框。

图 2-2　"打开"选项

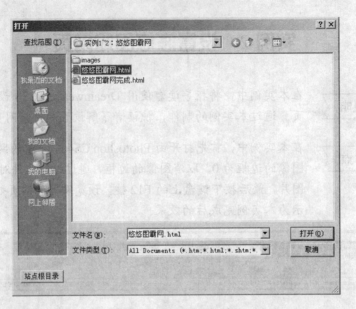

图 2-3　"打开"对话框

4 退出"打开"对话框后，打开"悠悠图霸网.html"文件，在页面中选择"悠悠图霸网_03.gif"图像，如图 2-4 所示。

图 2-4　选择"悠悠图霸网_03.gif"图像

5 在"属性"面板中的"边框"参数栏中键入 0，如图 2-5 所示。

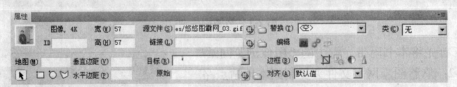

图 2-5　设置"边框"参数

6 在"属性"面板中单击"链接"文本框右侧的"浏览文件"按钮，打开"选择文件"对话框。从该对话框中选择复制的"图像浏览网站/实例 1~2：悠悠图霸网/图片 1.jpg"文件，如图 2-6 所示，单击"确定"按钮，退出该对话框。

7 在页面中选择"悠悠图霸网_05.gif"图像，在"属性"面板中单击"链接"文本框右侧的 □ "浏览文件"按钮，打开"选择文件"对话框。从该对话框中选择复制的"图像浏览网站/实例 1~2：悠悠图霸网/图片 2.jpg"文件，如图 2-7 所示，单击"确定"按钮，退出该对话框，并在"属性"面板中的"边框"参数栏中键入0。

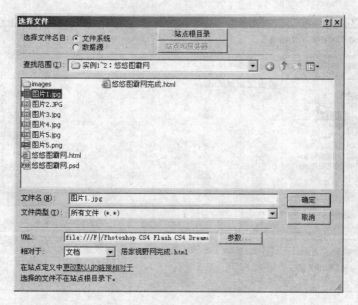

图2-6　"选择文件"对话框

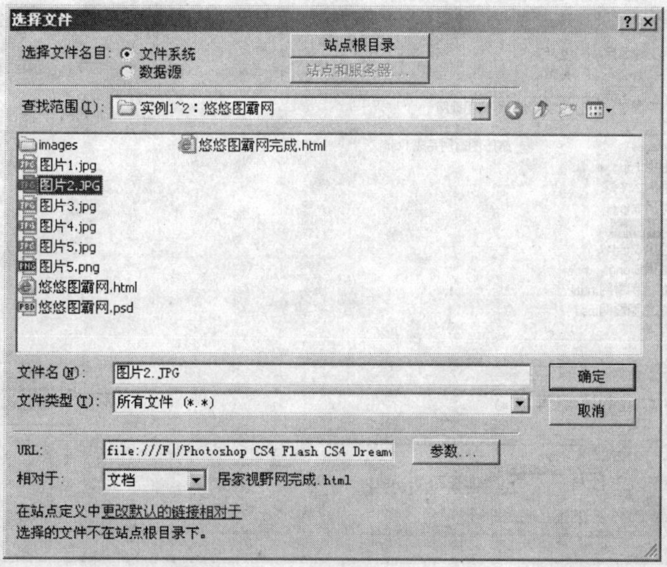

图2-7　"选择文件"对话框

8　在页面中选择"悠悠图霸网_07.gif"图像，在"属性"面板中单击"链接"文本框右侧的 🗁 "浏览文件"按钮，打开"选择文件"对话框。从该对话框中选择复制的"图像浏览网站/实例1~2：悠悠图霸网/图片3.jpg"文件，如图2-8所示，单击"确定"按钮，退出该对话框，并在"属性"面板中的"边框"参数栏中键入0。

9　在页面中选择"悠悠图霸网_09.gif"图像，在"属性"面板中单击"链接"文本框右侧的 🗁 "浏览文件"按钮，打开"选择文件"对话框。从该对话框中选择复制的"图像浏览网站/实例1~2：悠悠图霸网/图片4.jpg"文件，如图2-9所示，单击"确定"按钮，退出该对话框，并在"属性"面板中的"边框"参数栏中键入 0。

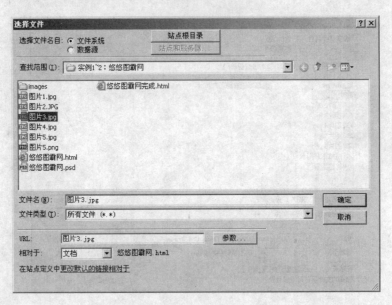

图 2-8　"选择文件"对话框

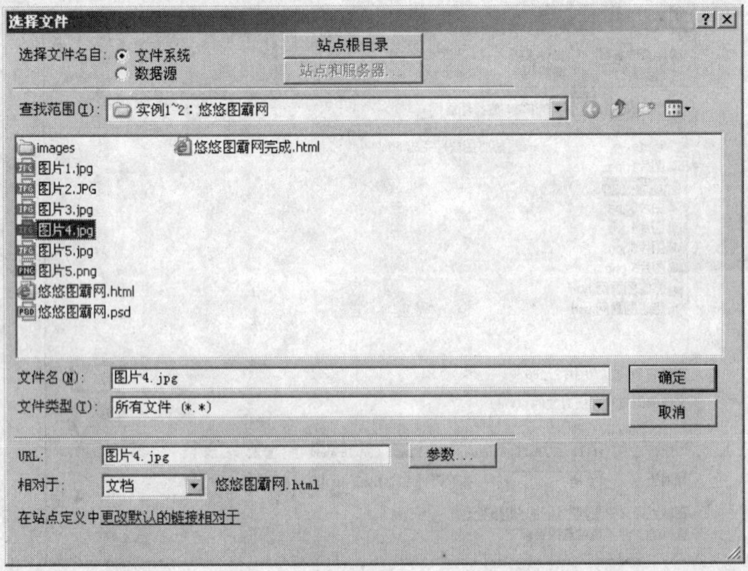

图 2-9　"选择文件"对话框

　　10 在页面中选择"悠悠图霸网_11.gif"图像，在"属性"面板中单击"链接"文本框右侧的 □ "浏览文件"按钮，打开"选择文件"对话框。从该对话框中选择复制的"图像浏览网站/实例 1~2：悠悠图霸网/图片 5.png"文件，如图 2-10 所示，单击"确定"按钮，退出该对话框，并在"属性"面板中的"边框"参数栏中键入 0。

　　11 按下键盘上的 F12 键，预览网页，读者可以通过单击网页右上角的图像，观看超链接图像。

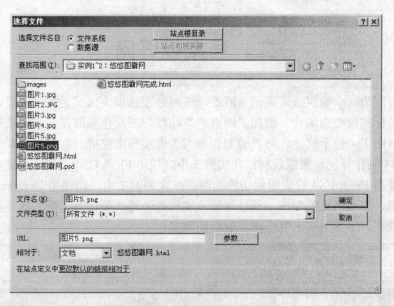

图 2-10　"选择文件"对话框

12　现在本实例就全部制作完成了，如图 2-11 所示为本实例完成后的效果。如果读者在制作过程中遇到了什么问题，可以打开本书附带光盘中的"图像浏览网站/实例 1~2：悠悠图霸网/悠悠图霸网完成.html"文件，该文件为本实例完成后的文件。

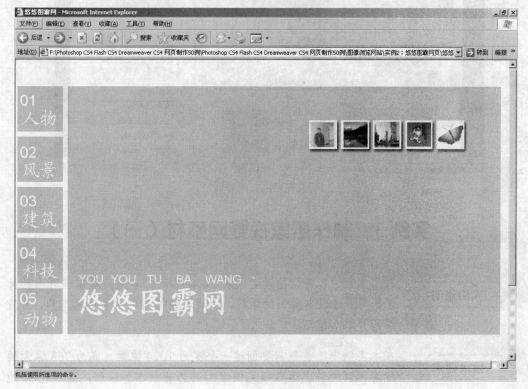

图 2-11　悠悠图霸网页

二、居家视野网

　　居家视野网为一个建筑效果图浏览网站，该网站主色调为深棕色和浅黄色，整体风格稳重大气，网站标志为动态图片，增加了网页的趣味性，图片色彩鲜艳，具有很强的视觉冲击力，文本简洁明了，便于解读。网页的制作分为 5 个实例来完成，在实例 3 和实例 4 中使用 Photoshop CS4 制作背景和图像素材；在实例 5 中，使用 Flash CS4 设置标志图像的动画；在实例 6 中，使用 Flash CS4 设置图像切换的动画；在实例 7 中，将使用 Dreamweaver CS4 对网页进行编辑，完成网页的制作。通过这部分实例的学习，使读者了解怎样在网页中应用表格和下拉选项栏。下图为居家视野网完成后的效果。

居家视野网完成效果

实例 3　制作居家视野网素材（一）

在本实例中，将指导读者使用 Photoshop CS4 制作居家视野网的背景图片。通过本实例的学习，使读者能够通过图案填充工具，为背景图片添加纹理。

在本实例中，首先需要创建一个宽为 1024 像素，高为 768 像素的标准网页文件；通过填充图案工具为背景添加纹理，通过色相/饱和度工具调整背景色调；使用圆角矩形工具绘制出网页中的版块图形；使用描边工具为版块描边。图 3-1 所示为本实例完成后的效果。

图 3-1　居家视野网的背景图片

1　运行 Photoshop CS4，在菜单栏执行"文件"/"新建"命令，打开"新建"对话框。在"名称"文本框中键入"居家视野网"文本。在"宽度"参数栏中键入 1024，在"高度"参数栏中键入 768，将单位设置为"像素"，在"分辨率"参数栏中键入 72，在"颜色模式"下拉选项栏中选择"RGB 颜色"选项，在"背景内容"下拉选项栏中选择"白色"选项，如图 3-2 所示，单击"确定"按钮，创建一个新文件。

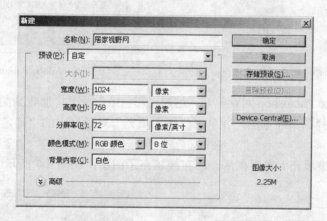

图 3-2　"新建"对话框

2　按下键盘上的 Ctrl+A 组合键，全选图像。

3　在"图层"调板底部单击 ◢."创建新的填充或调整图层"按钮，在弹出的快捷菜单中选择"图案"选项，打开"图案填充"对话框，如图 3-3 所示。

图 3-3　"图案填充"对话框

4　在"图案填充"对话框中单击左侧缩览图的下三角按钮，这时打开图案调板，在该调板中单击 ▶ 按钮，在弹出的快捷菜单中选择"彩色纸"选项，如图 3-4 所示。

5 选择"彩色纸"选项后，打开 Adobe Photoshop 对话框，如图 3-5 所示，单击"确定"按钮，退出该对话框。

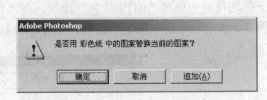

图 3-4　选择"彩色纸"选项　　　　　　　　　图 3-5　Adobe Photoshop 对话框

6 退出 Adobe Photoshop 对话框后，这时"彩色纸"图案将加载到图案调板中。然后参照图 3-6 所示来选择图案缩览图，并单击"图案填充"对话框中的"确定"按钮，退出该对话框。

7 退出"图案填充"对话框后，画布被填充了图案，如图 3-7 所示。

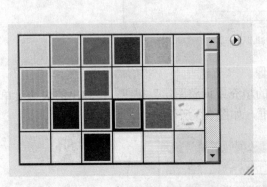

图 3-6　选择图案缩览图　　　　　　　　　图 3-7　填充画布

8 在菜单栏执行"图层"/"向下合并"命令，合并图层。

9 在菜单栏执行"图像"/"调整"/"色相/饱和度"命令，打开"色相/饱和度"对话框。在"色相"参数栏中键入-36，在"饱和度"参数栏中键入 60，在"明度"参数栏中键入-69，如图 3-8 所示，然后单击"确定"按钮，退出该对话框。

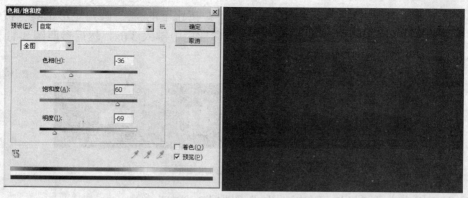

图 3-8　"色相/饱和度"对话框

[10]　在工具箱中单击 □ "矩形选框工具"按钮，在如图 3-9 所示的位置绘制一个矩形选区。

[11]　在"图层"调板中单击 □ "创建新图层"按钮，创建一个新图层——"图层 1"，使用黑色填充选区，然后按下键盘上的 Ctrl+D 组合键，取消选区。

[12]　选择"图层 1"，在"图层"调板底部单击 ƒx. "添加图层样式"按钮，在弹出的快捷菜单中选择"投影"选项，打开"图层样式"对话框，在"大小"参数栏中键入 24，如图 3-10 所示。然后单击"确定"按钮，退出该对话框。

图 3-9　绘制矩形选区

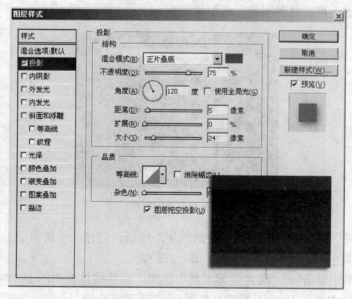

图 3-10　"图层样式"对话框

[13]　制作网页中选项卡的背景。在"图层"调板中单击 □ "创建新图层"按钮，创建一个新图层——"图层 2"，然后将前景色设置为浅黄色（R：248、G：240、B：222）。

14 在工具箱中单击 ⚙ "自定形状工具"下拉按钮下的 ▢ "圆角矩形工具"按钮，在属性栏中激活▢ "填充像素"按钮，在"半径"参数栏中键入 3 px，然后参照图 3-11 所示绘制一个圆角矩形。

图 3-11　绘制圆角矩形

15 按下键盘上的 Ctrl+J 组合键，生成"图层 2 副本"。

16 确定"图层 2 副本"仍处于可编辑状态，在菜单栏执行"编辑" / "自由变换"命令，打开自由变换框，然后参照图 3-12 所示向左水平移动图像位置。

图 3-12　调整图像位置

17 结束"自由变换"操作后，按下键盘上的 Shift+Ctrl+Alt+T 组合键，进行再制操作。重复按下该组合键，再次复制图像，将图像复制 4 个，如图 3-13 所示。

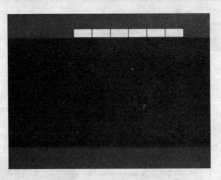

图 3-13　复制图像

18 在"图层"调板中单击 ▢ "创建新图层"按钮，创建一个新图层——"图层 3"，将前景色设置为浅黄色（R：248、G：240、B：222）。

19 在工具箱中单击 ▢ "圆角矩形工具"按钮，激活属性栏中的 ▢ "填充像素"按钮，在"半径"参数栏中键入 10 px，然后参照图 3-14 所示来绘制一个圆角矩形。

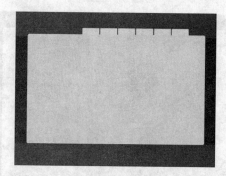

图 3-14　绘制圆角矩形

20　在菜单栏执行"文件"/"打开"命令，打开"打开"对话框。从该对话框中选择本书附带光盘中的"图像浏览网站/实例 3~7：居家视野网/背景纹理.jpg"文件，如图 3-15 所示，单击"打开"按钮，退出该对话框。

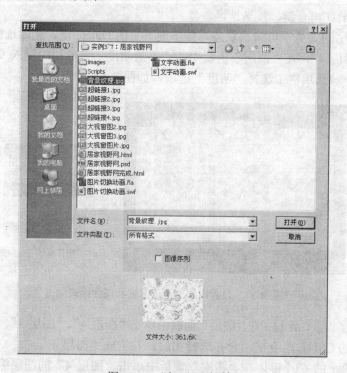

图 3-15　"打开"对话框

21　在工具箱中单击 "移动工具"按钮，将"背景纹理.jpg"图像拖动至"居家视野网"文档窗口中，这时在"图层"调板中会出现一个新的图层——"图层 4"，将该图层的图像移动至如图 3-16 所示的位置。

提示

当读者需要使用 "移动工具"复制图像时，可以执行菜单栏中的"窗口"/"平铺"命令，打开的文件平铺于画布中，然后使用 "移动工具"复制图像。

图 3-16 调整图像位置

22 按住键盘上的 Ctrl 键，单击"图层 3"的图层缩览图，加载该图层选区，然后按下键盘上的 Shift+Ctrl+I 组合键，反选选区。

23 确定"图层 4"处于可编辑状态，按下键盘上的 Delete 键，删除选区内的图像。

24 选择"图层 4"，在"图层"调板中的"不透明度"参数栏中键入 9%，在"设置图层的混合模式"下拉选项栏中选择"明度"选项，如图 3-17 所示。

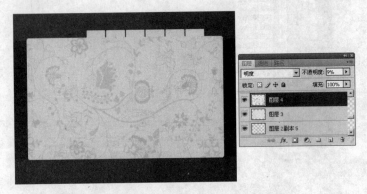

图 3-17 设置图层的不透明度和混合模式

25 按住键盘上的 Ctrl 键，在"图层"调板中单击"图层 4"、"图层 3"、"图层 2 副本 5"，然后按下键盘上的 Ctrl+E 组合键，合并选择图层，并生成"图层 4"。

26 按住键盘上的 Ctrl 键，在"图层"调板中单击"图层 4"的图层缩览图，加载该图层选区。

27 在菜单栏执行"编辑"/"描边"命令，打开"描边"对话框。在"宽度"参数栏中键入 2 px，将"颜色"显示窗中的颜色设置为黄色（R：239、G：169、B：0），在"位置"选项组中选择"居外"单选按钮，如图 3-18 所示，单击"确定"按钮，退出该对话框。

28 使用同样的颜色和宽度，为"图层 2"其他副本图层的图像描边，如图 3-19 所示。

28 现在本实例就全部制作完成了，完成后的效果如图 3-20 所示。将本实例保存，以便在实例 4 中使用。

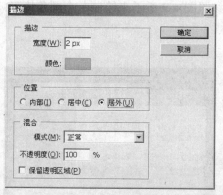

图 3-18 "描边"对话框

图 3-19 描边图像

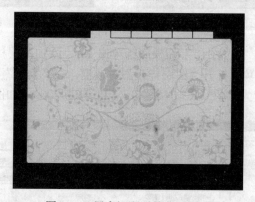

图 3-20 居家视野网的背景图片

实例 4 制作居家视野网素材（二）

在本实例中，将指导读者使用 Photoshop CS4 制作居家视野网的前景图片。通过本实例的学习，使读者了解自定形状工具的使用方法，并能够在形状库中导入相应的形状类型。

在本实例中，首先打开实例 3 保存的文件；从外部导入位图图像，为网页添加图像，通过自由变换、矩形选框等工具编辑图像的大小；使用自定义形状工具绘制网页标志图案、前进图案和后退图案；使用色相/饱和度工具编辑鼠标经过的图像；使用切片工具将图像切成多个小图像；最后将编辑的文件导出为网页格式。图 4-1 所示为本实例完成后的效果。

---

1 运行 Photoshop CS4，打开实例 3 中保存的文件。

2 在"图层"调板中单击 "创建新图层"按钮，创建一个新图层——"图层 5"，将前景色设置为白色。

3 在工具箱中单击 ."圆角矩形工具"按钮，确定属性栏中的 "填充像素"按钮处于激活状态，在"半径"参数栏中键入 3 px，然后参照图 4-2 所示来绘制一个圆角矩形。

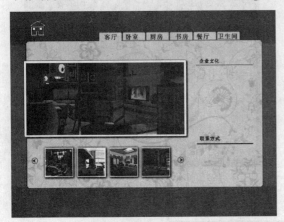

图 4-1　居家视野网素材　　　　　　　　　　　图 4-2　绘制圆角矩形

4 选择"图层 5"，在"图层"调板底部单击 *fx*."添加图层样式"按钮，在弹出的快捷菜单中选择"描边"选项，打开"图层样式"对话框，在"大小"参数栏中键入 1，将"颜色"显示窗中的颜色设置为紫色（R：188、G：145、B：200），如图 4-3 所示。

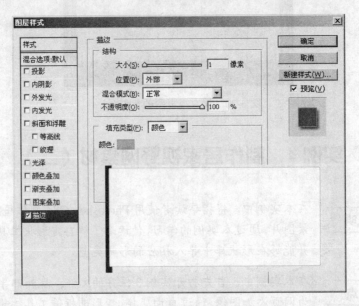

图 4-3　设置"描边"图层样式

5 选择"样式"选项组中的"投影"复选框，启用"投影"图层样式，使用默认编辑参数，单击"确定"按钮，退出该对话框。

6 在菜单栏执行"文件"/"打开"命令，打开"打开"对话框。从该对话框中选择本书附带光盘中的"图像浏览网站/实例 3~7：居家视野网/大视窗图片.jpg"文件，如图 4-4 所示，单击"打开"按钮，退出该对话框。

7 在工具箱中单击 ►+"移动工具"按钮，将"大视窗图片.jpg"图像拖动至"居家视野网"文档窗口中，并将其移动至如图 4-5 所示的位置，这时在"图层"调板中会出现一个新的图层——"图层 6"。

图 4-4　"打开"对话框

图 4-5　调整图像位置

8　选择"图层 6"，在"图层"调板的"不透明度"参数栏中键入 30，在工具箱中单击 "矩形选框工具"按钮，然后参照图 4-6 所示来绘制一个矩形选区。

9　按下键盘上的 Shift+Ctrl+I 组合键，反选选区，然后删除选区内的图像，并将"图层 6"的"不透明度"参数设置为 100，如图 4-7 所示。

图 4-6　绘制矩形选区

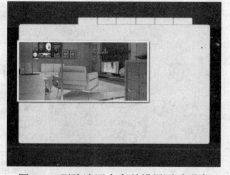

图 4-7　删除选区内容并设置不透明度

10　在"图层"调板中单击 "创建新图层"按钮，创建一个新图层——"图层 7"。

11　在工具箱中单击 "矩形选框工具"按钮，在画布中绘制 4 个大小相同的矩形选区，并将其填充为白色，如图 4-8 所示。然后按下键盘上的 Ctrl+D 组合键，取消选区。

12　选择"图层 7"，在"图层"调板底部单击 "添加图层样式"按钮，在弹出的快捷菜单中选择"投影"选项，打开"图层样式"对话框。在"距离"参数栏中键入 2，在"扩展"参数栏中键入 0，在"大小"参数栏中键入 10，如图 4-9 所示，然后单击"确定"按钮，退出该对话框。

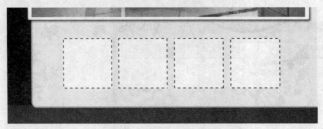

图 4-8　绘制并填充选区

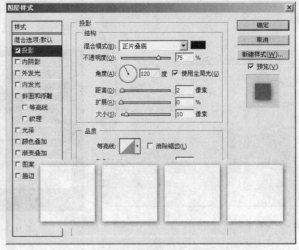

图 4-9　"图层样式"对话框

13　在菜单栏执行"文件"/"打开"命令，打开"打开"对话框。从该对话框中选择本书附带光盘中的"图像浏览网站/实例 3~7：居家视野网/超链接 1.jpg"文件，如图 4-10 所示，单击"打开"按钮，退出该对话框。

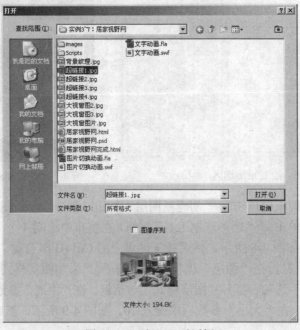

图 4-10　"打开"对话框

14　在工具箱中单击 ➕ "移动工具"按钮，将"超链接 1.jpg"图像拖动至"居家视野网"文档窗口中，使用"自由变换"工具，然后参照图 4-11 所示来调整图像的大小和位置。

图 4-11　调整图像的大小和位置

15　在工具箱中单击 ▣ "矩形选框工具"按钮，参照图 4-12 所示绘制一个选区，并删除选区内的图像。然后按下键盘上的 **Ctrl+D** 组合键，取消选区。

图 4-12　绘制矩形选区

16　再次使用工具箱中的 ▣ "矩形选框工具"，绘制选区并删除选区内的图像，完成后的效果如图 4-13 所示。

图 4-13　绘制选区并删除选区内的图像

17　在菜单栏执行"文件"/"打开"命令，打开"打开"对话框。从该对话框中选择本书附带光盘中的"图像浏览网站/实例 3~7：居家视野网/超链接 2.jpg、超链接 3.jpg、超链接 4.jpg"文件，如图 4-14 所示，单击"打开"按钮，退出该对话框。

18　在工具箱中单击 ➕ "移动工具"按钮，依次将"超链接 2.jpg"、"超链接 3.jpg"、"超链接 4.jpg"图像拖动至"居家视野网"文档窗口中，然后使用 ▣ "矩形选框工具"和"自由变换"工具，并参照图 4-15 所示来编辑图像。

19　在工具箱中单击 ✿ "自定形状工具"按钮，在属性栏中单击"点按可打开'自定形状'拾色器"按钮，这时打开形状调板。在该调板中单击 ▶ 按钮，在弹出的快捷菜单中选择"全部"选项，如图 4-16 所示。

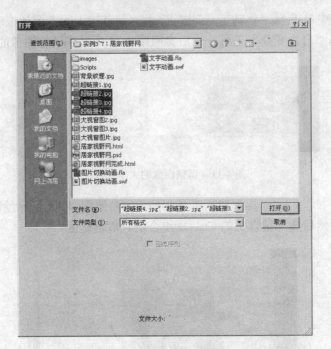

图 4-14 "打开"对话框

图 4-15 调整图像

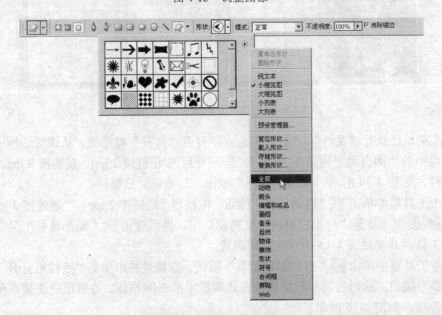

图 4-16 选择"全部"选项

20　选择"全部"选项后，打开 Adobe Photoshop 对话框，如图 4-17 所示。在该对话框中单击"确定"按钮，退出该对话框。

21　退出 Adobe Photoshop 对话框后，这时所有的形状将加载到形状调板中。然后参照图 4-18 所示选择"主页"缩览图。

图 4-17　Adobe Photoshop 对话框

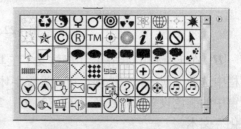

图 4-18　选择"主页"缩览图

22　创建一个新图层——"图层 11"。将前景色设置为白色，然后在属性栏中激活□"填充像素"按钮，并参照图 4-19 所示来绘制一个"主页"图形。

23　确定工具箱中的 ✍ "自定形状工具"按钮仍处于激活状态，在属性栏中单击"点按可打开'自定形状'拾色器"下拉按钮，在打开的形状调板中选择"后退"缩览图，如图 4-20 所示。

图 4-19　绘制"主页"图形

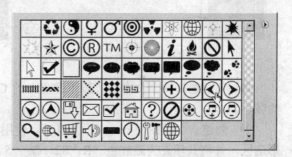

图 4-20　选择"后退"缩览图

24　创建一个新图层——"图层 12"。将前景色设置为黄绿色（R：138、G：137、B：82），并参照图 4-21 所示来绘制一个"后退"图形。

图 4-21　绘制"后退"图形

25　按下键盘上的 Ctrl+J 组合键，生成"图层 12 副本"。

26　确定"图层 12 副本"仍处于可编辑状态，在菜单栏执行"编辑"/"变换"/"水平翻转"命令，使图像水平翻转，然后水平移动该图像到如图 4-22 所示的位置。

图 4-22 水平移动图像

27 在工具箱中单击 **T**"横排文字工具"按钮，在属性栏中的"设置字体系列"下拉选项栏中选择"新宋体"选项，在"设置字体大小"参数栏中键入 18，将"设置文本颜色"显示窗中的颜色设置为暗红色（R：82、G：25、B：34），在如图 4-23 所示的位置键入"企业文化"文本。

28 再次在工具箱中单击 **T**"横排文字工具"按钮，使用步骤 27 设置文本的属性，然后参照图 4-24 所示来键入"联系方式"文本。

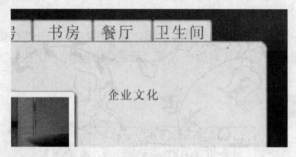

图 4-23 键入"企业文化"文本

图 4-24 键入"联系方式"文本

29 分别选择两个文本层，按下键盘上的 **Ctrl+J** 组合键 3 次，将文本复制，以加深文字的颜色。

30 创建一个新图层——"图层 13"。使用工具箱中的 **矩形选框工具**"矩形选框工具"绘制两个矩形选区，并将其填充为暗红色（R：82、G：25、B：34），如图 4-25 所示。

31 在工具箱中单击 **T**"横排文字工具"按钮，在属性栏中的"设置字体系列"下拉选项栏中选择"新宋体"选项，在"设置字体大小"参数栏中键入 24，将"设置文本颜色"显示窗中的颜色设置为暗红色（R：82、G：25、B：34），在如图 4-26 所示的位置键入"客厅 卧室 厨房 书房 餐厅 卫生间"文本。

图 4-25 绘制并填充选区

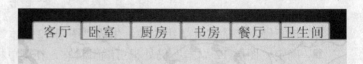

图 4-26 键入文本

32 在工具箱中单击 ⬚ "裁剪工具"下拉按钮下的 ⬚ "切片工具"按钮，然后参照图
4-27 所示绘制切片框。

图 4-27　绘制切片框

33 在菜单栏执行"文件"/"存储为 Web 和设备所用格式"命令，打开"存储为 Web
和设备所用格式"对话框，如图 4-28 所示。

图 4-28　"存储为 Web 和设备所用格式"对话框

34 在"存储为 Web 和设备所用格式"对话框中单击"存储"按钮，打开"将优化结果
存储为"对话框。在"保存在"下拉选项栏中选择文件保存的路径，在"文件名"文本框中
键入"居家视野网"文本，使用对话框默认的 HTML 格式类型，如图 4-29 所示，然后单击
"保存"按钮，退出该对话框。

图 4-29　"将优化结果存储为"对话框

35 在菜单栏执行"文件"/"打开"命令，打开"打开"对话框。从该对话框中选择本书附带光盘中的"图像浏览网站/实例 3~7：居家视野网/images/居家视野网_09.gif"文件，如图 4-30 所示，单击"打开"按钮，退出该对话框。

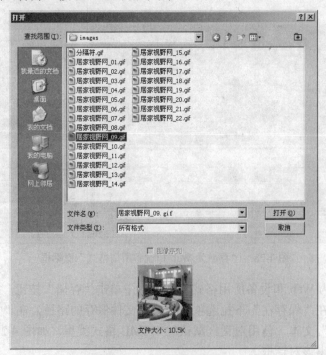

图 4-30　"打开"对话框

36　确定"居家视野网_09.gif"处于可编辑状态，在菜单栏执行"图像"/"模式"/"RGB
颜色"命令，转换图像模式。

37　在菜单栏执行"图像"/"调整"/"色相/饱和度"命令，打开"色相/饱和度"对话
框，在"饱和度"参数栏中键入-85，如图4-31所示。然后单击"确定"按钮，退出该对话框。

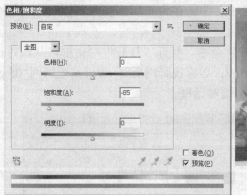

图 4-31　"色相/饱和度"对话框

38　在菜单栏执行"文件"/"存储为"命令，打开"存储为"对话框，在"文件名"文
本框中键入"居家视野网_09A"文本，在"格式"下拉选项栏中选择JPEG（*.JPG;*.JPEG;JPE）
选项，以确定文件保存的格式，如图4-32所示，然后单击"保存"按钮，退出该对话框。

图 4-32　"存储为"对话框

当对一个打开的文件进行"存储为"操作时，系统将使用源文件的保存路径。

提示

39 在菜单栏执行"文件"/"打开"命令，打开"打开"对话框。打开本书附带光盘中的"图像浏览网站/实例 3~7：居家视野网/images/居家视野网_11.gif、居家视野网_13.gif、居家视野网_15.gif"文件。

40 将新打开的 3 个文件转换为 RGB 模式，然后使用"色相/饱和度"工具，将"色相/饱和度"参数均设置为-85，依次将这些文件保存为"居家视野网_11A.jpg"、"居家视野网_13A.jpg"和"居家视野网_15A.jpg"。

41 在菜单栏执行"文件"/"打开"命令，打开"打开"对话框，从该对话框中选择本书附带光盘中的"图像浏览网站/实例 3~7：居家视野网/images/居家视野网_05.gif"文件，如图 4-33 所示，单击"打开"按钮，退出该对话框。

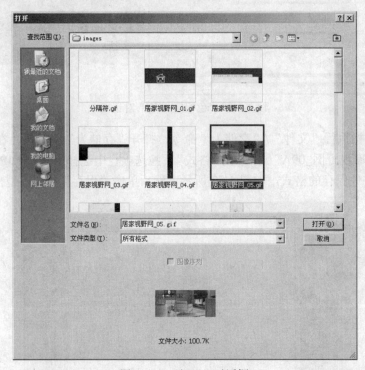

图 4-33　"打开"对话框

42 确定"居家视野网_05.gif"处于可编辑状态，在菜单栏执行"图像"/"模式"/"RGB 颜色"命令，转换图像模式。

43 打开本书附带光盘中的"图像浏览网站/实例 3~7：居家视野网/大视窗图 2.jpg"文件。

44 在工具箱中单击 "移动工具"按钮，将"大视窗图 2.jpg"图像拖动至"居家视野网_05.gif"文档窗口中，然后使用"自由变换"工具，并参照图 4-34 所示来调整图像的大小和位置。

45 按下键盘上的 Ctrl+A 组合键，全选图像，在菜单栏执行"图像"/"裁剪"命令，裁剪图像。

48 按下键盘上的 Ctrl+E 组合键，向下合并图层，在菜单栏执行"文件"/"存储为"命令，打开"存储为"对话框，在"文件名"文本框中键入"居家视野网_05A"文本，在"格式"下拉选项栏中选择 JPEG（*.JPG;*.JPEG;JPE）选项，以确定文件保存的格式。然后单击"保存"按钮，退出该对话框。

47 打开本书附带光盘中的"图像浏览网站/实例 3~7：居家视野网/大视窗图 3.jpg"文件。

48 在工具箱中单击 ⊹"移动工具"按钮，将"大视窗图 3.jpg"图像拖动至"居家视野网_05A.gif"文档窗口中，然后使用"自由变换"工具，并参照图 4-35 所示来调整图像的大小和位置。

图 4-34　调整图像的大小和位置

图 4-35　调整图像的大小和位置

49 按下键盘上的 Ctrl+A 组合键，全选图像，在菜单栏执行"图像"/"裁剪"命令，裁剪图像。

50 按下键盘上的 Ctrl+E 组合键，向下合并图层，在菜单栏执行"文件"/"存储为"命令，打开"存储为"对话框，在"文件名"文本框中键入"居家视野网_05B"文本，在"格式"下拉选项栏中选择 JPEG（*.JPG;*.JPEG;JPE）选项，以确定文件保存的格式，然后单击"保存"按钮，退出该对话框。

51 现在本实例就全部制作完成了，如图 4-36 所示为本实例完成后的效果。如果读者在制作过程中遇到了什么问题，可以打开本书附带光盘中的"图像浏览网站/实例 3~7：居家视野网/居家视野网.psd"文件，该文件为本实例完成后的文件。

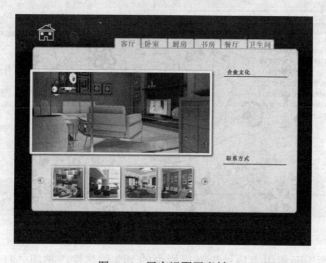

图 4-36　居家视野网素材

实例 5　制作居家视野网文字动画

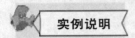

本实例中，将指导读者使用 Flash CS4 制作居家视野网文字动画。通过本实例的制作，使读者了解文本工具和任意变形工具的使用方法，并能够通过 Alpha 设置出文字的渐隐动画。

在制作本实例时，首先导入素材图像，并设置背景层帧数，控制整个动画时间长度；使用文本工具添加文本，并将文本转换为图形元件；使用任意变形和 Alpha 工具设置文本的变形和隐藏动画。图 5-1 所示为动画完成后的截图。

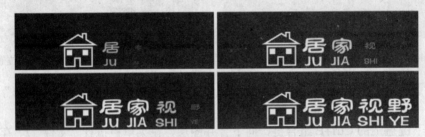

图 5-1　文字动画

1 运行 Flash CS4，在菜单栏执行"文件"/"新建"命令，打开"新建文档"对话框，在该对话框中的"常规"面板中，选择"Flash 文件（ActionScript 2.0）"选项，如图 5-2 所示。单击"确定"按钮，退出该对话框，创建一个新的 Flash 文档。

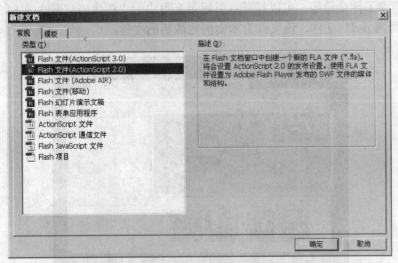

图 5-2　"新建文档"对话框

2 单击"属性"面板中"属性"卷展栏内的"文档属性"按钮，打开"文档属性"对话框，在"尺寸"右侧的"宽"参数栏中键入 332，在"高"参数栏中键入 92，设置背景颜色为白色，设置帧频为 12，标尺单位为"像素"，如图 5-3 所示，单击"确定"按钮，退出该对话框。

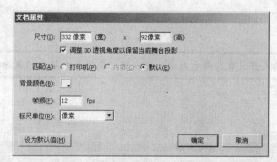

图 5-3　"文档属性"对话框

3 在菜单栏执行"文件"/"导入"/"导入到舞台"命令，打开"导入"对话框，从该对话框中选择本书附带光盘中的"图像浏览网站/实例 3~7：居家视野网/images/居家视野网_01.gif"文件，如图 5-4 所示，单击"打开"按钮，退出该对话框。

图 5-4　"导入"对话框

4 退出"导入"对话框后，打开 Adobe Flash CS4 对话框，如图 5-5 所示。在该对话框中单击"否"按钮，退出该对话框。

提示

在 Flash CS4 中如果导入的素材文件名是按一定顺序排列的，默认状态下，Flash CS4 会导入该序列所有素材，在导入之前打开 Adobe Flash CS4 对话框，询问用户是否导入所有图像。当用户需要导入序列中的某一个文件时，就可以通过单击"否"按钮导入单个文件。

图 5-5　Adobe Flash CS4 对话框

5 退出 Adobe Flash CS4 对话框后，导入的文件将会出现在舞台中，如图 5-6 所示。

提示

如果读者导入的文件没有与舞台匹配，可以将"属性"面板中的 X 和 Y 参数均设为 0。

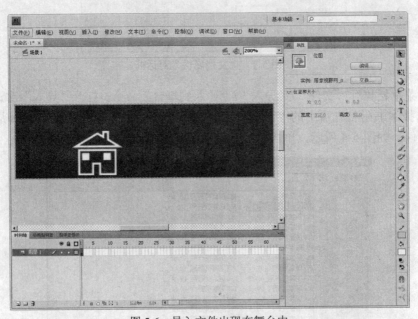

图 5-6　导入文件出现在舞台中

6 在"时间轴"面板中选择"图层 1"内的第 60 帧，按下键盘上的 F5 键，插入帧，如图 5-7 所示，使该图层内的图像在第 1~60 帧之间显示。

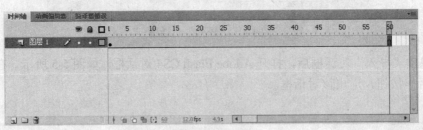

图 5-7　插入帧

7 在"时间轴"面板中单击 □ "新建图层"按钮，创建一个新图层，将新创建的图层命名为"居"。

8 在"时间轴"面板中选择"居"层内的第 5 帧，按下键盘上的 F6 键，将该帧转换为关键帧。

9 在工具箱中单击 **T** "文本工具"按钮，在"属性"面板中的"字符"卷展栏内的"系列"下拉选项栏中选择"方正祥隶简体"选项，在"大小"参数栏中键入 45，将"文本填充颜色"设置为白色，在如图 5-8 所示的位置键入"居"文本。

10 在"时间轴"面板中选择"居"层内的第 15 帧，然后按下键盘上的 F6 键，将该帧转换为关键帧。

11 选择第 5 帧内的图像，在菜单栏执行"修改"/"转换为元件"命令，打开"转换为元件"对话框，在"名称"文本框中键入"居"文本，在"类型"下拉选项栏中选择"图形"选项，如图 5-9 所示，单击"确定"按钮，退出该对话框。

图 5-8   键入"居"文本

图 5-9   "转换为元件"对话框

12 选择第 5 帧内的元件，进入"属性"面板，在"色彩效果"卷展栏内的"样式"下拉选项栏中选择 Alpha 选项，在 Alpha 参数栏中键入 0，如图 5-10 所示。

13 在工具箱中单击 "任意变形工具"按钮，然后参照图 5-11 所示来调整元件的大小。

图 5-10   设置元件 Alpha

图 5-11   调整元件的大小

14 在"时间轴"面板中右击"居"层内的第 5 帧，在弹出的快捷菜单中选择"创建传统补间"选项，确定在第 5~15 帧之间创建传统补间动画。

15 在"时间轴"面板中单击 "新建图层"按钮，创建一个新图层，将新创建的图层命名为"家"。

16 在"时间轴"面板中选择"家"层内的第 10 帧，然后按下键盘上的 F6 键，将帧转换为关键帧。

17 在工具箱中单击 **T** "文本工具"按钮，在"属性"面板中的"字符"卷展栏内的"系列"下拉选项栏中选择"方正祥隶简体"选项，在"大小"参数栏中键入 45，将"文本填充颜色"设置为白色，在如图 5-12 所示的位置键入"家"文本。

18 在场景中依次选择"居"元件和"家"文本，在菜单栏执行"修改"/"对齐"/"底对齐"命令，设置元件和文本底对齐，如图 5-13 所示。

图 5-12   键入"家"文本

图 5-13   设置底对齐

18 在"时间轴"面板中选择"家"层内的第 20 帧，然后按下键盘上的 F6 键，将帧转换为关键帧。

20 选择第 10 帧内的图像，在菜单栏执行"修改"/"转换为元件"命令，打开"转换为元件"对话框。在"名称"文本框中键入"家"文本，在"类型"下拉选项栏中选择"图形"选项，如图 5-14 所示，单击"确定"按钮，退出该对话框。

图 5-14　"转换为元件"对话框

21 选择第 10 帧内的元件，进入"属性"面板，在"色彩效果"卷展栏内的"样式"下拉选项栏中选择 Alpha 选项，在 Alpha 参数栏中键入 0。

22 在工具箱中单击 "任意变形工具"按钮，然后参照图 5-15 所示来调整元件的大小。

图 5-15　调整元件的大小

23 在"时间轴"面板中右击"家"层内的第 10 帧，在弹出的快捷菜单中选择"创建传统补间"选项，确定在第 10~20 帧之间创建传统补间动画。

24 使用同样的方法，创建"视"、"野"、JU、JIA、SHI、YE 文本层动画，"视"文本层动画起始帧为第 15~25 帧；"野"文本层动画起始帧为第 20~30 帧；JU 文本层动画起始帧为第 5~15 帧；JIA 文本层动画起始帧为第 10~20 帧；SHI 文本层动画起始帧为第 15~25 帧；YE 文本层动画起始帧为第 20~30 帧，"时间轴"面板显示如图 5-16 所示。

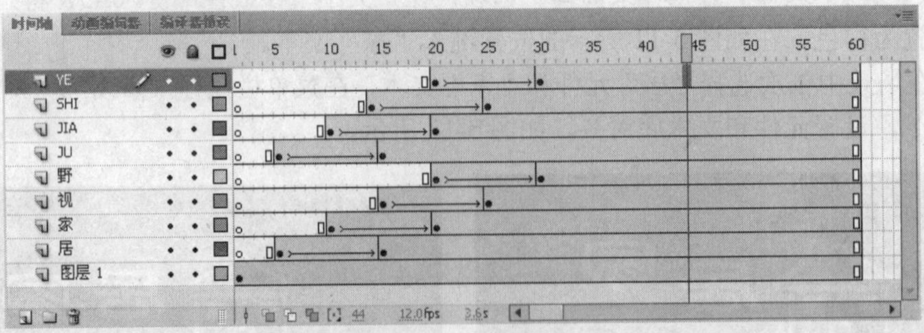

图 5-16　"时间轴"显示效果

25 现在本实例就全部制作完成了，按下键盘上的 Ctrl+Enter 组合键，测试影片效果，如图 5-17 所示为本实例在不同帧的显示效果。如果读者在制作过程中遇到了什么问题，可以打开本书附带光盘中的"图像浏览网站/实例 3~7：居家视野网/文字动画.fla"文件，该实例为完成后的文件。

图 5-17　文字动画

实例6　制作居家视野网图片切换动画

本实例中，将指导读者使用 Flash CS4 制作居家视野网图片切换动画。通过本实例的学习，使读者能够通过设置属性面板中的 X 和 Y 参数，设置元件与场景的中心对齐，并能够在时间轴面板中随意调整关键帧的位置。

在制作本实例时，首先将素材图像导入到舞台，并设置图像居中于舞台；通过转换为元件对话框将图像转换为图形元件，通过 Alpha 工具设置各图像的渐隐动画。图 6-1 所示为动画完成后的截图。

图 6-1　图片切换动画

1 运行 Flash CS4，在菜单栏执行"文件"/"新建"命令，打开"新建文档"对话框。在该对话框中的"常规"面板中，选择"Flash 文件（ActionScript 2.0）"选项，如图 6-2 所示，单击"确定"按钮，退出该对话框，创建一个新的 Flash 文档。

2 单击"属性"面板中的"属性"卷展栏内的"文档属性"按钮，打开"文档属性"对话框。在"尺寸"右侧的"宽"参数栏中键入"606 像素"，在"高"参数栏中键入"268 像素"，设置背景颜色为白色，设置帧频为 12，标尺单位为"像素"，如图 6-3 所示，单击"确定"按钮，退出该对话框。

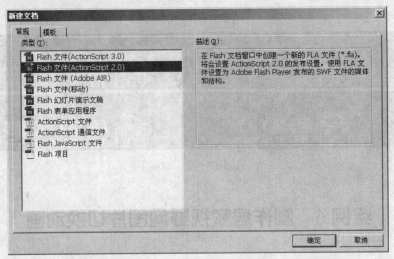

图 6-2　"新建文档"对话框

3 在菜单栏执行"文件"/"导入"/"导入到舞台"命令，打开"导入"对话框，从该对话框中选择本书附带光盘中的"图像浏览网站/实例 3~7：居家视野网/images/居家视野网_05.gif"文件，如图 6-4 所示，单击"打开"按钮，退出该对话框。

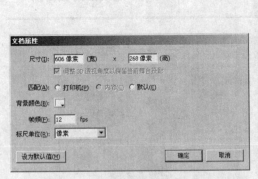

图 6-3　"文档属性"对话框

图 6-4　"导入"对话框

4 退出"导入"对话框后，打开 Adobe Flash CS4 对话框，在该对话框中导入"否"按钮，退出该对话框。

5 选择导入的文件，在"属性"面板中的 X 和 Y 参数栏中均键入 0，使文件居中于舞台，如图 6-5 所示。

6 在"时间轴"面板中将"图层 1"层重命名为"图片 1"。

7 在"时间轴"面板中单击 "新建图层"按钮，创建一个新图层，将新创建的图层命名为"图片 2"，然后通过"导入"对话框将本书附带光盘中的"图像浏览网站/实例 3~7：居家视野网/images/居家视野网_051.jpg"文件导入到舞台，如图 6-6 所示。

图 6-5　文件居中于舞台

图 6-6　将"居家视野网_051.jpg"文件导入到舞台

8 在"时间轴"面板中单击 ▣ "新建图层"按钮，创建一个新图层，将新创建的图层命名为"图片 3"，然后通过"导入"对话框将本书附带光盘中的"图像浏览网站/实例 3~7：居家视野网/images/居家视野网_052.jpg"文件导入到舞台，如图 6-7 所示。

图 6-7　将"居家视野网_052.jpg"文件导入到舞台

9 按下键盘上的 Ctrl+Atl 组合键，在"时间轴"面板中选择"图片 1"层内的第 20 帧和第 30 帧，按下键盘上的 F6 键，插入关键帧，如图 6-8 所示。

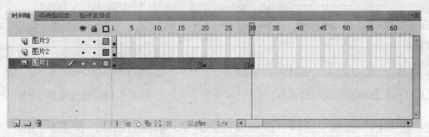

图 6-8　插入关键帧

10　选择第 30 帧内的图像，在菜单栏执行"修改"/"转换为元件"命令，打开"转换为元件"对话框，在"名称"文本框中键入"图片 1"文本，在"类型"下拉选项栏中选择"图形"选项，如图 6-9 所示，单击"确定"按钮，退出该对话框。

11　选择第 30 帧内的元件，进入"属性"面板，在"色彩效果"卷展栏内的"样式"下拉选项栏中选择 Alpha 选项，在 Alpha 参数栏中键入 0，如图 6-10 所示。

图 6-9　"转换为元件"对话框

图 6-10　设置元件 Alpha

12　在"时间轴"面板中右击"图片 1"层内的第 20 帧，在弹出的快捷菜单中选择"创建传统补间"选项，确定在第 20~30 帧之间创建传统补间动画。

13　在"时间轴"面板中选择"图片 2"层内位于第 1 帧位置的关键帧，将其移动至第 30 帧，然后按下键盘上的 Ctrl+Atl 组合键，选择第 40 帧、第 60 帧和第 70 帧，按下键盘上的 F6 键，将所选帧转换为关键帧，如图 6-11 所示。

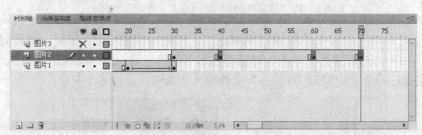

图 6-11　移动并插入关键帧

14　在"时间轴"面板中选择"图片 2"层第 30 帧内的图像，在菜单栏执行"修改"/"转换为元件"命令，打开"转换为元件"对话框，在"名称"文本框中键入"图片 2"文本，在"类型"下拉选项栏中选择"图形"选项，如图 6-12 所示，单击"确定"按钮，退出该对话框。

15　选择第 30 帧内的元件，进入"属性"面板，在"色彩效果"卷展栏内的"样式"下拉选项栏中选择 Alpha 选项，在 Alpha 参数栏中键入 0，如图 6-13 所示。

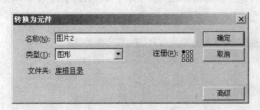

图 6-12　"转换为元件"对话框

图 6-13　设置元件 Alpha

16　在"时间轴"面板中选择"图片 2"层第 70 帧内的图像，在菜单栏执行"修改"/"转换为元件"命令，打开"转换为元件"对话框。在"名称"文本框中键入"图片 3"文本，在"类型"下拉选项栏中选择"图形"选项，如图 6-14 所示，单击"确定"按钮，退出该对话框。

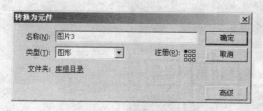

图 6-14　"转换为元件"对话框

17 选择第 70 帧内的元件，进入"属性"面板，在"色彩效果"卷展栏内的"样式"下拉选项栏中选择 Alpha 选项，在 Alpha 参数栏中键入 0。

18 在"时间轴"面板中右击"图片 2"层内的第 30 帧，在弹出的快捷菜单中选择"创建传统补间"选项，确定在第 30~40 帧之间创建传统补间动画。使用同样的方法，在第 60~70 帧之间创建传统补间动画，如图 6-15 所示。

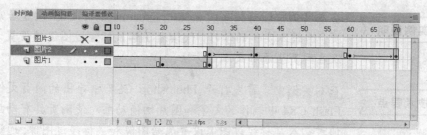

图 6-15　创建传统补间动画

19 使用同样的方法，创建"图片 3"层的动画，使图像由第 70~80 帧产生透明到不透明的动画；第 80~100 帧保持不透明；第 100~110 帧由不透明变透明动画，"时间轴"面板显示如图 6-16 所示。

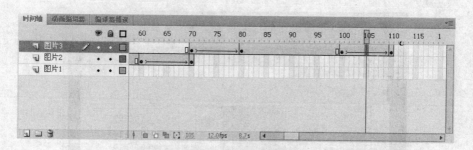

图 6-16　"时间轴"显示效果

20 现在本实例就全部制作完成了，按下键盘上的 **Ctrl+Enter** 组合键，测试影片效果，如图 6-17 所示为本实例在不同帧的显示效果。如果读者在制作过程中遇到了什么问题，可以打开本书附带光盘中的"图像浏览网站/实例 3~7：居家视野网/图片切换动画.fla"文件，该实例为完成后的文件。

图 6-17　图片切换动画

实例 7　设置居家视野网页

在本实例中，将指导读者使用 Dreamweaver CS4 设置居家视野网页。通过本实例的学习，使读者了解鼠标经过图像的设置方法，以及在网页上添加文本的方法。

在本实例中，首先打开 Photoshop CS4 中导出的网页文件；导入 Flash CS4 中制作的文字和图片切换动画，使网页具有动画效果；通过插入鼠标经过图像设置原始图像和鼠标经过图像；通过选择文件对话框导入链接图片；通过在 AP Div 中键入文本，为网页添加文字；最后按下键盘上的 F12 键，预览设置的网页效果。图 7-1 所示为本实例完成后的效果。

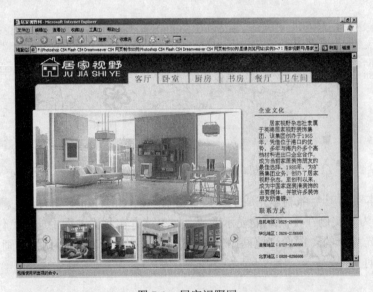

图 7-1　居家视野网

1 将本书附带光盘中的"图像浏览网站/实例 3~7：居家视野网"文件夹复制到本地站点路径内。

2 运行 Dreamweaver CS4，在运行界面上选择"打开"选项，如图 7-2 所示。

3 选择"打开"选项后，打开"打开"对话框，从该对话框中选择复制的"图像浏览网站/实例 3~7：居家视野网/居家视野网.html"文件，如图 7-3 所示，单击"打开"按钮，退出该对话框。

图 7-2 "打开"选项

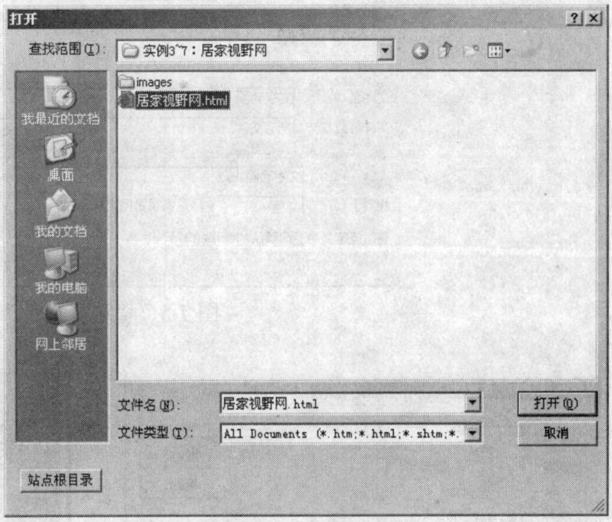

图 7-3 "打开"对话框

4 退出"打开"对话框后，打开"居家视野网.html"文件，在页面中选择"居家视野网_01.gif"图像，如图 7-4 所示，并将其删除。

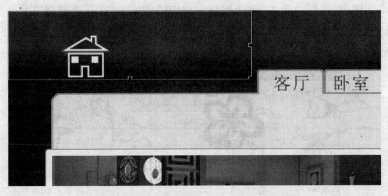

图 7-4 选择"居家视野网_01.gif"图像

5 在"常用"工具栏中单击 "媒体：SWF"按钮，打开"选择文件"对话框，从该对话框中选择复制的"图像浏览网站/实例 3~7：居家视野网/文字动画.swf"文件，如图 7-5 所示。然后单击"确定"按钮，退出该对话框。

6 退出"选择文件"对话框后，打开"对象标签辅助功能属性"对话框，如图 7-6 所示。在该对话框中单击"确定"按钮，退出该对话框。

7 在页面中选择"居家视野网_05.gif"图像，如图 7-7 所示，并将其删除。

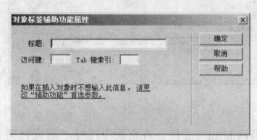

图 7-5　"选择文件"对话框

图 7-6　"对象标签辅助功能属性"对话框　　　图 7-7　选择"居家视野网_05.gif"图像

8 在"常用"工具栏中单击 "媒体：SWF"按钮，打开"选择文件"对话框，从该对话框中选择复制的"图像浏览网站/实例 3~7：居家视野网/图片切换动画.swf"文件，如图 7-8 所示。然后单击"确定"按钮，退出该对话框。

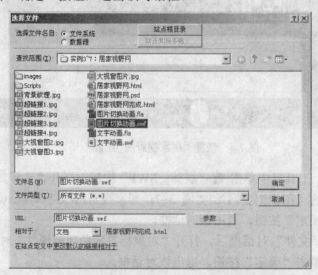

图 7-8　"选择文件"对话框

8 在页面中选择"居家视野网_09.gif"图像,如图 7-9 所示,并将其删除。

图 7-9 选择"居家视野网_09.gif"图像

10 在"常用"工具栏中单击 "图像"按钮右侧的 按钮,在弹出的下拉按钮下选择 "鼠标经过图像"选项,打开"插入鼠标经过图像"对话框,如图 7-10 所示。

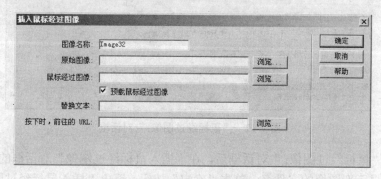

图 7-10 "插入鼠标经过图像"对话框

11 单击"插入鼠标经过图像"对话框中的"原始图像"文本框右侧的"浏览"按钮,打开"原始图像:"对话框。从该对话框中选择复制的"图像浏览网站/实例 3~7:居家视野网/images/居家视野网_09.gif"文件,如图 7-11 所示,然后单击"确定"按钮,退出该对话框。

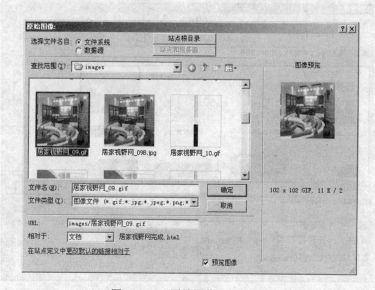

图 7-11 "原始图像:"对话框

12 退出"原始图像:"对话框后,在"插入鼠标经过图像"对话框的"原始图像"文本框中显示新图像的文件名，单击"鼠标经过图像："文本框右侧的"浏览"按钮，打开"鼠标经过图像："对话框。从该对话框中选择复制的"图像浏览网站/实例 3~7：居家视野网/images/居家视野网_09B.jpg"文件，如图 7-12 所示，然后单击"确定"按钮，退出该对话框。

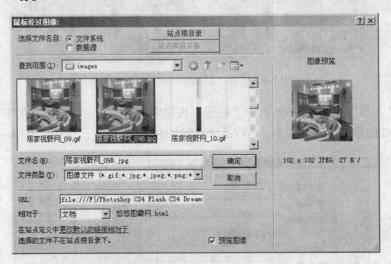

图 7-12　"鼠标经过图像："对话框

🔢 退出"鼠标经过图像："对话框后，在"插入鼠标经过图像"对话框的"鼠标经过图像"文本框中显示新图像的文件名，单击"确定"按钮，退出"插入鼠标经过图像"对话框。

🔢 在页面中选择"居家视野网_09.gif"图像，在"属性"面板中单击"链接"文本框右侧的 □ "浏览文件"按钮，打开"选择文件"对话框。从该对话框中选择复制的"图像浏览网站/实例 3~7：居家视野网/超链接 1.jpg"文件，如图 7-13 所示，单击"确定"按钮，退出该对话框，并在"属性"面板中的"边框"参数栏中键入 0。

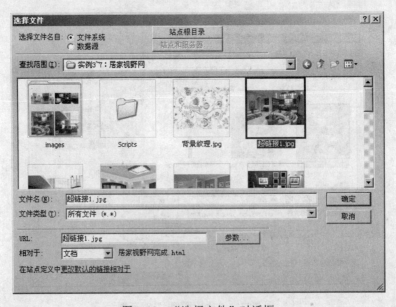

图 7-13　"选择文件"对话框

🔢 在页面中选择"居家视野网_11.gif"图像，并将其删除，然后在"常用"工具栏中

单击 ▣ "鼠标经过图像"按钮，打开"插入鼠标经过图像"对话框。

⑯ 单击"原始图像"文本框右侧的"浏览"按钮，打开"原始图像"对话框，从该对话框中打开复制的"图像浏览网站/实例 3~7：居家视野网/images/居家视野网_11.gif"文件。单击"鼠标经过图像"文本框右侧的"浏览"按钮，打开"鼠标经过图像"对话框，从该对话框中打开复制的"图像浏览网站/实例 3~7：居家视野网/images/居家视野网_11B.jpg"文件，如图 7-14 所示。

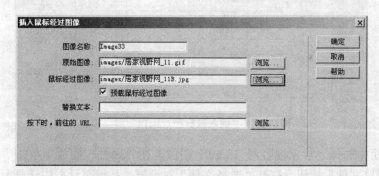

图 7-14　"插入鼠标经过图像"对话框

⑰ 在页面中选择"居家视野网_11.gif"图像，在"属性"面板中单击"链接"文本框右侧的 ▣ "浏览文件"按钮，打开"选择文件"对话框，从该对话框中选择复制的"图像浏览网站/实例 3~7：居家视野网/超链接 2.jpg"文件，如图 7-15 所示。单击"确定"按钮，退出该对话框，并在"属性"面板中的"边框"参数栏中键入 0。

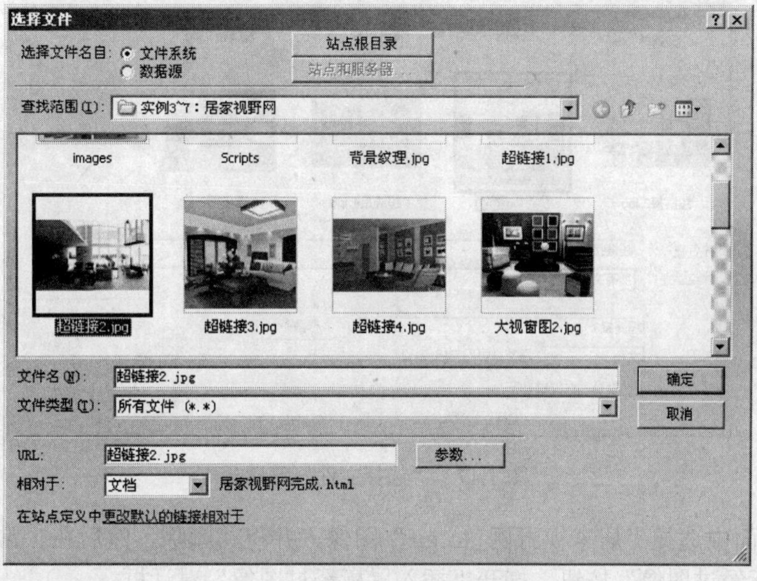

图 7-15　"选择文件"对话框

⑱ 在页面中选择"居家视野网_13.gif"图像，并将其删除，然后在"常用"工具栏中单击 ▣ "鼠标经过图像"按钮，打开"插入鼠标经过图像"对话框。

⑲ 单击"原始图像"文本框右侧的"浏览"按钮，打开"原始图像"对话框，从该对话框中打开复制的"图像浏览网站/实例 3~7：居家视野网/images/居家视野网_13.gif"文件。

单击"鼠标经过图像"文本框右侧的"浏览"按钮，打开"鼠标经过图像"对话框，从该对话框中打开复制的"图像浏览网站/实例 3~7：居家视野网/images/居家视野网_13B.jpg"文件，如图 7-16 所示。

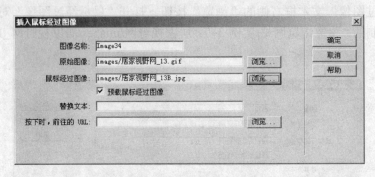

图 7-16　"插入鼠标经过图像"对话框

20 在页面中选择"居家视野网_13.gif"图像，在"属性"面板中单击"链接"文本框右侧的 📁 "浏览文件"按钮，打开"选择文件"对话框，从该对话框中选择复制的"图像浏览网站/实例 3~7：居家视野网/超链接 3.jpg"文件，如图 7-17 所示，单击"确定"按钮，退出该对话框，并在"属性"面板中的"边框"参数栏中键入 0。

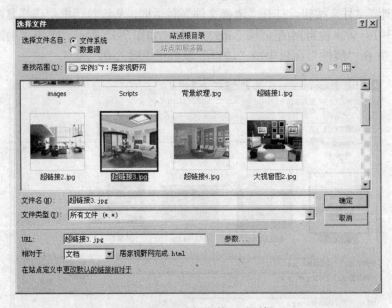

图 7-17　"选择文件"对话框

21 在页面中选择"居家视野网_15.gif"图像，并将其删除，然后在"常用"工具栏中单击 🔄 "鼠标经过图像"按钮，打开"插入鼠标经过图像"对话框。

22 单击"原始图像"文本框右侧的"浏览"按钮，打开"原始图像"对话框，从该对话框中打开复制的"图像浏览网站/实例 3~7：居家视野网/images/居家视野网_15.gif"文件。单击"鼠标经过图像"文本框右侧的"浏览"按钮，打开"鼠标经过图像"对话框，从该对话框中打开复制的"图像浏览网站/实例 3~7：居家视野网/images/居家视野网_15B.jpg"文件，如图 7-18 所示。

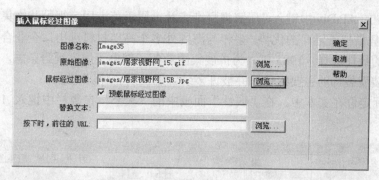

图 7-18　"插入鼠标经过图像"对话框

23　在页面中选择"居家视野网_15.gif"图像，在"属性"面板中单击"链接"文本框右侧的 🗀"浏览文件"按钮，打开"选择文件"对话框。从该对话框中选择复制的"图像浏览网站/实例 3~7：居家视野网/超链接 4.jpg"文件，如图 7-19 所示。单击"确定"按钮，退出该对话框，并在"属性"面板中的"边框"参数栏中键入 0。

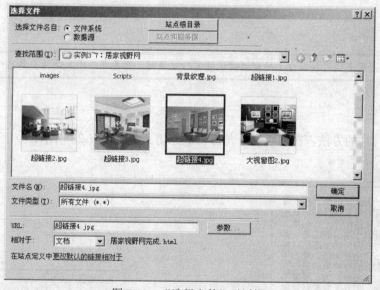

图 7-19　"选择文件"对话框

24　在"布局"工具栏中单击 🖥 "绘制 AP Div"按钮，然后在页面右侧参照图 7-20 所示绘制一个 AP Div。

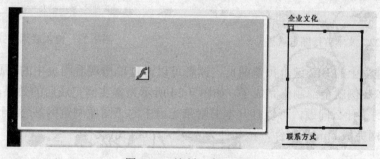

图 7-20　绘制一个 AP Div

25 在绘制的 AP Div 中键入"居家视野杂志社隶属于英港居家视野装饰集团，该集团创办于 1965 年，凭借位于港口的优势，多年与海内外多个高档材料进出口企业合作，成为当前家居装饰朋友的最佳选择。1985 年，为扩展集团业务，创办了居家视野杂志，至创刊以来，成为中国家庭装潢装饰的主要媒体，并被许多装饰朋友所青睐。"文本。

26 将光标定位在文本中，在"属性"面板中的"大小"参数栏中键入 16，如图 7-21 所示。

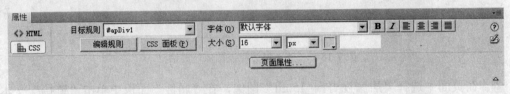

图 7-21　设置"大小"参数

27 将光标定位在文本的前端，按下键盘上的空格键两次，使文本首行缩进，如图 7-22 所示。

当读者需要通过按键盘上的空格键设置首行缩进时，需要保证输入法为全角显示。

提示

28 使用同样的方法，在网页右下角键入联系方式，如图 7-23 所示。

图 7-22　文本首行缩进效果

图 7-23　键入联系方式

28 按下键盘上的 F12 键，预览网页，读者可以通过单击观看网页中的动画效果。

30 现在本实例就全部制作完成了，如图 7-24 所示为本实例完成后的效果。如果读者在制作过程中遇到了什么问题，可以打开本书附带光盘中的"图像浏览网站/实例 3~7：居家视野网/居家视野网完成.html"文件，该文件为本实例完成后的文件。

图 7-24　居家视野网页

三、星源饮吧网

　　星源饮吧网为一个清新风格的饮料吧图片浏览网页，网页整体为绿色调，背景采用了具有大片色块的图像，使网页风格统一，在网页的底部还使用了水果动画，以显示出饮料吧饮品的新鲜度。网页的制作分为 3 个实例来完成，在实例 8 中，使用 Photoshop CS4 制作背景素材图片；在实例 9 中，使用 Flash CS4 设置图片沿路径运动动画；在实例 10 中，将使用 Dreamweaver CS4 对网页进行编辑，完成网页的制作。通过这部分实例的学习，可以使读者了解网页制作的过程，在网页中使用表格和下拉选项栏的方法。下图为星源饮吧网完成后的效果。

星源饮吧网完成效果

实例 8　制作星源饮吧网素材

在本实例中，将指导读者使用 Photoshop CS4 制作星源饮吧网素材。通过本实例的学习，使读者能够通过图层样式工具，为图像添加描边图层样式。

在本实例中，首先需要创建一个宽为 1024 像素，高为 768 像素的标准网页文件；通过从外部导入图像文件为网页添加底纹和前景图像；使用横排文字工具在网页上添加网站名称和注释文本。图 8-1 所示为本实例完成后的效果。

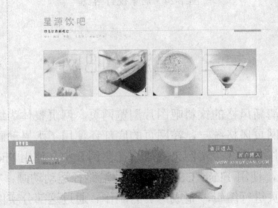

图 8-1　星源饮吧网素材

1　运行 Photoshop CS4，在菜单栏执行"文件"/"新建"命令，打开"新建"对话框。在"名称"文本框中键入"星源饮吧网"文本，在"宽度"参数栏中键入 1024，在"高度"参数栏中键入 768，单位设置为"像素"，在"分辨率"参数栏中键入 72，在"颜色模式"下拉选项栏中选择"RGB 颜色"选项，在"背景内容"下拉选项栏中选择"白色"选项，如图 8-2 所示，单击"确定"按钮，创建一个新文件。

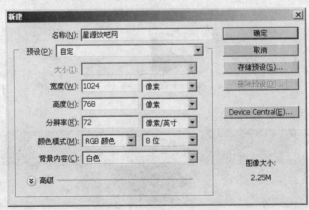

图 8-2　"新建"对话框

②　在菜单栏执行"文件"/"打开"命令，打开"打开"对话框。从该对话框中选择本书附带光盘中的"图像浏览网站/实例 8~10：星源饮吧网/底纹.jpg"文件，如图 8-3 所示，单击"打开"按钮，退出该对话框。

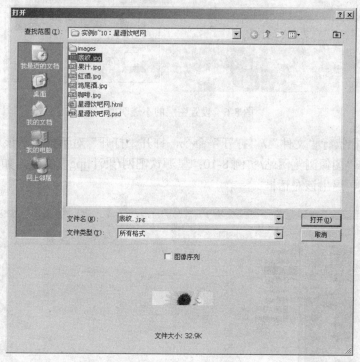

图 8-3　"打开"对话框

③　在工具箱中单击 "移动工具"按钮，将"底纹.jpg"图像拖动至"星源饮吧网"文档窗口中，并将其移动至如图 8-4 所示的位置。

④　在工具箱中单击 ▭"矩形选框工具"按钮，然后参照图 8-5 所示来绘制一个矩形选区。

图 8-4　调整图像位置

图 8-5　绘制矩形选区

⑤　创建一个新图层——"图层 2"，并使用绿色（R：161、G：176、B：23）填充选区。

⑥　确定"图层 2"仍处于可编辑状态，在"图层"调板中的"不透明度"参数栏中键入 85%，如图 8-6 所示。

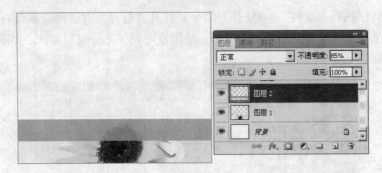

图 8-6   设置图层的不透明度

7 在菜单栏执行"文件"/"打开"命令，打开"打开"对话框。从该对话框中选择本书附带光盘中的"图像浏览网站/实例 8-10：星源饮吧网/果汁.jpg"文件，如图 8-7 所示，单击"打开"按钮，退出该对话框。

图 8-7   "打开"对话框

8 在工具箱中单击 "移动工具"按钮，将"果汁.jpg"图像拖动至"星源饮吧网"文档窗口中。然后使用"自由变换"工具，并参照图 8-8 所示来调整图像的大小和位置。

9 选择"图层 3"，在"图层"调板底部单击 "添加图层样式"按钮，在弹出的快捷菜单中选择"描边"选项，打开"图层样式"对话框，在"大小"参数栏中键入 1，在"位置"下拉选项栏中选择"内部"选项，将"颜色"显示窗中的颜色设置为灰色（R：183、G：183、B：183），如图 8-9 所示，然后单击"确定"按钮，退出该对话框。

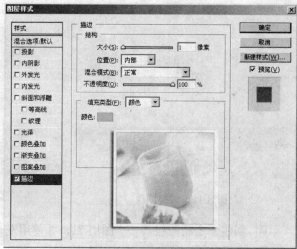

图 8-8　调整图像的大小和位置　　　　　　　图 8-9　"图层样式"对话框

10　在菜单栏执行"文件"/"打开"命令，打开"打开"对话框。从该对话框中选择本书附带光盘中的"图像浏览网站/实例 8-10：星源饮吧网/"咖啡.jpg、"、"红酒.jpg"、"鸡尾酒 jpg""文件，如图 8-10 所示，单击"打开"按钮，退出该对话框。

图 8-10　"打开"对话框

11　在工具箱中单击 移动工具"按钮，依次将"咖啡.jpg"、"红酒.jpg"、"鸡尾酒 jpg"图像拖动至"星源饮吧网"文档窗口中，然后使用 "矩形选框工具"和"自由变换"工具，并参照图 8-11 所示来调整图像，为这些图像添加"描边"图层样式。

12　在工具箱中单击 "矩形选框工具"按钮，然后参照图 8-12 所示绘制一个矩形选区。

图 8-11　调整图像

图 8-12　绘制矩形选区

13 创建一个新图层——"图层 7"，并使用灰色（R：203、G：203、B：203）填充选区。

14 在工具箱中单击 [] "矩形选框工具"按钮，然后参照图 8-13 所示绘制一个矩形选区。

15 创建一个新图层——"图层 8"，并使用绿色（R：161、G：179、B：33）填充选区。

16 在工具箱中单击 T. "横排文字工具"按钮，在属性栏中的"设置字体系列"下拉选项栏中选择"Adobe 黑体 Std"选项，在"设置字体大小"参数栏中键入 36，将"设置文本颜色"显示窗中的颜色设置为绿色（R：158、G：182、B：22），在如图 8-14 所示的位置键入"星源饮吧"文本。

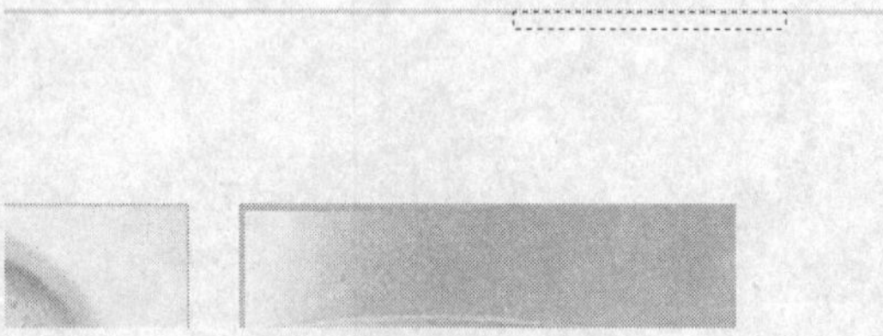

图 8-13　绘制矩形选区

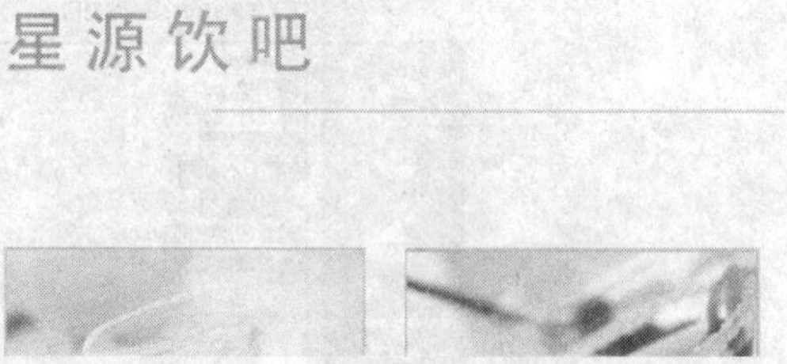

图 8-14　键入文本

17 再次使用工具箱中的 T. "横排文字工具"，在属性栏中的"设置字体系列"下拉选项栏中选择"黑体"选项，在"设置字体大小"参数栏中键入 12，将"设置文本颜色"显示窗中的颜色设置为黑色，在画布中键入"绿色饮品新概念"文本，如图 8-15 所示。

18 再次使用工具箱中的 T. "横排文字工具"，在属性栏中的"设置字体系列"下拉选项栏中选择"黑体"选项，在"设置字体大小"参数栏中键入 10，将"设置文本颜色"显示窗中的颜色设置为灰色（R：160、G：160、B：160），在画布中键入"绿茶　咖啡　果醋　冰饮料　巧克力热饮"文本，如图 8-16 所示。

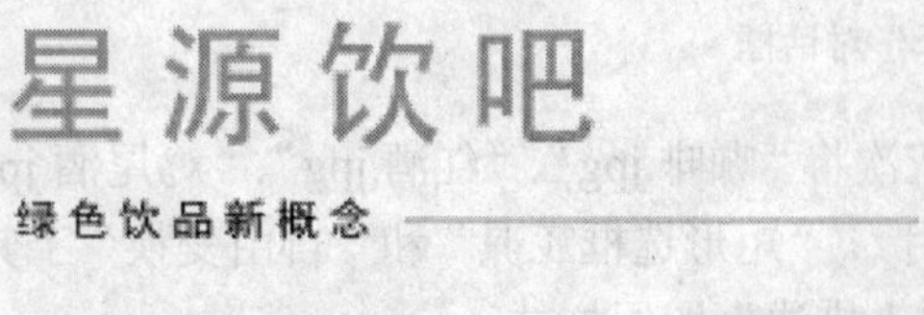

图 8-15　键入文本

图 8-16　键入文本

19 创建一个新图层——"图层 9"。使用工具箱中的  "矩形选框工具"绘制一个矩形选区，将其填充为白色，如图 8-17 所示。

图 8-17　绘制并填充选区

20 创建一个新图层——"图层 10"。使用工具箱中的  "矩形选框工具"绘制两个矩形选区，将其填充为绿色（R：124、G：147、B：15），如图 8-18 所示。

图 8-18　绘制并填充选区

21 再次使用工具箱中的 T. "横排文字工具"，然后参照图 8-19 所示来键入文本。

图 8-19　键入文本

22 在工具箱中单击 ⌜. "裁剪工具"下拉按钮下的 ✄. "切片工具"按钮，然后参照图 8-20 所示绘制一个切片框。

图 8-20　绘制切片框

23 在菜单栏执行"文件"/"存储为 Web 和设备所用格式"命令，打开"存储为 Web 和设备所用格式"对话框，如图 8-21 所示。

24 在"存储为 Web 和设备所用格式"对话框中单击"存储"按钮，打开"将优化结果存储为"对话框。在"保存在"下拉选项栏中选择文件保存的路径，在"文件名"文本框中键入"星源饮吧网"文本，使用对话框默认的 HTML 格式类型，如图 8-22 所示，然后单击"保存"按钮，退出该对话框。

图 8-21 "存储为 Web 和设备所用格式"对话框

图 8-22 "将优化结果存储为"对话框

25 现在星源饮吧网的素材制作就全部完成了,完成后的效果如图 8-23 所示。如果读者在制作过程中遇到了什么问题,可以打开本书附带光盘中的"图像浏览网站/实例 8-10:星源饮吧网/星源饮吧网.psd"文件,该文件为本实例完成后的文件。

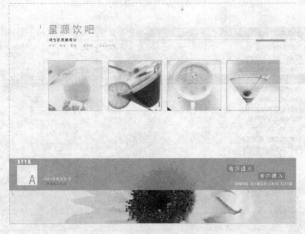

图 8-23　星源饮吧网素材

实例 9　制作星源饮吧网图片飘动动画

本实例中，将指导读者使用 Flash CS4 制作星源饮吧网图片飘动动画。通过本实例的学习，使读者了解引导路径的使用方法，并能够通过该工具设置出图形沿路径运动的动画。

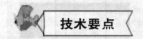

在制作本实例时，首先导入素材图像，并设置背景层帧数，控制整个动画时间长度；从外部导入位图图像，并将该图像设置为具有可编辑图层样式的位图图像；使用钢笔工具绘制路径，使用添加引导层的方法创建图片飘动动画。图 9-1 所示为本实例完成后的效果。

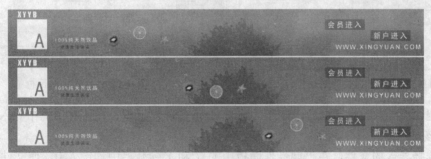

图 9-1　图片飘动动画

1 运行 Flash CS4，在菜单栏执行"文件"/"新建"命令，打开"新建文档"对话框。在该对话框中的"常规"面板中，选择"Flash 文件（ActionScript 2.0）"选项，如图 9-2 所示，单击"确定"按钮，退出该对话框，创建一个新的 Flash 文档。

2 单击"属性"面板中的"属性"卷展栏内的"文档属性"按钮，打开"文档属性"对话框。在"尺寸"右侧的"宽"参数栏中键入 1024，在"高"参数栏中键入 111，设置背景颜色为白色，设置帧频为 12，标尺单位为"像素"，如图 9-3 所示，单击"确定"按钮，退出该对话框。

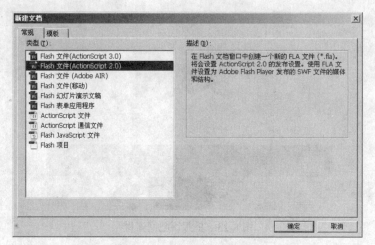

图 9-2　"新建文档"对话框

3　在菜单栏执行"文件"/"导入"/"导入到舞台"命令,打开"导入"对话框,从该对话框中选择本书附带光盘中的"图像浏览网站/实例 8~10:星源饮吧网/星源饮吧网_02.gif"文件,如图 9-4 所示。单击"打开"按钮,退出该对话框。

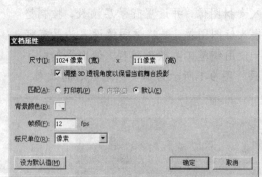

图 9-3　"文档属性"对话框

图 9-4　"导入"对话框

4　退出"导入"对话框后,打开 Adobe Flash CS4 对话框,在该对话框中导入"否"按钮,退出该对话框。

5　选择导入的文件,在"属性"面板中的 X 和 Y 参数栏中均键入 0,使文件居中于舞台,如图 9-5 所示。

图 9-5　文件居中于舞台

6　在"时间轴"面板中选择"图层 1"层内的第 74 帧,按下键盘上的 F5 键,插入帧,如图 9-6 所示,使该图层内的图像在第 1~74 帧之间显示。

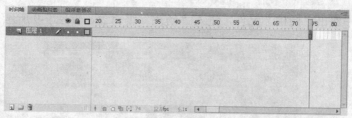

图9-6 插入帧

7 在菜单栏执行"文件"/"导入"/"导入到舞台"命令,打开"导入"对话框。从该对话框中选择本书附带光盘中的"图像浏览网站/实例 8~10:星源饮吧网/杨桃.psd"文件,如图9-7所示,单击"打开"按钮,退出该对话框。

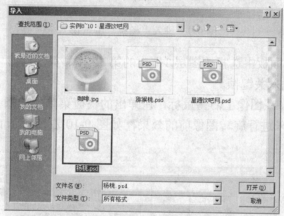

图9-7 "导入"对话框

8 退出"导入"对话框后,打开"将'杨桃.psd'导入到舞台"对话框,在"检查要导入的 Photoshop 图层"显示窗中选择"杨桃"选项,选择"具有可编辑图层样式的位图图像"单选按钮,如图9-8所示。然后单击"确定"按钮,退出该对话框。

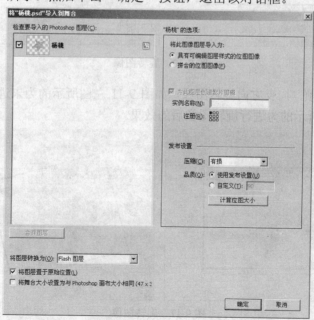

图9-8 "将'杨桃.psd'导入到舞台"对话框

9 在页面中双击"杨桃"元件，进入"杨桃"编辑窗，如图 9-9 所示。

图 9-9　进入"杨桃"编辑窗

10　在"时间轴"面板中选择"图层 1"内的第 15 帧、第 30 帧，按下键盘上的 F6 键，在第 15 帧和第 30 帧插入关键帧。

11　选择第 15 帧，在图像上右击鼠标，在弹出的快捷菜单中选择"任意变形"选项，如图 9-10 左图所示的为未进行旋转图像前的效果，如图 9-10 右图所示的为进行旋转图像后的效果。

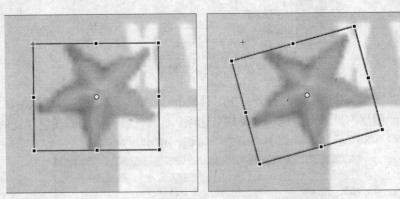

图 9-10　旋转图像

12　选择第 30 帧，向反方向旋转图像，如图 9-11 左图所示的为未进行旋转图像前的效果，如图 9-11 右图所示的为进行旋转图像后的效果。

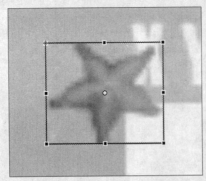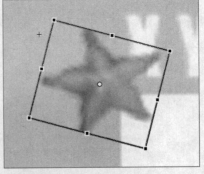

图 9-11　旋转图像

13 在"时间轴"面板中右击"图层 1"内的第 1 帧，在弹出的快捷菜单中选择"创建传统补间"选项，确定在第 1~15 帧之间创建传统补间动画。使用同样的方法，在第 15~30 帧之间创建传统补间动画。

14 进入"场景 1"编辑窗，在"时间轴"面板中单击 ☑ "新建图层"按钮，创建一个新图层，将新创建的图层命名为"路径"。

15 在工具箱中单击 ⬧ "钢笔工具"按钮，然后参照图 9-12 所示来绘制一个路径。

图 9-12 绘制路径

16 选择"路径"层，接着在该图层上右击鼠标，在弹出的快捷菜单中选择"引导层"选项，将"路径"层转换为引导层。

17 将"杨桃"层拖动至引导层内，"时间轴"面板显示如图 9-13 所示。

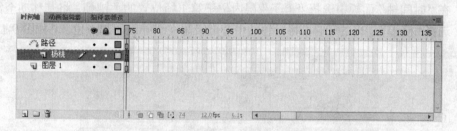

图 9-13 "时间轴"显示效果

18 选择"杨桃"层内的元件，将元件的中心点吸附在引导线的起点位置，如图 9-14 所示。

图 9-14 调整元件位置

19 选择"杨桃"层内的第 60 帧，按下键盘上的 F6 键，将该帧转换为关键帧。然后参照图 9-15 所示将第 60 帧内的元件的中心点吸附在引导线的终点位置。

图 9-15 调整元件位置

20 在"时间轴"面板中右击"杨桃"层内的第 1 帧，在弹出的快捷菜单中选择"创建传统补间"选项，确定在第 1~60 帧之间创建传统补间动画。

21 按下键盘上的 Shift 键，在"时间轴"面板中选择"杨桃"层内的第 61~74 帧，然后在所选的帧上右击，在弹出的快捷菜单中选择"删除帧"选项，删除所选的帧。

22 使用同样的方法，将本书附带光盘中的"图像浏览网站/实例 8~10：星源饮吧网/橙子.psd"文件导入到舞台，并将其导入为具有可编辑图层样式的位图图像，生成"橙子"层。

23 将"橙子"层拖动至引导层内，"时间轴"面板显示如图 9-16 所示。

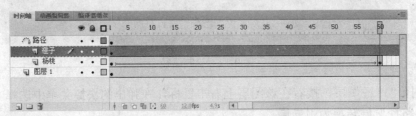

图 9-16　"时间轴"显示效果

24 在"时间轴"面板中选择"橙子"层内位于第 1 帧位置的关键帧，将其移动至第 7 帧。

25 选择"橙子"层内的元件，将元件的中心点吸附在引导线的起点位置，如图 9-17 所示。

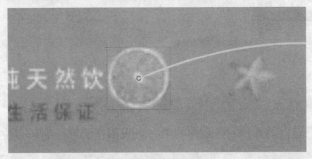

图 9-17　调整元件位置

26 选择"橙子"层内的第 67 帧，按下键盘上的 F6 键，将该帧转换为关键帧，然后参照图 9-18 所示将第 67 帧内的元件的中心点吸附在引导线的终点位置。

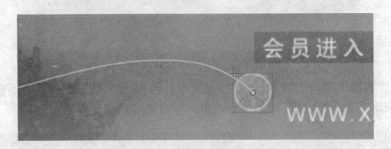

图 9-18　调整元件位置

27 在"时间轴"面板中右击"橙子"层内的第 7 帧，在弹出的快捷菜单中选择"创建传统补间"选项，确定在第 7~67 帧之间创建传统补间动画。

28 按下键盘上的 Shift 键，在"时间轴"面板中选择"橙子"层内的第 68~74 帧，然后在所选的帧上右击鼠标，在弹出的快捷菜单中选择"删除帧"选项，删除所选的帧。

29 使用同样的方法，将本书附带光盘中的"图像浏览网站/实例 8~10：星源饮吧网/猕猴桃.psd"文件导入到舞台，并将其导入为具有可编辑图层样式的位图图像，生成"猕猴桃"层。

30 将"猕猴桃"层拖动至引导层内，"时间轴"面板显示如图 9-19 所示。

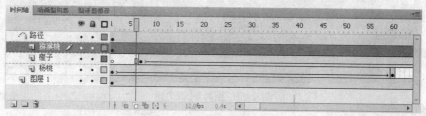

图 9-19　"时间轴"显示效果

31 在"时间轴"面板中选择"猕猴桃"层内位于第 1 帧位置的关键帧，将其移动至第 14 帧。

32 选择"猕猴桃"层内的元件，将元件的中心点吸附在引导线的起点位置，如图 9-20 所示。

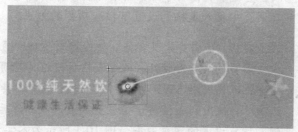

图 9-20　调整元件位置

33 选择"猕猴桃"层内的第 74 帧，按下键盘上的 F6 键，将该帧转换为关键帧。然后参照图 9-21 所示将第 74 帧内的元件的中心点吸附在引导线的终点位置。

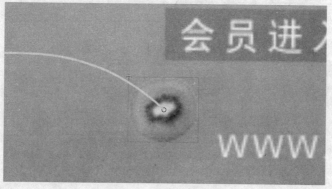

图 9-21　调整元件位置

34 在"时间轴"面板中右击"猕猴桃"层内的第 14 帧，在弹出的快捷菜单中选择"创建传统补间"选项，确定在第 14~74 帧之间创建传统补间动画。

35 现在本实例就全部制作完成了，按下键盘上的 Ctrl+Enter 组合键，测试影片效果，如图 9-22 所示为本实例在不同帧的显示效果。如果读者在制作过程中遇到了什么问题，可以打开本书附带光盘中的"图像浏览网站/实例 8~10：星源饮吧网/图片飘动动画.fla"文件，该实例为完成后的文件。

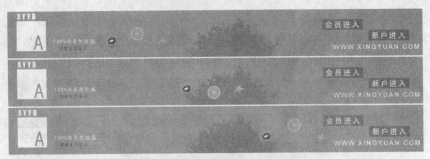

图 9-22　图片飘动动画

实例 10　制作星源饮吧网页

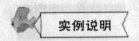

在本实例中，将指导读者使用 Dreamweaver CS4 设置星源饮吧网页。通过本实例的学习，使读者能够为网页定义站点，并能够掌握在网页中插入表格和设置下拉选项栏的方法。

在本实例中，首先定义站点，便于网页管理；通过页面属性对话框设置网页的大小和边距；通过表格对话框为网页添加表格，并在表格中插入图片和 SWF 动画；使用列表/菜单工具在网页上添加下拉选项栏，使用列表值对话框设置列表选项；最后按下键盘上的 F12键，预览设置的网页效果。图 10-1 所示为本实例完成后的效果。

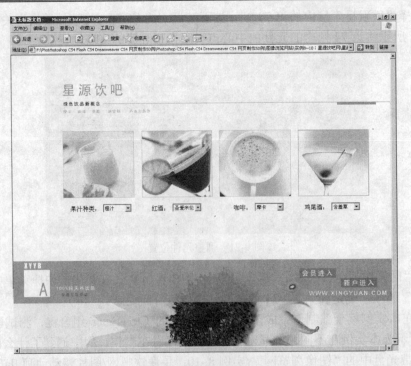

图 10-1　星源饮吧视野网

1 首先需要定义一个本地站点，运行 Dreamweaver CS4，单击起始页面的"Dreamweaver 站点"选项，打开"网页制作的站点定义为"对话框。在该对话框中设置站点名称和 HTTP 地址，由于本站点为制作练习使用的，所以可以不设置 HTTP 地址，如图 10-2 所示，单击"下一步"按钮，进入下一个面板。

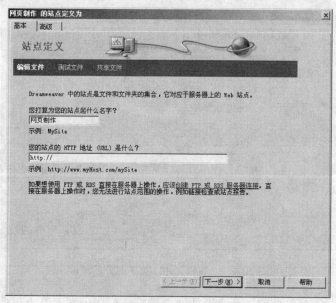

图 10-2　"网页制作的站点定义为"对话框

2 进入"编辑文件，第 2 部分"面板，选择"否，我不想使用服务器技术。"单选按钮，如图 10-3 所示，单击"下一步"按钮，进入下一个面板。

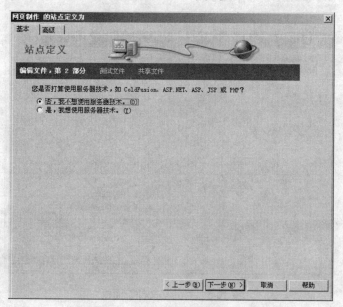

图 10-3　"编辑文件，第 2 部分"面板

3 进入"编辑文件，第 3 部分"面板，选择"编辑我的计算机上的本地副本，完成后再上传到服务器（推荐）"单选按钮，并设置文件的保存路径，如图 10-4 所示。单击"下一

步"按钮，进入下一个面板。

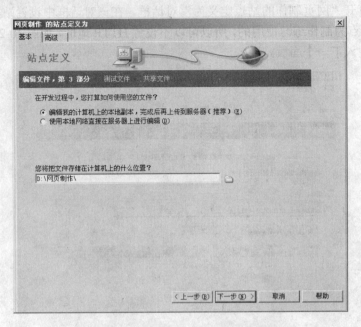

图 10-4　"编辑文件，第 3 部分"面板

4 进入"共享文件"面板，在"您如何连接到远程服务器？"下拉选项栏中选择"无"
选项，如图 10-5 所示，单击"下一步"按钮，进入下一个面板。

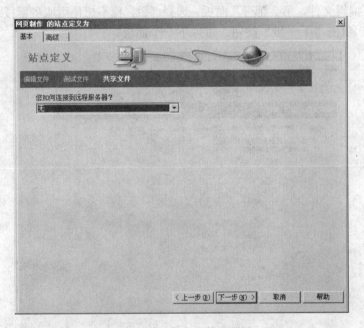

图 10-5　"共享文件"面板

5 进入"总结"面板后，单击"完成"按钮，如图 10-6 所示，完成本地站点的设置。

6 现在"文件"面板中会显示创建站点的信息，如图 10-7 所示。

本地站点的设置是非常重要的，默认状态下，使用 Dreamweaver CS4 制作的所有网页和素材都将被保存在本地站点。如果路径设置错误或者相关文件夹被移动或删除，会导致网页错误。

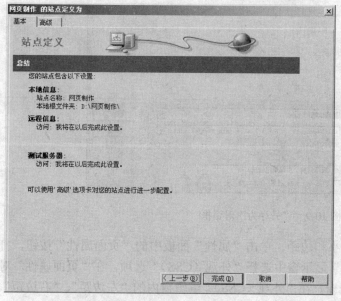

图 10-6　"总结"面板

图 10-7　"文件"面板

7 接下来制作网页。首先将本书附带光盘中的"图像浏览网站/实例 8~10：星源饮吧网"文件夹复制到本地站点路径内。

8 接下来创建一个新文件。单击起始页面中的 HTML 选项，如图 10-8 所示，创建一个新的 HTML 格式文件。

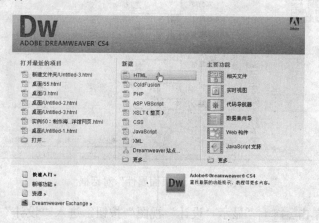

图 10-8　单击起始页面中的 HTML 选项

8 在菜单栏执行"文件"/"保存"命令，打开"另存为"对话框，如图 10-9 所示，设置文件的保存路径及文件名，将文件保存在本地站点路径内。然后单击"保存"按钮，退出该对话框。

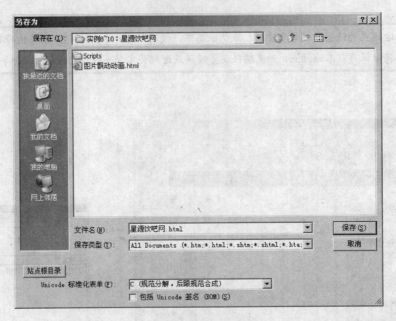

图 10-9　"另存为"对话框

10 接下来需要设置网页的大小和边距。单击"属性"面板中的"页面属性"按钮，打开"页面属性"对话框，在"分类"显示窗中选择"外观（CSS）"选项，在"页面属性"对话框中会显示"外观（CSS）"编辑窗，在"外观（CSS）"编辑窗内的"左边距"、"右边距"、"上边距"和"下边距"参数栏中均键入 0，确定页面边距，如图 10-10 所示，单击"确定"按钮，退出该对话框。

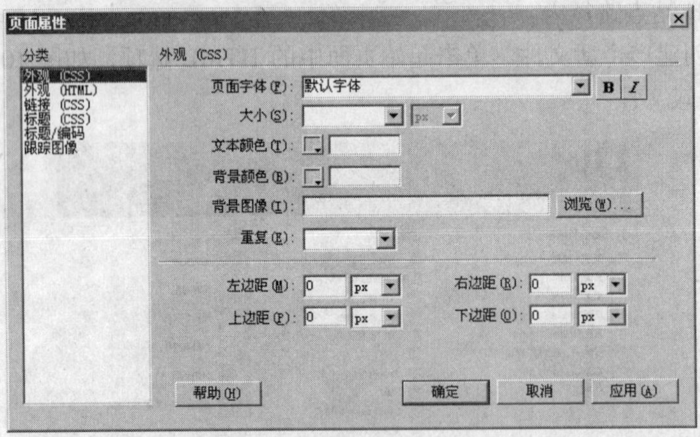

图 10-10　"页面属性"对话框

11 在页面中单击　设计　"显示'设计'视图"按钮，进入"设计"视图。

12 在菜单栏执行"插入"/"表格"命令，打开"表格"对话框，在"行数"参数栏中键入 3，在"列"参数栏中键入 1，在"表格宽度"参数栏中键入 1024，在"边框粗细"、"单元格边距"、"单元格间距"参数栏中均键入 0，如图 10-11 所示，单击"确定"按钮，退出"表格"对话框。

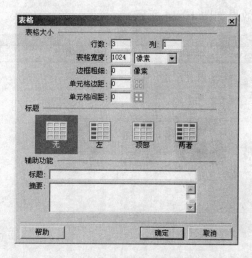

图 10-11　"表格"对话框

13 退出"表格"对话框后，在文档窗口中会出现一个表格，如图 10-12 所示。

图 10-12　插入表格

14 将光标定位在第一行单元格内，在"常用"工具栏中单击 ⊞ · "图像"按钮，打开"选择图像源文件"对话框。从该对话框中选择复制的"图像浏览网站/实例 8~10：星源饮吧网/星源饮吧网_01.gif"文件，如图 10-13 所示，单击"确定"按钮，退出该对话框。

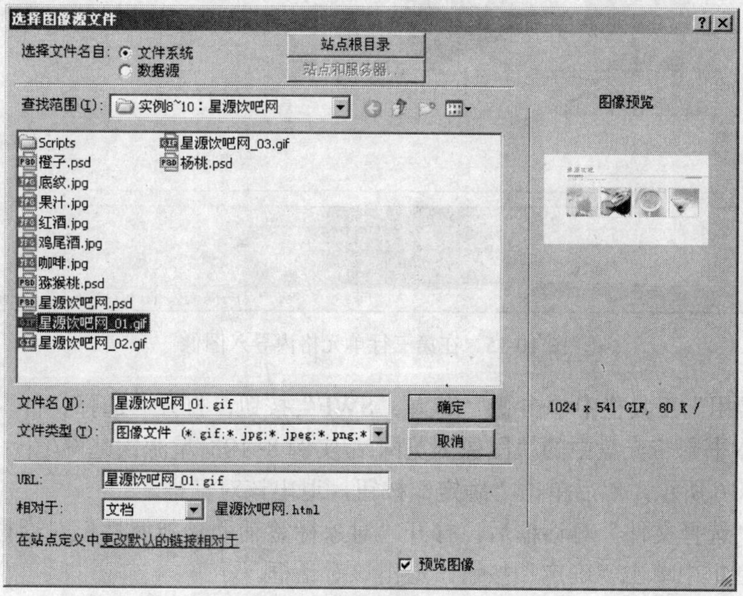

图 10-13　"选择图像源文件"对话框

15 图像导入后的效果如图 10-14 所示。

图 10-14   导入图像

16 使用同样的方法，在第三行单元格内导入复制的"图像浏览网站/实例 8~10：星源饮吧网/星源饮吧网_03.gif"文件，完成效果如图 10-15 所示。

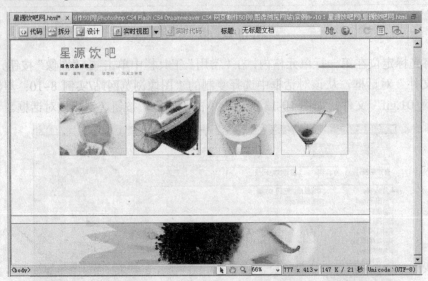

图 10-15   在第三行单元格内导入图像

17 在"常用"工具栏中单击 ⚡ "媒体：SWF"按钮，打开"选择文件"对话框，从该对话框中打开本书附带光盘中的"图像浏览网站/实例 8~10：星源饮吧网/图片飘动动画.swf"文件，如图 10-16 所示，然后单击"确定"按钮，退出该对话框。

18 退出"选择文件"对话框后，打开"对象标签辅助功能属性"对话框，如图 10-17 所示。在该对话框中单击"确定"按钮，退出该对话框。

19 在"布局"工具栏中单击 📄 "绘制 AP Div"按钮，在页面中绘制一个任意 AP Div，选择新绘制的 AP Div，在"属性"面板中的"左"参数栏中键入 144 px，在"上"参数栏中键入 393 px，在"宽"参数栏中键入 820 px，在"高"参数栏中键入 25 px，如图 10-18 所示。

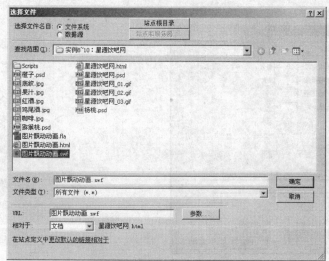

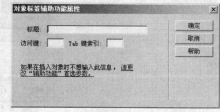

图 10-16　"选择文件"对话框　　　　　　　　图 10-17　"对象标签辅助功能属性"对话框

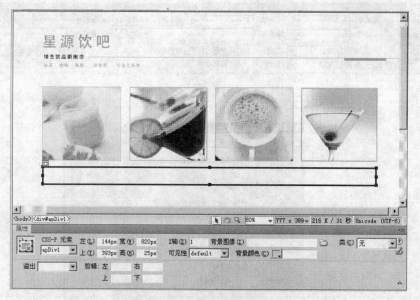

图 10-18　绘制 AP Div

20 在菜单栏执行"插入"/"表格"命令，打开"表格"对话框。在"行数"参数栏中键入 1，在"列"参数栏中键入 4，在"表格宽度"参数栏中键入 820，在"边框粗细"、"单元格边距"、"单元格间距"参数栏中均键入 0，如图 10-19 所示，单击"确定"按钮，退出"表格"对话框。

21 选择第一列单元格，在"属性"面板中的"宽"参数栏中键入 205，如图 10-20 所示。使用同样的方法，将其他 3 个单元格的宽度均设置为 205。

22 将光标定位在第一列单元格内，单击"表单"工具栏中的 🔲 "列表/菜单"按钮，打开"输入标签辅助功能属性"对话框，在"标签"文本框中键入"果汁种类："文本，在"位置"选项组中选择"在表单项前"单选按钮，如图 10-21 所示，单击"确定"按钮，退出该对话框。

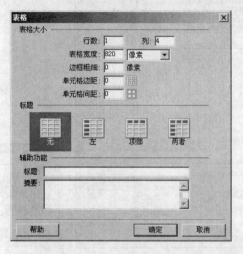

图 10-19 "表格"对话框

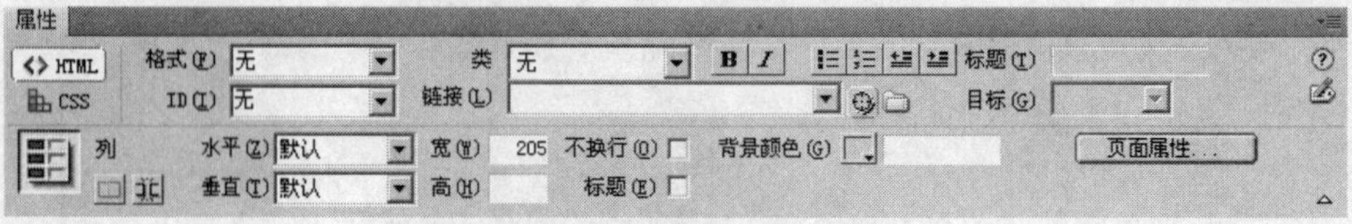

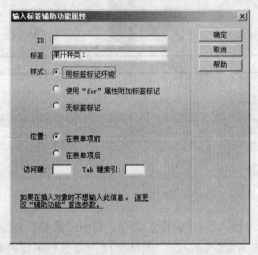

图 10-20 设置"宽"参数

图 10-21 "输入标签辅助功能属性"对话框

23 选择插入后的列表/菜单，单击"属性"面板中的"列表值"按钮，打开"列表值"对话框。在该对话框的显示窗中会出现一个文本输入框，在文本输入框中键入"橙汁"文本，如图 10-22 所示。

24 单击 ➕ 按钮，添加一个项目标签，这时会出现一个新的文本输入框，在该文本输入框内键入"猕猴桃汁"文本。使用同样的方法，再次添加 2 个项目标签，并依次键入"柠檬汁"、"草莓汁"文本，如图 10-23 所示，单击"确定"按钮，退出该对话框。

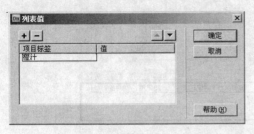

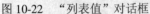

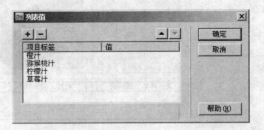

图 10-22　"列表值"对话框　　　　　　　　　图 10-23　"列表值"对话框

25 将光标定位在第二列单元格内，单击"表单"工具栏中的 ▦ "列表/菜单"按钮，打开"输入标签辅助功能属性"对话框，在"标签"文本框中键入"红酒："文本，在"位置"选项组中选择"在表单项前"单选按钮，如图 10-24 所示。单击"确定"按钮，退出该对话框。

26 选择插入后的列表/菜单，单击"属性"面板中的"列表值"按钮，打开"列表值"对话框。然后参照图 10-25 所示在该对话框中设置标签，单击"确定"按钮，退出该对话框。

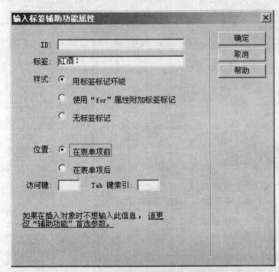

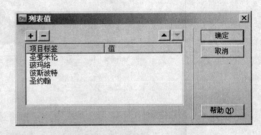

图 10-24　"输入标签辅助功能属性"对话框　　　　图 10-25　"列表值"对话框

27 使用同样的方法，设置"咖啡"和"鸡尾酒"下拉选项栏，其中"咖啡"包括摩卡、拿铁、爱尔兰和卡布其诺 4 个选项；"鸡尾酒"包括含羞草、贝里尼、绿色蚱蜢 4 个选项。

28 将光标定位在每个单元格文本的前端，通过按下键盘上的空格键，使文本与顶部的图像尽量居中对齐，如图 10-26 所示。

当读者需要通过按键盘上的空格键设置首行缩进时，需要保证输入法为全角显示。

提示

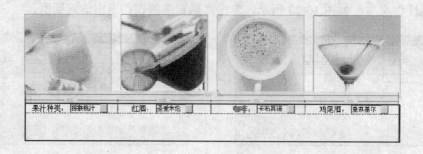

图 10-26　使用空格键设置文本位置

28　按下键盘上的 F12 键，预览网页，读者可以通过单击网页内的下拉选项栏，观看下拉选项栏效果。

30　现在本实例就全部制作完成了，如图 10-27 所示为本实例完成后的效果。如果读者在制作过程中遇到了什么问题，可以打开本书附带光盘中的"图像浏览网站/实例 8~10：星源饮吧网/星源饮吧网完成.html"文件，该文件为本实例完成后的文件。

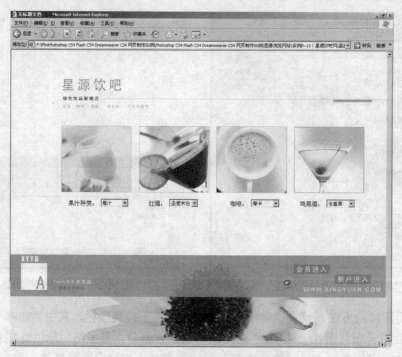

图 10-27　星源饮吧网页

第2篇

企业网站

在本部分中，将为读者介绍怎样制作企业门户网站，包括冰激凌网、lengmeiren 香水网和时代珠宝网三个网站的制作，对网页制作方法介绍较为深入，使用的工具也较为多样化，使读者能够掌握更多的知识点。通过这部分实例的学习，可以使读者更深入地了解制作网页的各种方法，并能够使用编程等复杂工具来实现网页的特效。

一、冰激凌网

冰激凌网为一个鲜艳的冰激凌图片浏览网页，网页整体为黄色调，色彩统一，网页左上角的标签展示网页的标题，中间的图像在点击时可以互换，底部的素材图像加以文字的形式更加简单明了。网页的制作包括 3 个实例，实例 11 和实例 12 介绍了在 Photoshop CS4 中编辑背景素材和前景图像以及切片和输出的方法，实例 13 介绍了在 Dreamweaver CS4 中对网页进行编辑，完成网页的制作。通过这部分实例的学习，使读者了解设置网页中图片的超链接和图片渐隐效果。下图为冰激凌网完成后的效果。

冰激凌网完成效果

实例 11　制作冰激凌网素材（一）

在本实例中，将指导读者使用 Photoshop CS4 制作冰激凌网的背景素材。通过本实例的学习，使读者能够通过龟裂缝工具和拼贴工具，设置背景纹理的方法。

在本实例中，首先需要创建一个宽为 1024 像素，高为 768 像素的标准网页文件，通过矩形选框工具绘制出背景图像，通过龟裂缝工具设置背景的纹理；使用拼贴工具设置纹理效果；最后使用横排文字工具键入文本。图 11-1 所示为本实例完成后的效果。

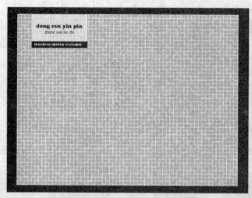

图 11-1　冰激凌网的背景图片

1　运行 Photoshop CS4，在菜单栏执行"文件"/"新建"命令，打开"新建"对话框。在"名称"文本框中键入"冰激凌网"文本，在"宽度"参数栏中键入 1024，在"高度"参数栏中键入 768，单位设置为"像素"，在"分辨率"参数栏中键入 72，在"颜色模式"下拉选项栏中选择"RGB 颜色"选项，在"背景内容"下拉选项栏中选择"白色"选项，如图 11-2 所示，单击"确定"按钮，创建一个新文件。

2　在工具箱中单击"设置前景色"按钮，打开"拾色器（前景色）"对话框。在 R 参数栏中键入 23，在 G 参数栏中键入 18，在 B 参数栏中键入 6，如图 11-3 所示，单击"确定"按钮，退出该对话框。

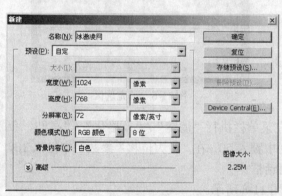

图 11-2　"新建"对话框

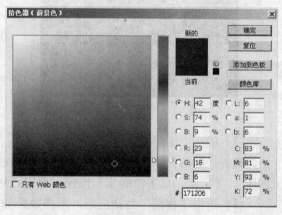

图 11-3　"拾色器（前景色）"对话框

3　退出"拾色器（前景色）"对话框后，按下键盘上的 Alt+Delete 组合键，使用前景色填充背景图层。

4　在菜单栏执行"滤镜"/"纹理"/"龟裂缝"命令，打开"龟裂缝"对话框。在"裂缝间距"参数栏中键入 20，在"裂缝深度"参数栏中键入 10，在"裂缝亮度"参数栏中键入 6，如图 11-4 所示，单击"确定"按钮，退出该对话框。

5　使用工具箱中的 □"矩形选框工具"，然后参照图 11-5 所示来绘制一个矩形选区。

6　在"图层"调板中单击 □"创建新图层"按钮，创建一个新图层——"图层 1"，将前景色设置为黄色（R：255、G：182、B：0），将背景色设置为白色，按下键盘上的 Alt+Delete 组合键，使用前景色填充选区，并取消选区，如图 11-6 所示。

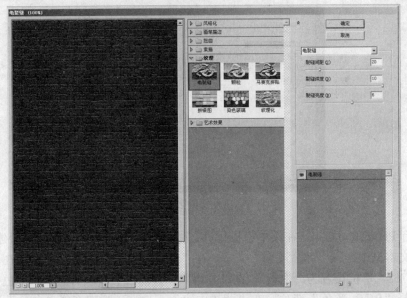

图 11-4　"龟裂缝"对话框

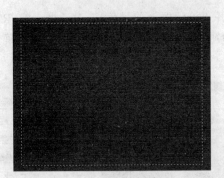

图 11-5　绘制矩形选区

图 11-6　填充选区

7　确定"图层 1"仍处于可编辑状态，在菜单栏执行"滤镜"/"风格化"/"拼贴"命令，打开"拼贴"对话框。在"拼贴数"参数栏中键入 50，在"最大位移"参数栏中键入 10，如图 11-7 所示，单击"确定"按钮，退出该对话框。

8　退出"拼贴"对话框后，图像效果如图 11-8 所示。

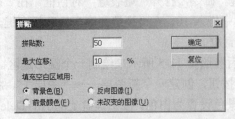

图 11-7　"拼贴"对话框

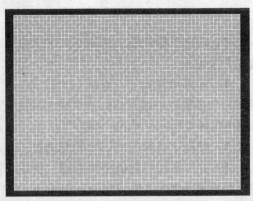

图 11-8　设置图像拼贴效果

9 使用工具箱中的 "矩形选框工具"，然后参照图 11-9 所示来绘制一个矩形选区。

10 创建一个新图层——"图层 2"，将前景色设置为黄色（R：236、G：224、B：134），将背景色设置为白色，按下键盘上的 Alt+Delete 组合键，使用前景色填充选区，并取消选区，如图 11-10 所示。

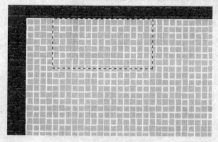

图 11-9　绘制矩形选区

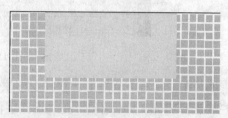

图 11-10　填充选区

11 确定"图层 2"仍处于可编辑状态，在菜单栏执行"滤镜"/"风格化"/"拼贴"命令，打开"拼贴"对话框。在"拼贴数"参数栏中键入 15，在"最大位移"参数栏中键入 2，如图 11-11 所示，单击"确定"按钮，退出该对话框。

12 退出"拼贴"对话框后，图像效果如图 11-12 所示。

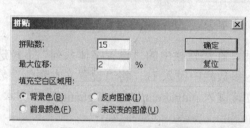

图 11-11　"拼贴"对话框

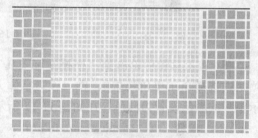

图 11-12　设置图像拼贴效果

13 按下键盘上的 Ctrl+J 组合键，生成"图层 2 副本"。

14 确定"图层 2 副本"仍处于可编辑状态，在菜单栏执行"编辑"/"自由变换"命令，打开自由变换框，然后参照图 11-13 所示向下垂直移动图像位置并调整图像的大小。

15 结束"自由变换"操作后，按住键盘上的 Ctrl 键，单击"图层 2 副本"的图层缩览图，加载该图层选区。

16 将前景色设置为深棕色（R：65、G：0、B：0），按下键盘上的 Alt+Delete 组合键，使用前景色填充选区，并取消选区，如图 11-14 所示。

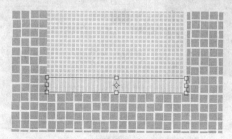

图 11-13　调整图像的位置和大小

图 11-14　复制图像

17 在工具箱中单击 T "横排文字工具"按钮，在属性栏中的"设置字体系列"下拉选项栏中选择 Cooper Std 选项，在"设置字体大小"参数栏中键入 22，将"设置文本颜色"显示窗中的颜色设置为紫色（R：121、G：79、B：79），在如图 11-15 所示的位置键入 dong ren yin pin 文本。

图 11-15　键入文本

18　在工具箱中单击 T．"横排文字工具"按钮，在属性栏中的"设置字体系列"下拉选项栏中选择 Hobo Std 选项，在"设置字体大小"参数栏中键入 17，将"设置文本颜色"显示窗中的颜色设置为棕色（R：23、G：18、B：6），在如图 11-16 所示的位置键入 zhong wai he zhi 文本。

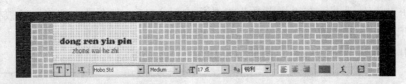

图 11-16　键入文本

19　在工具箱中单击 T．"横排文字工具"按钮，在属性栏中的"设置字体系列"下拉选项栏中选择 Stencil Std 选项，在"设置字体大小"参数栏中键入 11，将"设置文本颜色"显示窗中的颜色设置为白色，在如图 11-17 所示的位置键入 pingchuan shanhai guangzhou 文本。

图 11-17　键入文本

20　进入"图层"调板，选择"图层 2"，按住键盘上的 Shift 键，单击 pingchuan shanhai guangzhou 层，加选图 11-18 左图所示的图层，按下键盘上的 Ctrl+E 组合键，将所选的图层进行合并，如图 11-18 右图所示。

21　双击合并后的图层名称，将其名称改为"标签"，如图 11-19 所示。

22　现在本实例就全部制作完成了，完成后的效果如图 11-20 所示。将本实例保存，以便在实例 12 中使用。

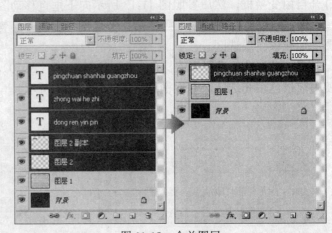

图 11-18　合并图层

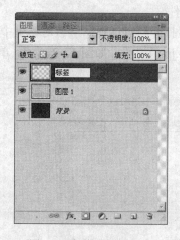

图 11-19 修改图层名称

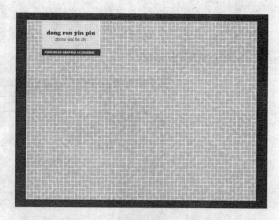

图 11-20 本实例的完成效果

实例 12 制作冰激凌网素材（二）

实例说明

在本实例中，将指导读者使用 Photoshop CS4 制作冰激凌网的素材图片。通过本实例的学习，使读者了解投影工具、描边工具的使用方法，并能够将图片导出为 HTML 格式的网页。

技术要点

在本实例中，首先打开实例 11 中保存的文件，通过使用自由变换工具调整素材图像的大小和位置，通过投影工具设置图像的投影效果；使用文字工具为图像添加文字说明，并使用切片工具将图像切成多个小图像；最后将编辑的文件导出网页格式。图 12-1 所示为本实例完成后的效果。

图 12-1 冰激凌网页

1 运行 Photoshop CS4，打开实例 11 中保存的文件。

2 在菜单栏执行"文件"/"打开"命令，打开"打开"对话框。从该对话框中选择本书附带光盘中的"企业网站/实例 11~13：冰激凌网/饮料.jpg"文件，如图 12-2 所示，单击"打开"按钮，退出该对话框。

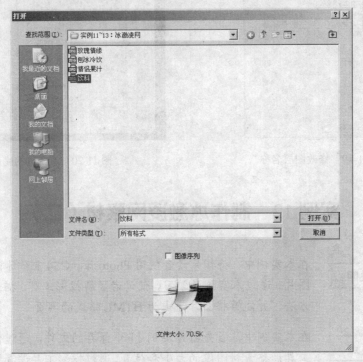

图 12-2 "打开"对话框

3 在工具箱中单击 "矩形选框工具"按钮，然后参照图 12-3 所示绘制一个矩形选区。

4 使用工具箱中的 "移动工具"，将选区内的图像拖动至"冰激凌网"文档窗口中，并自动生成新图层——"图层 2"，如图 12-4 所示。

图 12-3 绘制矩形选区

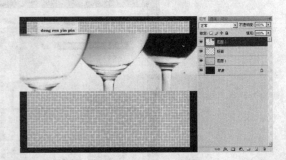

图 12-4 拖动选区图像

5 选择"图层 2"的图像，按下键盘上的 Ctrl+T 组合键，打开自由变换框，然后参照图 12-5 所示来调整图像的大小和位置。

6 按下键盘上的 Enter 键，结束"自由变换"操作。

7 选择"图层 2"，在菜单栏执行"图层"/"图层样式"/"投影"命令，打开"图层样式"对话框,将"颜色"显示窗中的颜色设置为黑色,在"不透明度"参数栏中键入 86%,在"角度"参数栏中键入 120,在"距离"参数栏中键入 8,在"扩展"参数栏中键入 0,在"大小"参数栏中键入 8,如图 12-6 所示,单击"确定"按钮,退出该对话框。

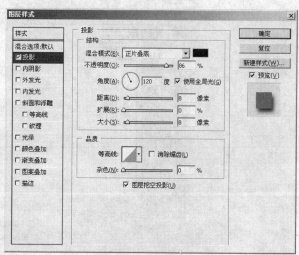

图 12-5 调整图像的大小和位置　　　　　　　　图 12-6 "图层样式"对话框

8 进入"图层"调板,将"图层 2"拖动至"标签"层的底层,如图 12-7 所示为调整图像位置后的效果。

图 12-7 调整图像位置

9 在菜单栏执行"文件"/"打开"命令,打开"打开"对话框。从该对话框中选择本书附带光盘中的"企业网站/实例 11~13:冰激凌网/刨冰冷饮.jpg"文件,如图 12-8 所示,单击"打开"按钮,退出该对话框。

10 使用工具箱中的 ►+ "移动工具",将"刨冰冷饮.jpg"图像拖动至"冰激凌网"文档窗口中,并自动生成新图层——"图层 3"。然后使用"自由变换"工具,并参照图 12-9 所示调整图像的大小和位置。

11 按下键盘上的 Enter 键,取消"自由变换"操作。

12 选择"图层 3"的图像,在菜单栏执行"编辑"/"描边"命令,打开"描边"对话框。在"宽度"参数栏中键入 1,将"颜色"显示窗中的颜色设置为灰色(R:100、G:100、

B：100），在"位置"选项组中选择"居中"单选按钮，如图 12-10 所示，单击"确定"按钮，
退出该对话框。

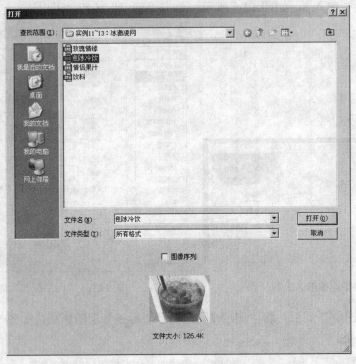

图 12-8　"打开"对话框

图 12-9　调整图像的大小和位置

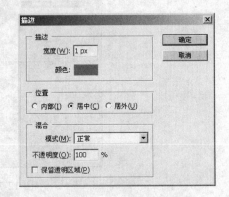

图 12-10　"描边"对话框

　　13　使用同样的方法，打开本书附带光盘中的"企业网站/实例 11~13：冰激凌网/情侣果
汁.jpg"文件，将该图像拖动至"冰激凌网"文档窗口中，然后参照图 12-11 所示来调整图像
的大小、位置和描边效果。

　　14　在菜单栏执行"文件"/"打开"命令，打开"打开"对话框。从该对话框中选择本
书附带光盘中的"企业网站/实例 11~13：冰激凌网/玫瑰情缘.jpg"文件，如图 12-12 所示，
单击"打开"按钮，退出该对话框。

图 12-11　调整图像的大小、位置
　　　　　和描边效果

图 12-12　"打开"对话框

15 在工具箱中单击 ⬚ "矩形选框工具"按钮,然后参照图 12-13 所示绘制一个矩形选区。

16 使用工具箱中的 ⛬ "移动工具",将选区内的图像拖动至"冰激凌网"文档窗口中,并自动生成新图层——"图层 5"。然后使用"自由变换"工具,并参照图 12-14 所示来调整图像的大小和位置。

图 12-13　绘制矩形选区

图 12-14　调整图像的大小和位置

17 按下键盘上的 Enter 键,取消"自由变换"操作。

18 选择"图层 5"的图像,在菜单栏执行"编辑"/"描边"命令,打开"描边"对话框。在"宽度"参数栏中键入 1 px,将"颜色"显示窗中的颜色设置为灰色（R：100、G：100、B：100）,在"位置"选项组中选择"居中"单选按钮,如图 12-15 所示,单击"确定"按钮,退出该对话框。

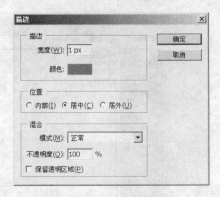

图 12-15　"描边"对话框

19 在工具箱中单击 T "横排文字工具"按钮，在属性栏中的"设置字体系列"下拉选项栏中选择"Adobe 楷体 Std"选项，在"设置字体大小"参数栏中键入 22，将"设置文本颜色"显示窗中的颜色设置为黑色，在如图 12-16 所示的位置键入"刨冰冷饮¥：45 元"文本。

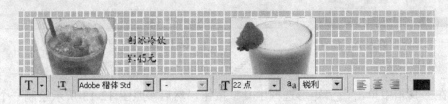

图 12-16　键入文本

20 再次使用工具箱中的 T "横排文字工具"，在画布中分别键入"情侣果汁¥：60 元"、"玫瑰情缘¥：30 元"文本，其基本属性相似于步骤 19 设置的文本，如图 12-17 所示。

图 12-17　键入其他文本

21 冰激凌网的素材制作完成，下面需要使用 ✂ "切片工具"编辑图像，使图像切成很多需要的小图片，以加快网页浏览的速度。

22 在"图层"调板中单击"标签"层左侧的 👁 "指示图层可见性"按钮，将该图层隐藏，如图 12-18 所示。

23 在工具箱中单击 ⊏ "裁剪工具"下拉按钮下的 ✂ "切片工具"按钮，以画布中间的图像边框为边界，绘制切片框，如图 12-19 所示。

24 在菜单栏执行"文件"/"存储为 Web 和设备所用格式"命令，打开"存储为 Web 和设备所用格式"对话框，如图 12-20 所示。

图 12-18 隐藏图层

图 12-19 绘制切片框

图 12-20 "存储为 Web 和设备所用格式"对话框

25 在"存储为 Web 和设备所用格式"对话框中单击"存储"按钮,打开"将优化结果存储为"对话框。在"保存在"下拉选项栏中选择文件保存的路径,在"文件名"文本框中键入"冰激凌网"文本,使用对话框默认的 HTML 格式类型,如图 12-21 所示,单击"保存"按钮,退出该对话框。

26 退出"将优化结果存储为"对话框后,打开"'Adobe 存储为 Web 和设备所用格式'警告"对话框,如图 12-22 所示,单击"确定"按钮,退出该对话框。

27 退出"'Adobe 存储为 Web 和设备所用格式'警告"对话框后,进入"冰激凌网"文档窗口中,单击"标签"层左侧的 "指示图层可见性"按钮,显示该图层。

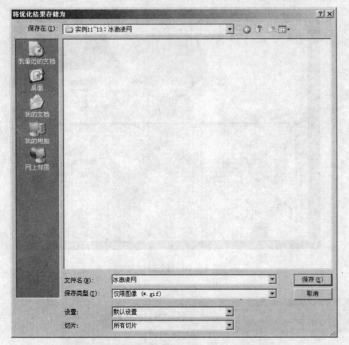

图 12-21　"将优化结果存储为"对话框　　　　图 12-22　"'Adobe 存储为 Web 和
　　　　　　　　　　　　　　　　　　　　　　　　设备所用格式'警告"对话框

28 在菜单栏执行"文件"/"存储"命令，打开"存储为"对话框，在"保存在"下拉
选项栏中选择文件保存的路径，在"文件名"文本框中键入"冰激凌网"文本，使用对话框
默认的 HTML 格式类型，如图 12-23 所示，单击"保存"按钮，退出该对话框。

图 12-23　"存储为"对话框

28　退出"存储为"对话框后，打开"Photoshop 格式选项"对话框，如图 12-24 所示，单击"确定"按钮，退出该对话框。

30　退出"Photoshop 格式选项"对话框后，进入"冰激凌网"文档窗口中，使用工具箱中的 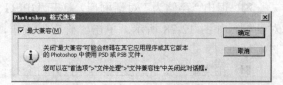"裁剪工具"，然后参照图 12-25 所示来绘制裁切框。

图 12-24　"Photoshop 格式选项"对话框

31　在菜单栏执行"文件" / "存储为"命令，打开 Adobe Photoshop CS4 Extended 对话框，如图 12-26 所示，单击"裁剪"按钮，退出该对话框。

图 12-25　绘制裁切框

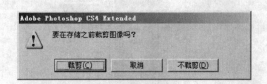

图 12-26　Adobe Photoshop CS4 Extended 对话框

32　退出 Adobe Photoshop CS4 Extended 对话框后，打开"存储为"对话框，在"保存在"下拉选项栏中选择文件保存的路径，在"文件名"文本框中键入"标签"文本，在"格式"下拉选项栏中选择 JPEG（*.JPG*.JPEG*.JPE）选项，以确定文件保存的格式，如图 12-27 所示，单击"保存"按钮，退出该对话框。

图 12-27　"存储为"对话框

33 退出"存储为"对话框后，打开"JPEG 选项"对话框，如图 12-28 所示。单击"确定"按钮，退出该对话框。

34 在菜单栏执行"文件"/"打开"命令，打开"打开"对话框。从该对话框中选择本书附带光盘中的"企业网站/实例 11~13：冰激凌网/images/冰激凌网_03.gif"文件，如图 12-29 所示，单击"打开"按钮，退出该对话框。

图 12-28　"JPEG 选项"对话框

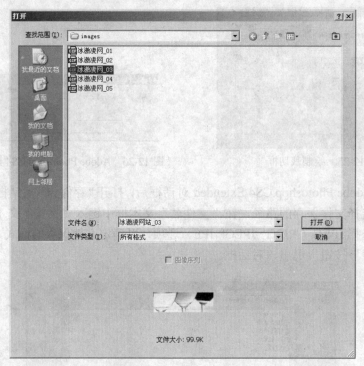

图 12-29　"打开"对话框

35 确定"冰激凌网_03.gif"处于可编辑状态，在菜单栏执行"图像"/"模式"/"RGB颜色"命令，转换图像模式。

36 在菜单栏执行"图像"/"调整"/"色相/饱和度"命令，打开"色相/饱和度"对话框。在"色相"参数栏中键入+130，如图 12-30 所示，单击"确定"按钮，退出该对话框。

37 在菜单栏执行"文件"/"存储为"命令，打开"存储为"对话框。在"文件名"文本框中键入"冰激凌网_03.jpg"文本，在"格式"下拉选项栏中选择 JPEG（*.JPG;*.JPEG;JPE）选项，以确定文件保存的格式，如图 12-31 所示，单击"保存"按钮，退出该对话框。

38 现在本实例就全部制作完成了，完成后的效果如图 12-32 所示。如果读者在制作过程中遇到了什么问题，可以打开本书附带光盘中的"企业网站/实例 11~13：冰激凌网/冰激凌网.psd"文件，该文件为本实例完成后的文件。

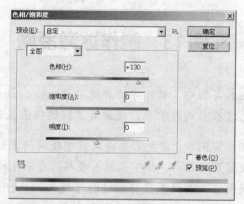

图 12-30 "色相/饱和度"对话框

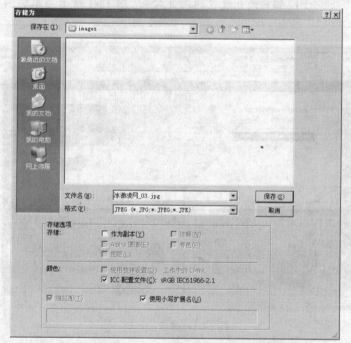

图 12-31 "存储为"对话框

图 12-32 冰激凌网页

实例 13   制作冰激凌网

 在本实例中，将指导读者使用 Dreamweaver CS4 设置冰激凌网页。通过本实例的学习，使读者了解链接图像的方法。

 在本实例中，首先需要将网页中使用的素材导入到本地站点，然后设置页面属性，接下来插入表格，在单元格中导入图像，并使用交换图像工具设置鼠标经过图像效果，和使用矩形热点工具设置矩形热点区域，并设置图像的超链接，完成该网页的制作，最后按下 F12 键，预览设置的网页效果。图 13-1 所示为本实例完成后的效果。

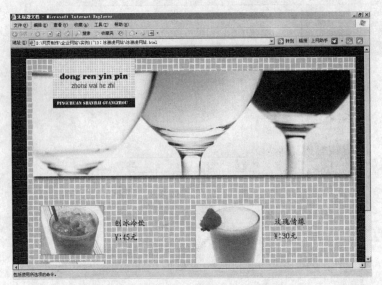

图 13-1   冰激凌网页

1 首先将本书附带光盘中的"企业网站/实例 11~13：冰激凌网"文件夹复制到本地站点路径内。

2 运行 Dreamweaver CS4，单击起始页面的 HTML 选项，创建一个新的 HTML 格式文件，将该文件保存在本地站点路径内，将其命名为"冰激凌网"。

3 接下来需要设置网页的大小和边距。单击"属性"面板中的"页面属性"按钮，打开"页面属性"对话框，在"分类"显示窗中选择"外观（CSS）"选项，在"页面属性"对话框中会显示"外观（CSS）"编辑窗，在"外观（CSS）"编辑窗内的"左边距"、"右边距"、"上边距"和"下边距"参数栏中均键入 0，确定页面边距，如图 13-2 所示，单击"确定"按钮，退出该对话框。

4 在菜单栏执行"插入"/"表格"命令，打开"表格"对话框，在"行数"参数栏中键入 4，在"列"参数栏中键入 3，在"表格宽度"参数栏中键入 1024，在"边框粗细"、"单元格边距"、"单元格间距"参数栏中均键入 0，如图 13-3 所示，单击"确定"按钮，退出"表格"对话框。

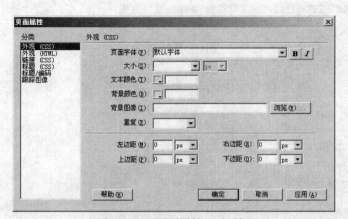

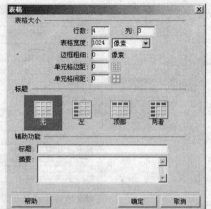

图 13-2 "页面属性"对话框   图 13-3 "表格"对话框

5 退出"表格"对话框后,在文档窗口中会出现一个表格,如图 13-4 所示。

图 13-4 插入表格

6 按住 Shift 键依次单击新插入的表格第一行的 3 个单元格,选择这 3 个单元格。进入"属性"面板,单击该面板中的 ⊞ "合并所选单元格,使用跨度"按钮,将所选单元格合并,如图 13-5 所示。

图 13-5 合并第一行单元格

7 使用同样的方法,将第二行第一列、第三行第一列、第四行第一列单元格合并,将第三行第二列、第四行第二列单元格合并,将第二行第三列、第三行第三列、第四行第三列单元格合并,如图 13-6 所示。

图 13-6 合并其他单元格

8 将光标定位在第一行单元格内,在菜单栏执行"插入"/"图像"命令,打开"选择图像源文件"对话框。从该对话框中选择复制的"企业网站/实例 11~13:冰激凌网/冰激凌网 _01.gif"文件,如图 13-7 所示,单击"确定"按钮,退出该对话框。

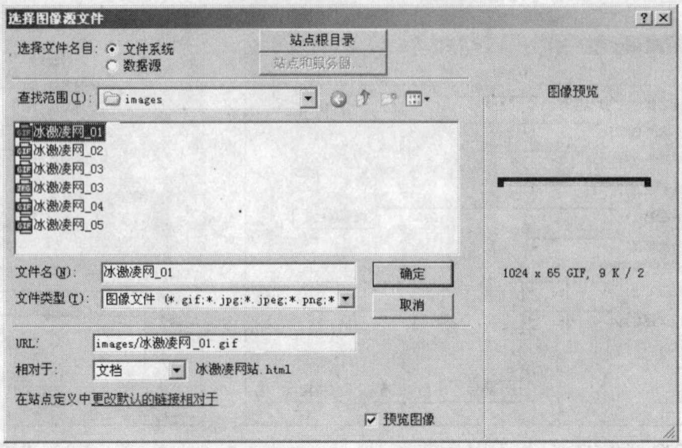

图 13-7　"选择图像源文件"对话框

⑨ 退出"选择图像源文件"对话框后，打开"图像标签辅助功能属性"对话框。使用默认设置，单击"确定"按钮，退出该对话框，将图像导入到页面中。

⑩ 图像导入后的效果如图 13-8 所示。

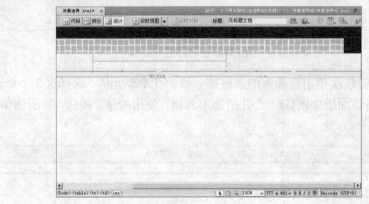

图 13-8　导入图像

⑪ 使用同样的方法，依次在第二行第一列、第二行第二列、第三行第二列、第二行第三列单元格内导入"企业网站/实例 11~13：冰激凌网/冰激凌网_02.gif、冰激凌网_03.gif 冰激凌网_05.gif、冰激凌网_04.gif"文件，完成效果如图 13-9 所示。

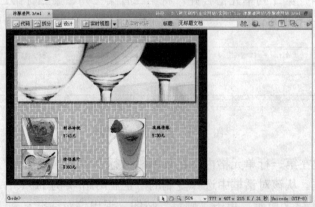

图 13-9　在其他单元格内导入图像

12　在页面中选择"冰激凌网_03.gif"图像，进入"标签检查器"面板下的"行为"选项卡，在该选项卡中单击 **+·** "添加形为"按钮，在弹出的快捷菜单中选择"交换图像"选项，打开"交换图像"对话框，如图 13-10 所示。

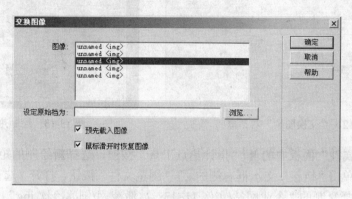

图 13-10　"交换图像"对话框

13　单击"交换图像"对话框中的"浏览"按钮，打开"选择图像源文件"对话框，从该对话框中选择复制的"企业网站/实例 11~13：冰激凌网/ images/冰激凌网_03.jpg"文件，如图 13-11 所示，单击"确定"按钮，退出该对话框。

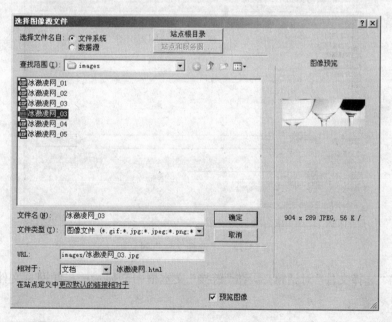

图 13-11　"选择图像源文件"对话框

14　退出"选择图像源文件"对话框后，在"交换图像"对话框中的"设置原始档为"文本框中会显示选择的网页文件，如图 13-12 所示，单击"确定"按钮，退出该对话框。

15　在页面中选择"冰激凌网_05.gif"图像，单击"属性"面板中的 □ "矩形热点工具"按钮，然后参照图 13-13 所示来绘制矩形热点区域。

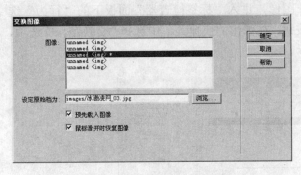

图 13-12　"交换图像"对话框　　　　　　　　　图 13-13　绘制热点区域

16 单击"属性"面板中的 "指针热点工具"按钮，选择新绘制的矩形热点区域，在"属性"面板中单击"链接"文本框右侧的 "浏览文件"按钮，打开"选择文件"对话框。从该对话框中选择复制的"企业网站/实例 11~13：冰激凌网/刨冰冷饮.jpg"文件，如图 13-14 所示，单击"确定"按钮，退出该对话框。

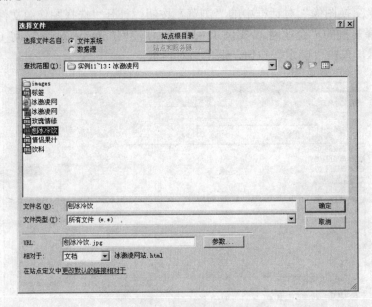

图 13-14　"选择文件"对话框

17 退出"选择文件"对话框后，在"链接"文本框中会显示选择的网页文件，如图 13-15 所示。

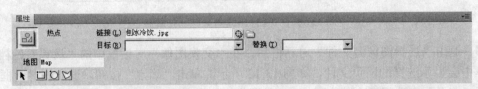

图 13-15　显示文件名称

18 使用同样的方法，然后参照图 13-16 所示分别绘制两个矩形热点区域。

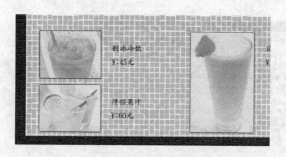

图 13-16　绘制热点区域

19 选择左下侧的矩形热点区域，在"属性"面板中单击"链接"文本框右侧的 □ "浏览文件"按钮，打开"选择文件"对话框。从该对话框中选择复制的"企业网站/实例 11~13：冰激凌网/情侣果汁.jpg"文件，如图 13-17 所示，单击"确定"按钮，退出该对话框。

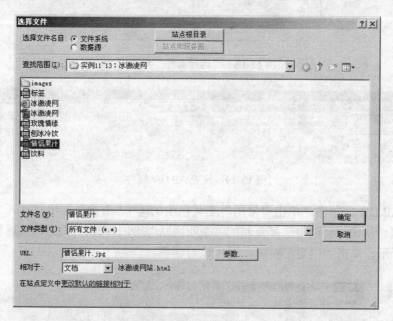

图 13-17　"选择文件"对话框

20 退出"选择文件"对话框后，在"链接"文本框中会显示选择的网页文件。

21 选择右侧的矩形热点区域，在"属性"面板中单击"链接"文本框右侧的 □ "浏览文件"按钮，打开"选择文件"对话框。从该对话框中选择复制的"企业网站/实例 11~13：冰激凌网/玫瑰情缘.jpg"文件，如图 13-18 所示，单击"确定"按钮，退出该对话框。

22 退出"选择文件"对话框后，在"链接"文本框中会显示选择的网页文件。

23 在"布局"工具栏中单击 "绘制 AP Div"按钮，在页面中绘制一个任意 AP Div。

24 选择新绘制的 AP Div，在"属性"面板中的"左"参数栏中键入 120 px，在"上"参数栏中键入 28 px，在"宽"参数栏中键入 235 px，在"高"参数栏中键入 137 px，如图 13-19 所示。

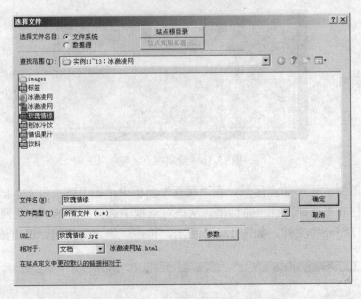

图 13-18 "选择文件"对话框

图 13-19 设置 AP Div 属性

25 在 AP Div 内单击,单击"常用"工具栏中的 ▣▾ "图像"按钮,打开"选择图像源文件"对话框。从该对话框中选择复制的"企业网站/实例 11~13:冰激凌网/标签.jpg"文件,如图 13-20 所示,单击"确定"按钮,退出该对话框。

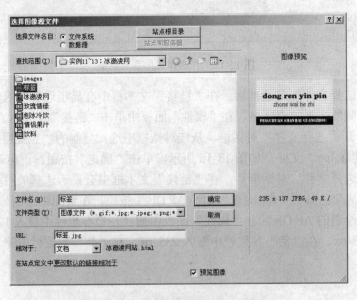

图 13-20 "选择图像源文件"对话框

26 退出"选择图像源文件"对话框后，打开"图像标签辅助功能属性"对话框，单击"确定"按钮，退出该对话框。

27 退出"图像标签辅助功能属性"对话框后，素材图像导入至 AP Div 内，如图 13-21 所示。

28 按下键盘上的 F12 键，预览网页，读者可以通过单击网页中的图像，观看超链接图像。

图 13-21　导入素材图像

29 现在本实例就全部制作完成了，如图 13-22 所示为本实例完成后的效果。如果读者在制作过程中遇到了什么问题，可以打开本书附带光盘中的"企业网站/实例 11~13：冰激凌网/冰激凌网.html"文件，该文件为本实例完成后的文件。

图 13-22　冰激凌网页

二、lengmeiren 香水网

lengmeiren 香水网为一个清新风格的香水图片展示网页，网页整体为黄色调，背景以大面积的黄色色块，使网页整体色调统一，在网页的顶部还使用了不规则的卡通图像，以增强网页的灵动性。网页的制作分为 3 个实例来完成，在实例 14 和实例 15 中，使用 Photoshop CS4 制作背景图片和素材图像；在实例 16 中，使用 Flash CS4 设置网页。通过这部分实例的学习，使读者了解使用 Flash CS4 制作网页的方法，设置按钮在按下时不透明效果和色调变化的效果，以及图片超链接的方法。下图为 lengmeiren 香水网完成后的效果。

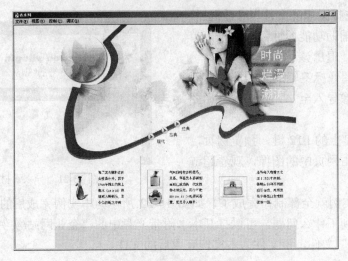

lengmeiren 香水网完成效果

实例 14　制作 lengmeiren 香水网素材（一）

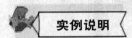

在本实例中，将指导读者使用 Photoshop CS4 制作香水网的背景素材。通过本实例的学习，使读者能够通过路径工具绘制路径，掌握设置图形选区的方法和图层混合模式工具的使用方法。

在本实例中，首先需要创建一个宽为 1024 像素，高为 918 像素的网页文件，通过自由变换工具调整素材图像的大小和位置，通过路径工具绘制路径并设置选区；使用椭圆选框工具设置图形选区，并使用渐变工具填充选区，和使用图层混合模式工具设置图形的混合模式；最后使用矩形选框工具绘制矩形选区，并填充选区。图 14-1 所示为本实例完成后的效果。

图 14-1　lengmeiren 香水网的背景图片

1 运行 Photoshop CS4，在菜单栏执行"文件"/"新建"命令，打开"新建"对话框。在"名称"文本框中键入"lengmeiren 香水网"文本,在"宽度"参数栏中键入 1024，在"高度"参数栏中键入 918，单位设置为"像素"，在"分辨率"参数栏中键入 72，在"颜色模式"下拉选项栏中选择"RGB 颜色"选项，在"背景内容"下拉选项栏中选择"白色"选项，如图 14-2 所示，单击"确定"按钮，创建一个新文件。

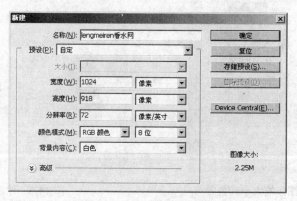

图 14-2 "新建"对话框

2 在菜单栏执行"文件"/"打开"命令，打开"打开"对话框，从该对话框中选择本书附带光盘中的"企业网站/实例 14~16：lengmeiren 香水网/背景.jpg"文件，如图 14-3 所示，单击"打开"按钮，退出该对话框。

图 14-3 "打开"对话框

3 使用工具箱中的 "移动工具"，将"背景.jpg"图像拖动至"lengmeiren 香水网"文档窗口中，这时会自动生成新图层——"图层 1"。

4 选择"图层 1"的图像，按下键盘上的 Ctrl+T 组合键，打开自由变换框，然后参照图 14-4 所示调整图像的大小和位置。

5 结束"自由变换"操作后，使用工具箱中的 ♦ "钢笔工具"，然后参照图 14-5 所示绘制一个闭合路径。

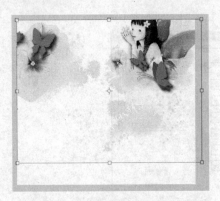

图 14-4　调整图像的大小和位置　　　　　　　　图 14-5　绘制闭合路径

6 进入"路径"调板，选择"工作路径"层，单击调板底部的 ◯ "将路径作为选区载入"按钮，如图 14-6 所示，将路径转换为选区，

7 确定选区仍处于可编辑状态，进入"图层"调板，选择"图层 1"，按下键盘上的 Ctrl+J 组合键，将选区内的图像复制到新图层——"图层 2"。

8 按住键盘上的 Ctrl 键，单击"图层 2"的图层缩览图，加载该图层选区。

9 创建一个新图层——"图层 3"，将前景色设置为红色（R：254、G：0、B：2），按下键盘上的 Alt+Delete 组合键，使用前景色填充选区，如图 14-7 所示，按下键盘上的 Ctrl+D 组合键，取消选区。

图 14-6　将路径转换为选区　　　　　　　　图 14-7　填充选区

10 将"图层 3"拖动至"图层 2"的底层，然后使用"自由变换"工具，并参照图 14-8 所示来调整图像的大小和位置。

11 选择"图层 3"，按下键盘上的 Ctrl+J 组合键，生成"图层 3 副本"。

12 按住键盘上的 Ctrl 键，单击"图层 3 副本"的图层缩览图，加载该图层选区。

13 将前景色设置为灰色（R：112、G：112、B：112），按下键盘上的 Alt+Delete 组合键，使用前景色填充选区，如图 14-9 所示，按下键盘上的 Ctrl+D 组合键，取消选区。

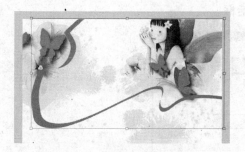

图 14-8　调整图像的大小和位置

图 14-9　使用前景色填充选区

14　将"图层 3 副本"拖动至"图层 3"底层，然后使用"自由变换"工具，并参照图 14-10 所示调整图像的大小和位置。

15　选择"图层 1"，在工具箱中单击 ⬚ "矩形选框工具"下拉按钮下的 ◯ "椭圆选框工具"按钮，然后参照图 14-11 所示绘制一个椭圆选区。

图 14-10　调整图像的大小和位置

图 14-11　绘制椭圆选区

16　按下键盘上的 Shift+Ctrl+I 组合键，反选选区，按下键盘上的 Delete 键，删除选区内的图像，如图 14-12 所示，按下键盘上的 Ctrl+D 组合键，取消选区。

17　取消选区后，将"图层 1"的图像拖动至如图 14-13 所示的位置。

图 14-12　删除选区内的图像

图 14-13　调整图像位置

18　加载"图层 1"的选区，创建一个新图层，将其命名为"圆形"，使用工具箱中的 ▨ "渐变工具"，在属性栏中单击"点按可编辑渐变"显示窗，打开"渐变编辑器"对话框，将最左侧色标颜色设置为黄色（R：215、G：162、B：41），将最右侧色标颜色设置为白色，如图 14-14 所示。单击"确定"按钮，退出该对话框。

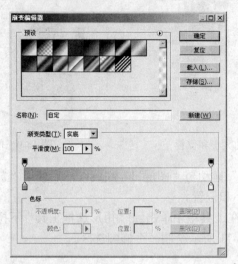

图 14-14　设置"渐变编辑器"对话框中的渐变颜色

⒆　参照图 14-15 所示从下至上拖动鼠标设置渐变效果，按下键盘上的 Ctrl+D 组合键，取消选区。

⒇　选择"圆形"层，在"图层"调板中的"设置图层的混合模式"下拉选项栏中选择"强光"选项，设置图层的混合模式，如图 14-16 所示。

图 14-15　填充选区

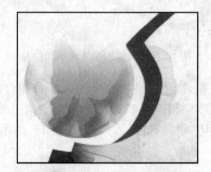

图 14-16　设置图层的混合模式

㉑　按下键盘上的 Ctrl+E 组合键，合并图层，生成"图层 1"。

㉒　选择"图层 1"，在菜单栏执行"图层" / "图层样式" / "投影"命令，打开"图层样式"对话框，如图 14-17 所示，单击"确定"按钮，退出该对话框。

㉓　创建一个新图层——"图层 4"，使用工具箱中的 □ "矩形选框工具"，并参照图 14-18 所示绘制一个矩形选区。

㉔　将前景色设置为黄色（R：250、G：250、B：70），按下键盘上的 Alt+Delete 组合键，使用前景色填充选区，如图 14-19 所示。

㉕　使用同样的方法，然后参照图 14-20 所示绘制 3 个矩形选区，并使用前景色填充选区，按下键盘上的 Ctrl+D 组合键，取消选区。

㉖　在菜单栏执行"图层" / "合并可见图层"命令，将所有图层合并。

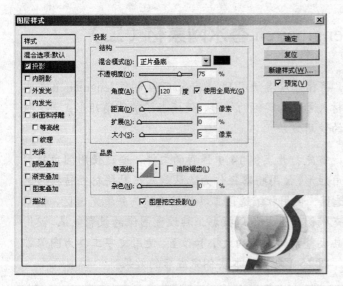

图 14-17 "图层样式"对话框

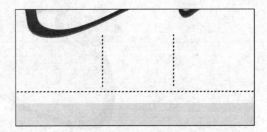

图 14-18 绘制矩形选区

图 14-19 填充选区

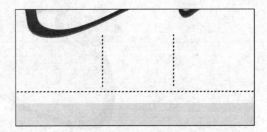

图 14-20 绘制并填充选区

27 本实例就全部制作完成了，完成后的效果如图 14-21 所示。将本实例保存，以便在实例 15 中使用。

图 14-21 本次实例的完成效果

实例 15　制作 lengmeiren 香水网素材（二）

实例说明　在本实例中，将指导读者使用 Photoshop CS4 制作 lengmeiren 香水网的前景素材。通过本实例的学习，使读者了解圆角矩形工具、收缩选区工具的使用方法。

技术要点　在本实例中，首先打开实例 14 中保存的文件，通过使用圆角矩形工具绘制圆角矩形，使用将路径作为选区载入工具将路径转换为选区，并填充选区；使用收缩选区工具收缩选区，并填充选区，使用渐变工具填充椭圆选区并使用投影工具设置图像的投影效果，使用自由变换工具调整素材图像的大小和位置；使用文字工具为图像添加文字说明。图 15-1 所示为本实例完成后的效果。

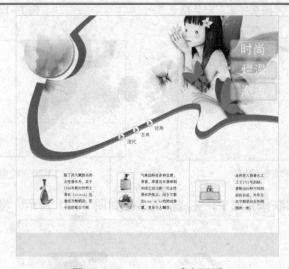

图 15-1　lengmeiren 香水网页

1. 运行 Photoshop CS4，打开实例 14 中保存的文件。

2. 在工具箱中单击 ▢"矩形工具"下拉按钮下的 ▢ "圆角矩形工具"按钮，在属性栏中的"半径"参数栏中键入 10 px，然后参照图 15-2 所示来绘制一个圆角矩形。

3. 进入"路径"调板，选择"工作路径"层，单击调板底部的 ⊙ "将路径作为选区载入"按钮，将路径转换为选区，如图 15-3 所示。

图 15-2　绘制圆角矩形

图 15-3　将路径转换为选区

4 进入"图层"调板，创建一个新图层——"图层 1"，将前景色设置为橘黄色（R：255、G：169、B：71），按下键盘上的 Alt+Delete 组合键，使用前景色填充选区。

5 确定选区仍处于可编辑状态，在菜单栏执行"选择"/"修改"/"收缩"命令，打开"收缩选区"对话框，在"收缩量"参数栏中键入 5，如图 15-4 所示，单击"确定"按钮，退出该对话框。

6 退出"收缩选区"对话框后，生成如图 15-5 所示的选区。

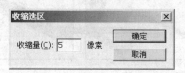

图 15-4　"收缩选区"对话框

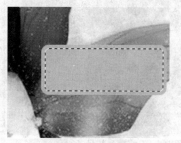

图 15-5　生成选区

7 将前景色设置为黄色（R：250、G：249、B：77），按下键盘上的 Alt+Delete 组合键，使用前景色填充选区，如图 15-6 所示，按下键盘上的 Ctrl+D 组合键，取消选区。

8 选择"图层 1"，在"图层"调板中的"不透明度"参数栏中键入 50，设置图层的不透明度值。

9 按下键盘上的 Ctrl+J 组合键，生成"图层 1 副本"。

10 将"图层 1 副本"的图像拖动至原图像的底部，如图 15-7 所示。

图 15-6　填充选区

图 15-7　调整图像位置

11 使用同样的方法，创建"图层 1 副本 2"，并参照图 15-8 所示来调整图像的位置。

12 在工具箱中单击 T "横排文字工具"按钮，在属性栏中的"设置字体系列"下拉选项栏中选择"黑体"选项，在"设置字体大小"参数栏中键入"49.35 点"，将"设置文本颜色"显示窗中的颜色设置为白色，在如图 15-9 所示的位置键入"时尚"文本。

图 15-8　调整图像的位置

图 15-9　键入文本

13　再次使用工具箱中的 T "横排文字工具"，使用步骤 13 设置文本的属性，在"时尚"文本的底部分别键入"烂漫"、"潮流"文本，如图 15-10 所示。

14　创建一个新图层——"图层 2"，在工具箱中单击 "矩形选框工具"下拉按钮下的 "椭圆选框工具"按钮，然后参照图 15-11 所示来绘制一个椭圆选区。

图 15-10　键入其他文本

图 15-11　绘制椭圆选区

15　确定选区仍处于可编辑状态，使用工具箱中的 "渐变工具"，在属性栏中单击"点按可编辑渐变"显示窗，打开"渐变编辑器"对话框，设置渐变色由黄色（R：223、G：204、B：95）到白色的过渡渐变，如图 15-12 所示，单击"确定"按钮，退出该对话框。

16　参照图 15-13 所示设置渐变填充，按下键盘上的 Ctrl+D 组合键，取消选区。

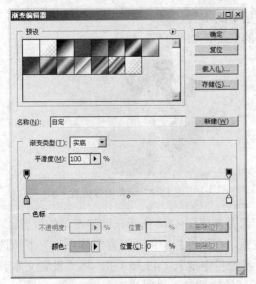

图 15-12　"渐变编辑器"对话框

图 15-13　填充选区

17　在菜单栏执行"图层"/"图层样式"/"投影"命令，打开"图层样式"对话框，在"不透明度"参数栏中键入 30，在"角度"参数栏中键入 120，在"距离"参数栏中键入 20，在"大小"参数栏中键入 5，如图 15-14 所示，单击"确定"按钮，退出该对话框。

18　在工具箱中单击 "矩形工具"下拉按钮下的 "自定形状工具"按钮，在属性栏中单击"点按可打开'自定形状'拾色器"下拉按钮，在打开的形状调板中选择"箭头 6"缩览图，如图 15-15 所示。

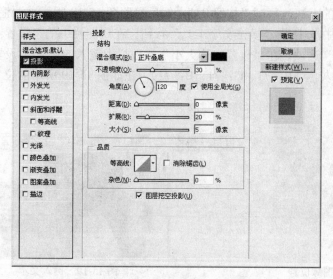

图 15-14 "图层样式"对话框

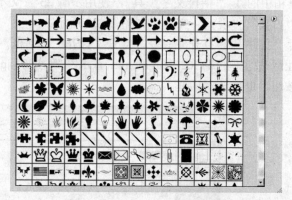

图 15-15 选择"箭头 6"缩览图

19 创建一个新图层——"图层 3"。将前景色设置为黄绿色（R：96、G：104、B：48），在属性栏中激活□ "填充像素"按钮，然后参照图 15-16 所示绘制一个"箭头 6"图形。

20 按住键盘上的 Ctrl 键，在"图层"调板中单击"图层 3"和"图层 2"，接着按下键盘上的 Ctrl+E 组合键，合并选择图层，并生成"图层 3"。

21 将"图层 3"命名为"按钮 01"，将"按钮 01"层复制，将复制后的图层命名为"按钮 02"，然后参照图 15-17 所示来调整其位置。

图 15-16 绘制"箭头 6"图形

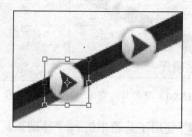

图 15-17 复制图层并调整位置

22 使用同样的方法，复制"按钮 03"，然后参照图 15-18 所示来调整其位置。

23 在工具箱中单击 T，"横排文字工具"按钮，在属性栏中的"设置字体系列"下拉选项栏中选择"黑体"选项，在"设置字体大小"参数栏中键入 50，将"设置文本颜色"显示窗中的颜色设置为灰色（R：71、G：71、B：71），在如图 15-19 所示的位置键入"经典"文本。

图 15-18　调整图像位置　　　　　　　　　　图 15-19　键入文本

24 再次使用工具箱中的 T，"横排文字工具"，使用步骤 23 置文本的属性，在"经典"文本的底部分别键入"古典"、"现代"文本，如图 15-20 所示。

25 在菜单栏执行"文件"/"打开"命令，打开"打开"对话框，从该对话框中选择本书附带光盘中的"企业网站/实例 14~16：lengmeiren 香水网/香水 01.jpg"文件，如图 15-21 所示，单击"打开"按钮，退出该对话框。

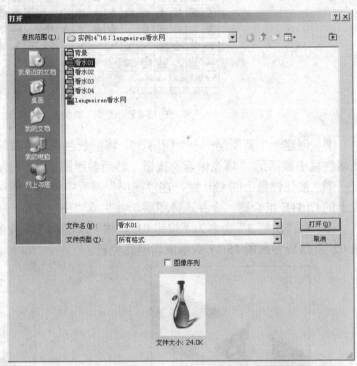

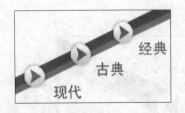

图 15-20　键入其他文本　　　　　　　　　　图 15-21　"打开"对话框

26 使用工具箱中的 ▸₊ "移动工具"，将"香水 01.jpg"图像拖动至"lengmeiren 香水网"文档窗口中，并自动生成新图层——"图层 1"。

27 选择"图层 1"的图像，按下键盘上的 Ctrl+T 组合键，打开自由变换框，然后参照图 15-22 所示来调整图像的大小和位置。

28 按下键盘上的 Enter 键，结束"自由变换"操作。

29 在菜单栏执行"编辑" / "描边"命令，打开"描边"对话框，在"宽度"参数栏中键入 1，将"颜色"显示窗中的颜色设置为灰色（R：154、G：154、B：154），在"位置"选项组中选择"居中"单选按钮，如图 15-23 所示，单击"确定"按钮，退出该对话框。

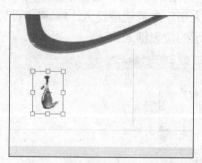

图 15-22 调整图像的大小和位置

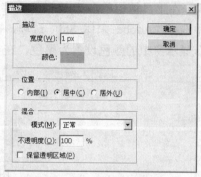

图 15-23 "描边"对话框

30 在菜单栏执行"文件" / "打开"命令，打开"打开"对话框，从该对话框中选择本书附带光盘中的"企业网站/实例 14~16：lengmeiren 香水网/香水 02.jpg、香水 03.jpg、香水 04.jpg"文件，如图 15-24 所示，单击"打开"按钮，退出该对话框。

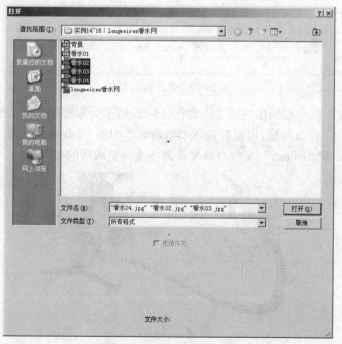

图 15-24 "打开"对话框

31 使用工具箱中的 ▶ "移动工具"，依次将"香水 02.jpg"、"香水 03.jpg"、"香水 04.jpg"图像拖动至"lengmeiren 香水网"文档窗口中，然后使用"自由变换"工具和"描边"工具，并参照图 15-25 所示来调整图像。

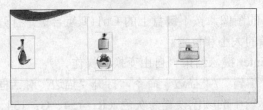

图 15-25　调整图像

32 在工具箱中单击 **T**, "横排文字工具"按钮，在属性栏中的"设置字体系列"下拉选项栏中选择"Adobe 宋体 Std"选项，在"设置字体大小"参数栏中键入 14，将"设置文本颜色"显示窗中的颜色设置为黑色，在如图 15-26 所示的位置键入文本。

图 15-26　键入文本

33 再次使用工具箱中的 **T**, "横排文字工具"，使用步骤 32 设置文本的属性，然后参照图 15-27 所示键入相关文本。

图 15-27　键入相关文本

34 现在本实例就全部制作完成了，如图 15-28 所示为本实例完成后的效果。如果读者在制作过程中遇到了什么问题，可以打开本书附带光盘中的"企业网站/实例 14~16: lengmeiren 香水网/lengmeiren 香水网.psd"文件，该文件为本实例完成后的文件。

图 15-28　lengmeiren 香水网页

实例 16　制作 lengmeiren 香水网

本实例中，将指导读者制作 lengmeiren 香水网。通过本实例的学习，使读者了解导入 psd 素材的方法和使用高级工具设置元件色调的方法，并使读者能够通过设置脚本的方法打开相关网页。

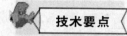

在制作本实例时，首先导入素材图像，将素材图像转换为按钮元件，进入元件编辑窗，将元件转换为图形元件，使用 Alpha 工具设置元件的不透明度值，并设置在不同帧时的显示效果；使用脚本工具为按钮添加相关脚本，通过单击按钮打开网页。图 16-1 为动画完成后的截图。

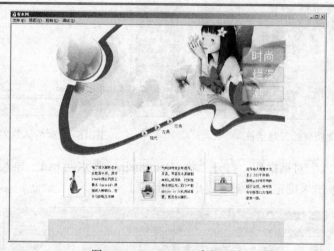

图 16-1　lengmeiren 香水网页

1 运行 Flash CS4，在菜单栏执行"文件"/"新建"命令，打开"新建文档"对话框。在该对话框中的"常规"面板中，选择"Flash 文件（ActionScript 2.0）"选项，如图 16-2 所示，单击"确定"按钮，退出该对话框，创建一个新的 Flash 文档。

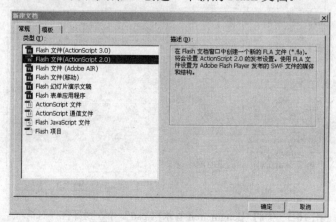

图 16-2　"新建文档"对话框

2 单击"属性"面板中的"属性"卷展栏内的"文档属性"按钮，打开"文档属性"对话框。在"尺寸"右侧的"宽"参数栏中键入1024，在"高"参数栏中键入918，设置背景颜色为白色，设置帧频为12，标尺单位为"像素"，如图16-3所示，单击"确定"按钮，退出该对话框。

3 在菜单栏执行"文件"/"导入"/"导入到舞台"命令，打开"导入"对话框。从该对话框中选择本书附带光盘中的"企业网站/实例14~16：lengmeiren香水网/lengmeiren香水网.psd"文件，如图16-4所示，单击"打开"按钮，退出该对话框。

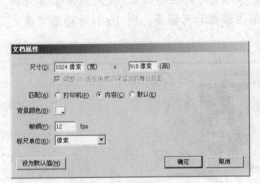

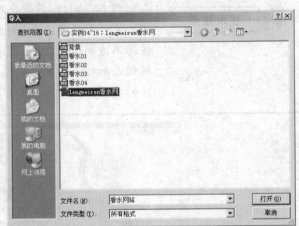

图 16-3 "文档属性"对话框　　　　　　　图 16-4 "导入"对话框

4 退出"导入"对话框后，打开"将'lengmeiren香水网.psd'导入到舞台"对话框，如图16-5所示，单击"确定"按钮，退出该对话框。

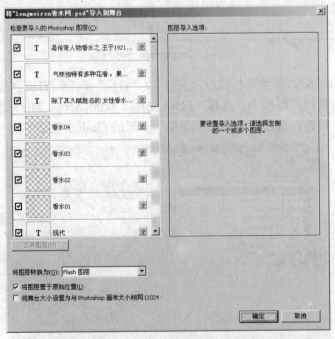

图 16-5 "将'lengmeiren香水网.psd'导入到舞台"对话框

5 退出"将'lengmeiren 香水网.psd'导入到舞台"对话框后,导入的图像将会出现在舞台中,如图 16-6 所示。

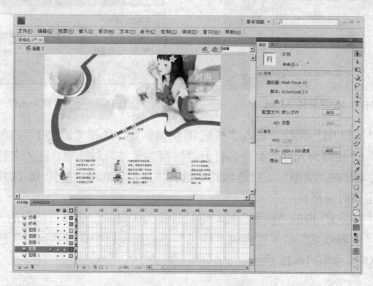

图 16-6 导入图像出现在舞台中

6 选择"图层 1"内的图像,在菜单栏执行"修改"/"转换为元件"命令,打开"转换为元件"对话框。在"名称"文本框中键入"时尚"文本,在"类型"下拉选项栏中选择"按钮"选项,如图 16-7 所示,单击"确定"按钮,退出该对话框。

7 双击"时尚"元件,进入"时尚"编辑窗,选择"图层 1"内的图像,在菜单栏执行"修改"/"转换为元件"命令,打开"转换为元件"对话框。在"名称"文本框中键入"元件 1"文本,在"类型"下拉选项栏中选择"图形"选项,如图 16-8 所示,单击"确定"按钮,退出该对话框。

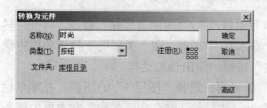

图 16-7 "转换为元件"对话框

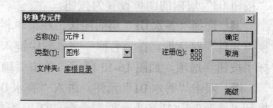

图 16-8 "转换为元件"对话框

8 选择"图层 1"内的"指针"帧,将帧转换为关键帧,选择该帧内的元件,进入"属性"面板,在"色彩效果"卷展栏内的"样式"下拉选项栏中选择 Alpha 选项,在 Alpha 参数栏中键入 50,如图 16-9 所示。

9 进入"场景 1"编辑窗,使用步骤 6~8 设置按钮元件的方法,将"图层 1 副本"和"图层 2 副本 2"内的图像设置为按钮。

10 选择"按钮 01"层的图像,在菜单栏执行"修改"/"转换为元件"命令,打开"转换为元件"对话框。在"名称"文本框中键入"按钮 01"文本,在"类型"下拉选项栏中选择"按钮"选项,如图 16-10 所示,单击"确定"按钮,退出该对话框。

图 16-9　设置元件 Alpha

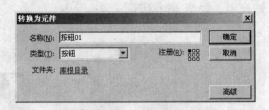

图 16-10　"转换为元件"对话框

11 双击"按钮 01"元件，进入"按钮 01"编辑窗，选择"图层 1"内的图像，在菜单栏执行"修改"/"转换为元件"命令，打开"转换为元件"对话框。在"名称"文本框中键入"元件 4"文本，在"类型"下拉选项栏中选择"图形"选项，如图 16-11 所示，单击"确定"按钮，退出该对话框。

12 选择"图层 1"内的"按下"帧，将帧转换为关键帧，选择该帧内的元件，进入"属性"面板，在"色彩效果"卷展栏内的"样式"下拉选项栏中选择"高级"选项，将蓝色百分比设置为-100%，如图 16-12 所示。

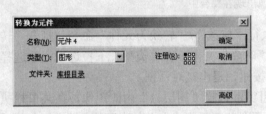

图 16-11　"转换为元件"对话框

图 16-12　设置元件色调

13 进入"场景 1"编辑窗，使用步骤 10~12 设置按钮元件的方法，将"按钮 02"层和"按钮 03"层内的图像设置为按钮。

14 选择"香水 01"层的图像，在菜单栏执行"修改"/"转换为元件"命令，打开"转换为元件"对话框。在"名称"文本框中键入"香水 01"文本，在"类型"下拉选项栏中选择"按钮"选项，如图 16-13 所示，单击"确定"按钮，退出该对话框。

15 双击"香水 01"元件，进入"香水 01"编辑窗，选择"图层 1"的图像，在菜单栏执行"修改"/"转换为元件"命令，打开"转换为元件"对话框。在"名称"文本框中键入"元件 7"文本，在"类型"下拉选项栏中选择"图形"选项，如图 16-14 所示，单击"确定"按钮，退出该对话框。

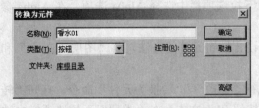

图 16-13　"转换为元件"对话框

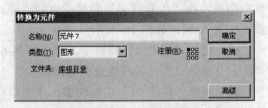

图 16-14　"转换为元件"对话框

16 选择"图层 1"的"指针"帧，将帧转换为关键帧，选择该帧内的元件，进入"属

性"面板,在"色彩效果"卷展栏内的"样式"下拉选项
栏中选择"亮度"选项,在"亮度"参数栏中键入 60,如
图 16-15 所示。

17 进入"场景 1"编辑窗,使用步骤 14~16 设置按
钮元件的方法,将"香水 02"、"香水 03"和"香水 04"
层内的图像设置为按钮。

图 16-15   设置元件亮度

18 选择"香水 01"元件,按下键盘上的 F9 键,打
开"动作-按钮"面板,在该面板中键入如下代码:

```
on (release) {
getURL("file:///D|/网页制作/企业网站/实例 14~16:lengmeiren 香水网/香水 01.jpg");
}
```

提示

由于该脚本中的 D 盘为对应的路径,所以读者需将本书附带光盘中的文件复制到 D 盘,才能
预览到相关内容。

19 使用同样的方法,分别为"香水 02"、"香水 03"和"香水 04"元件添加脚本,括
号中内容依次为""file:///D|/网页制作/企业网站/实例 14~16: lengmeiren 香水网/香水 01.jpg""、
""file:///D|/网页制作/企业网站/实例 14~16: lengmeiren 香水网/香水 01.jpg""、""file:///D|/网
页制作/企业网站/实例 14~16: lengmeiren 香水网/香水 01.jpg""。

20 现在本实例就全部制作完成了,按下键盘上的 Ctrl+Enter 组合键,测试影片效果,
如图 16-16 所示为本实例完成后的效果。如果读者在制作过程中遇到了什么问题,可以打开
本书附带光盘中的"企业网站/实例 14~16: lengmeiren 香水网/lengmeiren 香水网.fla"文件,
该实例为完成后的文件。

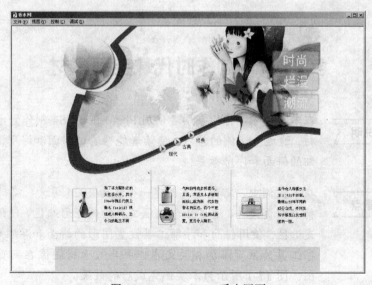

图 16-16   lengmeiren 香水网页

三、时代珠宝网

　　时代珠宝网为一个介绍珠宝的图片浏览网站，该网站主色调为深红色和白色调，整体风格简单，网站标志为一个按钮的图片，并以浮动的 Flash 动画增加了网页的趣味性。网页的制作分为 4 个实例来完成，实例 17 使用 Photoshop CS4 制作背景和图像素材；实例 18 和实例 19 中使用 Flash CS4 设置按钮和文字动画；在实例 20 中，将使用 Dreamweaver CS4 对网页进行编辑，完成网页的制作。通过这部分实例的学习，使读者了解网页制作的过程，在网页中添加动画的方法，以及设置动画浮动的方法。下图为时代珠宝网完成后的效果。

时代珠宝网完成效果

实例 17　制作时代珠宝网素材

　　在本实例中，将指导读者使用 Photoshop CS4 制作香水网的背景素材。通过本实例的学习，使读者能够通过斜面和浮雕工具，设置按钮的斜面和浮雕效果。

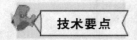

　　在本实例中，首先需要创建一个宽为 1024 像素，高为 768 像素的标准网页文件，通过矩形选框工具绘制矩形选区，使用渐变工具填充选区；使用斜面和浮雕工具设置图形的斜面和浮雕效果，使用文字工具为网页添加相关文本，并导入素材图像在网页上添加缩览图。图 17-1 所示为本实例完成后的效果。

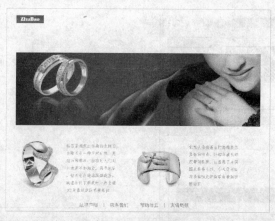

图 17-1　时代珠宝网的背景图片

1　运行 Photoshop CS4，在菜单栏执行"文件"/"新建"命令，打开"新建"对话框。在"名称"文本框中键入"时代珠宝网"文本，在"宽度"参数栏中键入 1024，在"高度"参数栏中键入 768，单位设置为"像素"，在"分辨率"参数栏中键入 72，在"颜色模式"下拉选项栏中选择"RGB 颜色"选项，在"背景内容"下拉选项栏中选择"白色"选项，如图 17-2 所示，单击"确定"按钮，创建一个新文件。

2　创建一个新图层——"图层 1"，使用工具箱中的 "矩形工具"在画布左上角绘制一个矩形选区，如图 17-3 所示。

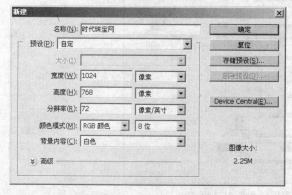

图 17-2　"新建"对话框

图 17-3　绘制矩形选区

3　使用工具箱中的 "渐变工具"，在属性栏中单击"点按可编辑渐变"显示窗，打开"渐变编辑器"对话框，设置渐变色由深红色（R：217、G：24、B：34）到红色（R：254、G：0、B：11）的过渡渐变，如图 17-4 所示，单击"确定"按钮，退出该对话框。

4　参照图 17-5 所示来设置渐变填充，按下键盘上的 **Ctrl+D** 组合键，取消选区。

5　在菜单栏执行"图层"/"图层样式"/"斜面和浮雕"命令，打开"图层样式"对话框。在"样式"下拉选项栏中选择"内斜面"选项，在"深度"参数栏中键入 52，在"大小"参数栏中键入 3，其他参数使用默认设置，如图 17-6 所示，单击"确定"按钮，退出该对话框。

图 17-4 "渐变编辑器"对话框

图 17-5 填充选区

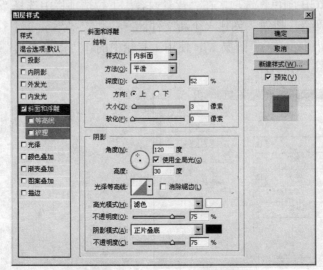

图 17-6 "图层样式"对话框

6 在工具箱中单击 **T** "横排文字工具"按钮，在属性栏中的"设置字体系列"下拉选项栏中选择 Cooper Std 选项，在"设置字体大小"参数栏中键入 18，将"设置文本颜色"显示窗中的颜色设置为白色，在如图 17-7 所示的位置键入 ZhuBao 文本。

图 17-7 键入文本

7 在菜单栏执行"文件"/"打开"命令，打开"打开"对话框。从该对话框中选择本书附带光盘中的"企业网站/实例 17~20：时代珠宝网/素材 01.jpg"文件，如图 17-8 所示，单击"打开"按钮，退出该对话框。

图 17-8　"打开"对话框

⑧ 使用工具箱中的 "移动工具"，将"素材 01.jpg"图像拖动至"时代珠宝网"文档窗口中，这时会自动生成新图层——"图层 2"。

⑨ 选择"图层 1"的图像，按下键盘上的 **Ctrl+T** 组合键，打开自由变换框，然后参照图 17-9 所示调整图像的大小和位置。

图 17-9　调整图像的大小和位置

⑩ 按下键盘上的 **Enter** 键，结束"自由变换"操作。

⑪ 在菜单栏执行"文件"/"打开"命令，打开"打开"对话框。从该对话框中选择本书附带光盘中的"企业网站/实例 17~20：时代珠宝网/素材 03.jpg"文件，如图 17-10 所示，单击"打开"按钮，退出该对话框。

图 17-10　"打开"对话框

12 　使用工具箱中的 ┿ "移动工具"，将 "素材 03.jpg" 图像拖动至 "时代珠宝网" 文档窗口中，这时会自动生成新图层——"图层 3"。

13 　选择 "图层 3" 的图像，按下键盘上的 **Ctrl+T** 组合键，打开自由变换框，然后参照图 17-11 所示调整图像的大小和位置。

14 　使用同样的方法，将本书附带光盘中的 "企业网站/实例 17~20：时代珠宝网/素材 04.jpg" 文件导入到 "时代珠宝网" 文档窗口中，并参照图 17-12 所示调整图像的大小和位置。

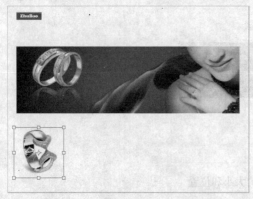

图 17-11　调整图像的大小和位置

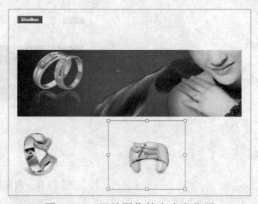

图 17-12　调整图像的大小和位置

15 　使用工具箱中的 **T** "横排文字工具"，在属性栏中的 "设置字体系列" 下拉选项栏中选择 "方正祥隶简体" 选项，在 "大小" 参数栏中键入 16，将 "文本填充颜色" 设置为灰色 （R：135、G：135、B：135），在如图 17-13 所示的位置键入文本。

图 17-13　键入文本

16 再次使用工具箱中的 **T** "横排文字工具"，使用步骤 15 设置文本的属性，然后参照图 17-14 所示来键入相关文本。

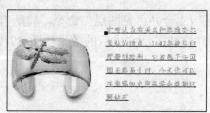

图 17-14　键入其他文本

17 使用工具箱中的 **T** "横排文字工具"，在属性栏中的"设置字体系列"下拉选项栏中选择"宋体"选项，在"大小"参数栏中键入"18 点"，将"文本填充颜色"设置为灰色（R：135、G：135、B：135），在如图 17-15 所示的位置键入"法律声明"文本。

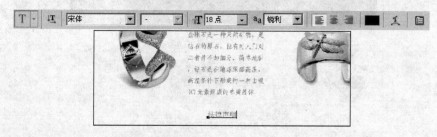

图 17-15　键入文本

18 再次使用工具箱中的 **T** "横排文字工具"，使用步骤 18 设置文本的属性，在"法律声明"文本的右侧依次键入"联系我们"、" 帮助信息"、"友情链接"文本，如图 17-16 所示。

图 17-16　键入其他文本

19 使用工具箱中的 **T** "横排文字工具"，按住键盘上的 Shift 键，在"法律声明"和"联系我们"文本中间位置键入"I"文本，如图 17-17 所示。

20 使用同样的方法，分别在"联系我们"、"帮助信息"、"友情链接"文本中间键入"I"文本，如图 17-18 所示。

图 17-17　键入I文本　　　　　　　　　　　　　　图 17-18　键入"I"文本

21 在菜单栏执行"图层"/"合并可见图层"命令，将所有图层合并。

22 现在本实例就全部制作完成了，完成后的效果如图 17-19 所示。将本实例保存，以便在实例 18 中使用。

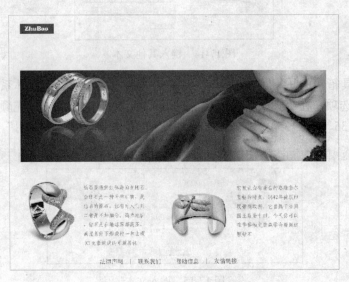

图 17-19　本次实例的完成效果

实例 18　制作时代珠宝网按钮动画

本实例中，将指导读者制作时代珠宝网按钮动画。通过本实例的学习，使读者了解基本矩形工具和渐变变形工具的使用方法，并能够通过颜色工具设置矩形的渐变填充效果。

在制作本实例时，首先创建按钮元件，进入元件编辑窗，使用基本矩形工具绘制基本矩形，使用颜色填充工具填充图形，使用渐变变形工具设置渐变填充效果；使用文本工具添加文本，设置文本在不同帧的显示，完成按钮的制作。图 18-1 所示为动画完成后的截图。

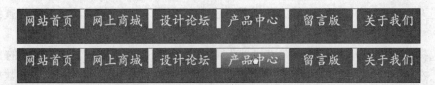

图 18-1 文字动画

1 运行 Flash CS4，在菜单栏执行"文件"/"新建"命令，打开"新建文档"对话框。在该对话框中的"常规"面板中，选择"Flash 文件（ActionScript 2.0）"选项，如图 18-2 所示，单击"确定"按钮，退出该对话框，创建一个新的 Flash 文档。

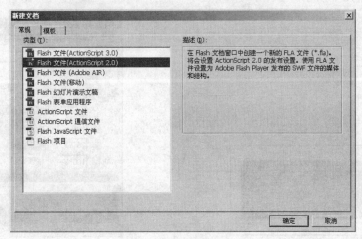

图 18-2 "新建文档"对话框

2 单击"属性"面板中的"属性"卷展栏内的"文档属性"按钮，打开"文档属性"对话框。在"尺寸"右侧的"宽"参数栏中键入 950 像素，在"高"参数栏中键入 80 像素，设置背景颜色为白色，设置帧频为 12，标尺单位为"像素"，如图 18-3 所示，单击"确定"按钮，退出该对话框。

3 在菜单栏执行"插入"/"新建元件"命令，打开"创建新元件"对话框。在"名称"文本框中键入"网站首页"文本，在"类型"下拉选项栏中选择"按钮"选项，如图 18-4 所示，单击"确定"按钮，退出该对话框。

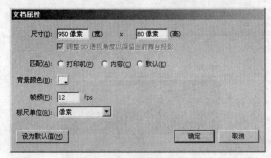

图 18-3 "文档属性"对话框

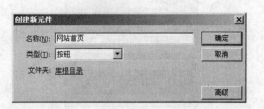

图 18-4 "创建新元件"对话框

4 退出"创建新元件"对话框后，进入"网站首页"编辑窗。在工具箱中单击 □ "矩形工具"下拉按钮，在弹出的下拉按钮下选择 □ "基本矩形工具"选项，在"属性"面板中的"矩形选项"卷展栏内的"矩形边角半径"参数栏中键入 5，在编辑窗任意位置绘制一个基本矩形。

　　⑤　选择新绘制的基本矩形，在"属性"面板中的"位置和大小"卷展栏内的 X 参数栏中键入 0，在 Y 参数栏中键入 0，在"宽度"参数栏中键入 150，在"高度"参数栏中键入 50。如图 18-5 所示为设置图形大小和位置后的效果。

　　⑥　确定绘制的矩形仍处于可编辑状态，在菜单栏执行"窗口"/"颜色"命令，打开"颜色"面板，将"笔触颜色"设置为无，在"类型"下拉选项栏中选择"线性"选项，选择色标滑块左侧色标，在"红"参数栏中键入 158，在"绿"参数栏中键入 18，在"蓝"参数栏中键入 26，如图 18-6 所示。

图 18-5　设置图形的大小和位置

图 18-6　设置色标颜色

　　⑦　选择右侧色标，在"红"参数栏中键入 254，在"绿"参数栏中键入 0，在"蓝"参数栏中键入 10，如图 18-7 所示。

　　⑧　在工具箱中单击 "任意变形工具"下拉按钮下的 "渐变变形工具"按钮，将矩形的色彩设置为如图 18-8 所示的形态。

图 18-7　设置色标颜色

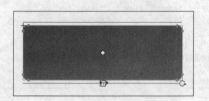

图 18-8　设置渐变填充

　　⑨　选择"图层 1"内的"指针"帧，按下键盘上的 F5 键，插入帧。

　　⑩　在"时间轴"面板中单击 "新建图层"按钮，创建一个新图层——"图层 2"。

11　选择"图层 2"内的"按钮"帧，按下键盘上的 F6 键，将空白帧转换为空白关键帧。

12　使用工具箱中的 ☐ "基本矩形工具"，使用默认设置，在编辑窗任意位置绘制一个基本矩形。

13　选择新绘制的基本矩形，在"属性"面板中的"位置和大小"卷展栏内的 *X* 参数栏中键入 0，在 *Y* 参数栏中键入 10，在"宽度"参数栏中键入 150，在"高度"参数栏中键入 40。如图 18-9 所示为设置图形大小和位置后的效果。

14　确定绘制的矩形仍处于可编辑状态，在菜单栏执行"窗口"/"颜色"命令，打开"颜色"面板，在"类型"下拉选项栏中选择"线性"选项，选择色标滑块左侧色标，在"红"参数栏中键入 250，在"绿"参数栏中键入 116，在"蓝"参数栏中键入 58，如图 18-10 所示。

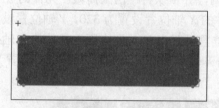

图 18-9　设置图形的大小和位置

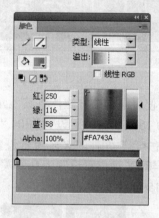

图 18-10　设置色标颜色

15　选择右侧色标，在"红"参数栏中键入 254，在"绿"参数栏中键入 0，在"蓝"参数栏中键入 10，如图 18-11 所示。

16　在工具箱中单击 ▦ "任意变形工具"下拉按钮下的 ▧ "渐变变形工具"按钮，将矩形的色彩设置为如图 18-12 所示的形态。

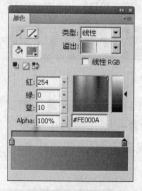

图 18-11　设置色标颜色

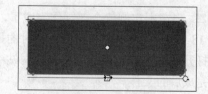

图 18-12　设置渐变填充

17　选择"图层 2"的"点击"帧，按下键盘上的 F5 键，插入帧。

18　在"时间轴"面板中单击 ▣ "新建图层"按钮，创建一个新图层——"图层 3"。

19　使用工具箱中的 **T** "文本工具"，在"属性"面板中的"字符"卷展栏内的"系列"下拉选项栏中选择"Adobe 楷体 Std"选项，在"大小"参数栏中键入 30，将"文本填充颜色"设置为白色,在如图 18-13 所示的位置键入"网站首页"文本。

20 使用同样的方法,依次创建名称为"网上商城"、"设计论坛"、"产品中心"、"留言版"、"关于我们"的按钮元件。

21 进入"场景 1"编辑窗,将"库"面板中的"网站首页"元件拖动至场景内。

22 选择"网站首页"元件,在"属性"面板"位置和大小"卷展栏内的 X 参数栏中键入 0,Y 参数栏中键入 0,如图 18-14 所示。

图 18-13   键入文本

图 18-14   设置元件属性

23 使用同样的方法,将其他元件拖动至场景内,并依次将"网上商城"元件的 X 轴位置设置为 160,Y 轴位置设置为 0,"设计论坛"元件的 X 轴位置设置为 320,Y 轴位置设置为 0,"产品中心"元件的 X 轴位置设置为 480,Y 轴位置设置为 0,"留言版"元件的 X 轴位置设置为 640,Y 轴位置设置为 0,"关于我们"元件的 X 轴位置设置为 800,Y 轴位置设置为 0,如图 18-15 所示。

图 18-15   设置其他元件属性

24 创建一个新图层——"图层 2",使用工具箱中的 ▭ "矩形工具"绘制一个任意矩形。

25 选择新绘制的矩形,在"属性"面板中的"位置和大小"卷展栏内的 X 参数栏中键入 0,在 Y 参数栏中键入 45,在"宽度"参数栏中键入 950,在"高度"参数栏中键入 35,将"填充和笔触"卷展栏内的"填充颜色"设置为红色(#E9030D),如图 18-16 所示。

图 18-16   设置矩形属性

26 现在本实例就全部制作完成了,按下键盘上的 **Ctrl+Enter** 组合键,测试影片效果,如图 18-17 所示为本实例在按下帧时的显示效果。如果读者在制作过程中遇到了什么问题,可以打开本书附带光盘中的"企业网站/实例 17~20:时代珠宝网/按钮动画.fla"文件,该实例为完成后的文件。

图 18-17   按钮动画

实例 19 制作时代珠宝网文字动画

本实例中，将指导读者制作时代珠宝网文字动画。通过本实例的学习，使读者了解文本工具和变形工具的使用方法，使用分离工具打散文本的方法。

在制作本实例时，首先导入素材图像，使用文本工具键入文本，使用分离工具打散文字，和使用分散到图层工具将文字分别显示于各图层内；使用转换为元件工具将文本转换为图形元件；使用变形工具调整元件的大小，并创建传统补间动画，最后导入素材图像，设置图像在不同帧的闪动效果。图 19-1 所示为动画完成后的截图。

图 19-1 文字动画

1 运行 Flash CS4，在菜单栏执行"文件"/"新建"命令，打开"新建文档"对话框，在该对话框中的"常规"面板中，选择"Flash 文件（ActionScript 2.0）"选项，如图 19-2 所示。单击"确定"按钮，退出该对话框，创建一个新的 Flash 文档。

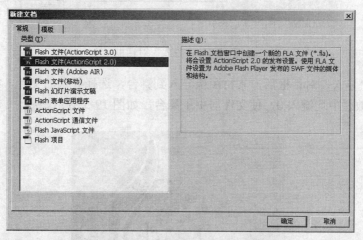

图 19-2 "新建文档"对话框

2 单击"属性"面板中的"属性"卷展栏内的"文档属性"按钮，打开"文档属性"对话框。在"尺寸"右侧的"宽"参数栏中键入"360 像素"，在"高"参数栏中键入"275 像素"，设置背景颜色为白色，设置帧频为 12，标尺单位为"像素"，如图 19-3 所示，单击"确定"按钮，退出该对话框。

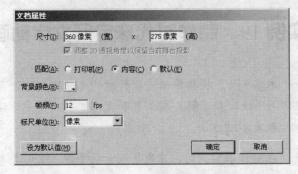

图 19-3 "文档属性"对话框

3 在菜单栏执行"文件"/"导入"/"导入到舞台"命令，打开"导入"对话框。从该对话框中选择本书附带光盘中的"企业网站/实例 17~20：时代珠宝网/素材 05.jpg"文件，如图 19-4 所示，单击"打开"按钮，退出该对话框。

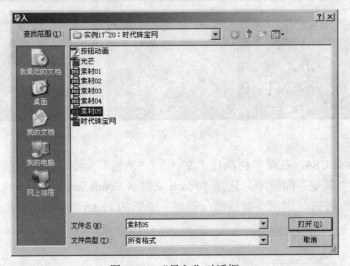

图 19-4 "导入"对话框

4 退出"导入"对话框后，素材图像导入到舞台，选择导入的文件，在"属性"面板中的 X 和 Y 参数栏中均键入 0，使文件居中于舞台，如图 19-5 所示。

图 19-5 导入素材图像

5　选择"图层 1"内的第 40 帧，按下键盘上的 F5 键，确定该图层的图像延续到第 40 帧。

6　创建一个新图层，将新创建的图层命名为"文本"。

7　使用工具箱中的 **T**"文本工具"，在"属性"面板中的"字符"卷展栏内的"系列"下拉选项栏中选择"黑体"选项，在"大小"参数栏中键入 30，将"文本填充颜色"设置为白色，在如图 19-6 所示的位置键入"时代珠宝"文本。

图 19-6　键入文本

8　选择新键入的文本，右击鼠标，在弹出的快捷菜单中选择"分离"选项，将文本打散，再次右击鼠标，在弹出的快捷菜单中选择"分散到图层"选项，这时文本分别显示于图层上，"时间轴"面板显示如图 19-7 所示。

9　选择"文本"层，单击"时间轴"面板中的 🗑 "删除"按钮，删除该图层。

图 19-7　"时间轴"显示效果

10　选择"时"层内的文本，在菜单栏执行"修改"/"转换为元件"命令，打开"转换为元件"对话框。在"名称"文本框中键入"时"文本，在"类型"下拉选项栏中选择"图形"选项，如图 19-8 所示，单击"确定"按钮，退出该对话框。

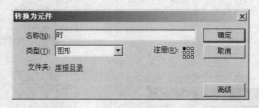

图 19-8　"转换为元件"对话框

11　选择"时"层内的第 5 帧，按下键盘上的 F6 键，插入关键帧。

12　选择第 1 帧内的元件，在菜单栏执行"窗口"/"变形"命令，打开"变形"面板，在"缩放宽度"参数栏中键入 40.0，在"缩放高度"参数栏中键入 40，如图 19-9 所示。

图 19-9　"变形"对话框

13 选择"时"层内的第 1 帧，右击鼠标，在弹出的快捷菜单中选择"创建传统补间"选项，确定在第 1~5 帧之间创建传统补间动画，"时间轴"面板显示如图 19-10 所示。

图 19-10　"时间轴"显示效果

14 在"时间轴"面板中选择"代"层内位于第 1 帧位置的关键帧，将其移动第 5 帧，选择第 5 帧内的文本，在菜单栏执行"修改"/"转换为元件"命令，打开"转换为元件"对话框。在"名称"文本框中键入"代"文本，在"类型"下拉选项栏中选择"图形"选项，如图 19-11 所示，单击"确定"按钮，退出该对话框。

15 选择第 5 帧内的元件，在"变形"面板中的"缩放宽度"参数栏中键入 40.0，在"缩放高度"参数栏中键入 40，如图 19-12 所示。

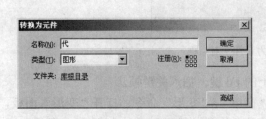

图 19-11　"转换为元件"对话框　　　　　图 19-12　"变形"对话框

16 选择"代"层内的第 5 帧，右击鼠标，在弹出的快捷菜单中选择"创建传统补间"

选项，确定在第5~10帧之间创建传统补间动画，"时间轴"面板显示如图19-13所示。

图19-13 "时间轴"显示效果

17 使用同样的方法，设置其他文本的变形动画，"时间轴"面板显示如图19-14所示。

18 创建一个新图层，将新创建的图层命名为"文本"。

19 使用工具箱中的 **T** "文本工具"，在"属性"面板中的"字符"卷展栏内的"系列"下拉选项栏中选择"Adobe 仿宋 Std"选项，在"大小"参数栏中键入15，将"文本填充颜色"设置为黑色，在如图19-15所示的位置键入"经典品牌 时尚追求"文本。

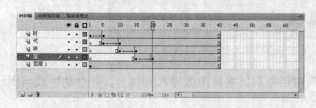

图19-14 "时间轴"显示效果

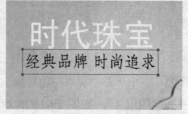

图19-15 键入文本

20 在菜单栏执行"文件"/"导入"/"导入到舞台"命令，打开"导入"对话框。从该对话框中选择本书附带光盘中的"企业网站/实例17-20：时代珠宝网/光芒.psd"文件，如图19-16所示，单击"打开"按钮，退出该对话框。

21 退出"导入"对话框后，打开"将'光芒.psd'导入到库"对话框，在"检查要导入的Photoshop 图层"显示窗中选择"图层1"选项，选择"具有可编辑图层样式的位图图像"单选按钮，如图19-17所示，单击"确定"按钮，退出该对话框。

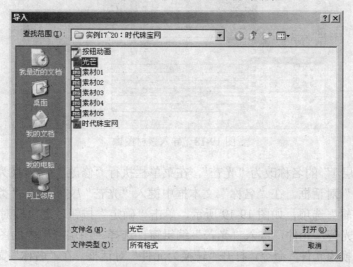

图19-16 "导入"对话框

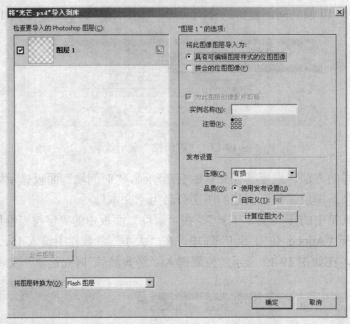

图 19-17　"将'光芒.psd'导入到库"对话框

22　退出"将'光芒.psd'导入到库"对话框后，素材图像导入到舞台，并自动生成新图层——"图层 1"，如图 19-18 所示。

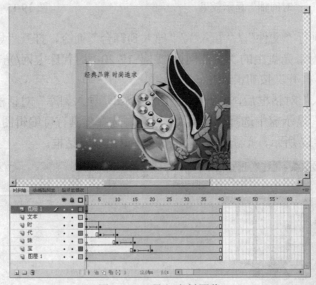

图 19-18　导入素材图像

23　将"图层 1"的名称改为"光芒"，在菜单栏执行"修改"/"转换为元件"命令，打开"转换为元件"对话框。在"名称"文本框中键入"光芒"文本，在"类型"下拉选项栏中选择"影片剪辑"选项，如图 19-19 所示，单击"确定"按钮，退出该对话框。

24　双击"光芒"元件，进入"光芒"编辑窗，选择"图层 1"内的图像，在菜单栏执行"修改"/"转换为元件"命令，打开"转换为元件"对话框。在"名称"文本框中键入"元件 1"文本，在"类型"下拉选项栏中选择"图形"选项，如图 19-20 所示。

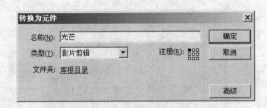

图 19-19　"转换为元件"对话框

图 19-20　"转换为元件"对话框

25　选择"图层 1"内的第 5 帧，按下键盘上的 F6 键，插入关键帧，使用同样的方法分别在第 10 帧、第 11 帧、第 15 帧、第 20 帧、第 21 帧、第 25 帧、第 30 帧、第 35 帧和第 40 帧插入关键帧，"时间轴"面板显示如图 19-21 所示。

图 19-21　"时间轴"显示效果

26　选择第 5 帧内的元件，使用工具箱中的 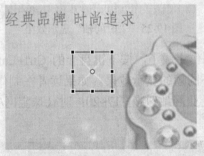"任意变形工具"，然后参照图 19-22 所示调整元件的大小和位置。

图 19-22　调整元件的大小和位置

27　选择第 10 帧内的元件，使用工具箱中的 "任意变形工具"，然后参照图 19-23 所示调整元件的大小、位置和旋转角度。

28　使用同样的方法，然后参照图 19-24 所示调整第 11 帧、第 15 帧、第 20 帧、第 21 帧、第 25 帧、第 30 帧、第 31 帧、第 35 帧和第 40 帧元件的位置、大小和旋转角度。

28　选择"图层 1"内的第 1 帧，右击鼠标，在弹出的快捷菜单中选择"创建传统补间"选项，确定在第 1~5 帧之间创建传统补间动画。

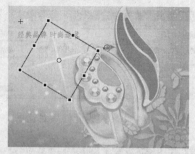

图 19-23　调整元件的大小、位置和旋转角度

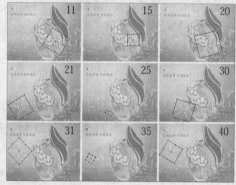

图 19-24　调整元件的位置、大小和旋转角度

30　使用同样的方法，分别在第 5~10 帧、第 11~15 帧、第 15~20 帧、第 21~25 帧、第 25~30 帧、第 31~35 帧、第 35~40 帧之间创建传统补间动画，"时间轴"面板显示如图 19-25 所示。

图 19-25　"时间轴"显示效果

31　现在本实例就全部制作完成了，按下键盘上的 Ctrl+Enter 组合键，测试影片效果，如图 19-26 所示为本实例在不同帧的显示效果。如果读者在制作过程中遇到了什么问题，可以打开本书附带光盘中的"企业网站/实例 17~20：时代珠宝网/文字动画.fla"文件，该实例为完成后的文件。

图 19-26　文字动画

实例 20　制作时代珠宝网

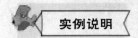

实例说明

在本实例中，将指导读者使用 Dreamweaver CS4 设置时代珠宝网页。通过本实例的学习，使读者能够了解绘制矩形热点区域的方法，并能够在网页中设置 SWF 格式动画飘浮的效果。

技术要点

在本实例中，首先需要将网页中使用的素材导入到本地站点，然后设置页面属性，通过绘制 AP Div 工具绘制 AP Div，并在 AP Div 导入 SWF 按钮动画和素材图片；使用显示/渐隐工具设置图片的显示渐隐藏效果；使用矩形热点工具设置矩形热点区域，为 SWF 动画添加脚本。图 20-1 所示为本实例完成后的效果。

图 20-1　时代珠宝网页

[1]　首先将本书附带光盘中的"企业网站/实例 17~20：时代珠宝网"文件夹复制到本地站点路径内。

[2]　运行 Dreamweaver CS4，单击起始页面的 HTML 选项，创建一个新的 HTML 格式文件，将该文件保存在本地站点路径内，然后将其命名为"时代珠宝网"。

[3]　接下来需要设置网页的大小和边距。单击"属性"面板中的"页面属性"按钮，打开"页面属性"对话框。在"分类"显示窗中选择"外观（CSS）"选项，在"页面属性"对话框中会显示"外观（CSS）"编辑窗，在"外观（CSS）"编辑窗内的"左边距"、"右边距"、"上边距"和"下边距"参数栏中均键入 0，确定页面边距，如图 20-2 所示。单击"确定"按钮，退出该对话框。

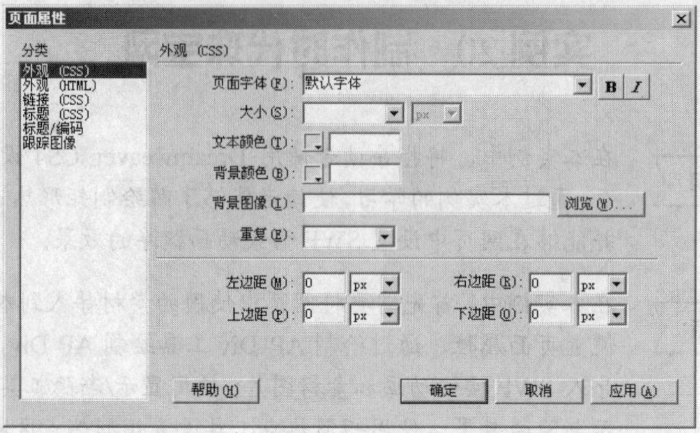

图 20-2   "页面属性"对话框

4 在"常用"工具栏中单击 ■ - "图像"按钮,打开"选择图像源文件"对话框。从该对话框中选择复制的"企业网站/实例 17~20:时代珠宝网/时代珠宝网.psd"文件,如图 20-3 所示,单击"确定"按钮,退出该对话框。

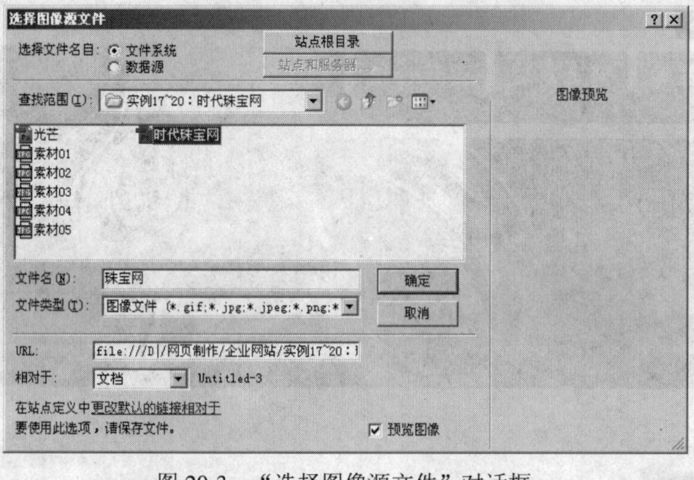

图 20-3   "选择图像源文件"对话框

5 退出"选择图像源文件"对话框后,打开"图像预览"对话框,如图 20-4 所示。单击"确定"按钮,退出该对话框。

6 退出"图像预览"对话框后,打开"保存 Web 图像"对话框,如图 20-5 所示,在"保存在"下拉选项栏中选择复制的"企业网站/实例 17~20:时代珠宝网"文件夹,在"文件名"文本框中键入"时代珠宝网"文本,使用对话框默认的 jpg 格式类型,单击"保存"按钮,退出该对话框。

7 退出"保存 Web 图像"对话框后,打开"图像标签辅助功能属性"对话框,单击"确定"按钮,退出该对话框。

8 图像导入后的效果如图 20-6 所示。

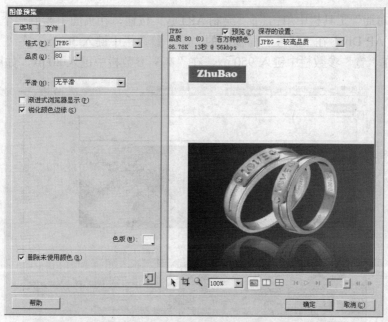

图 20-4　"图像预览"对话框

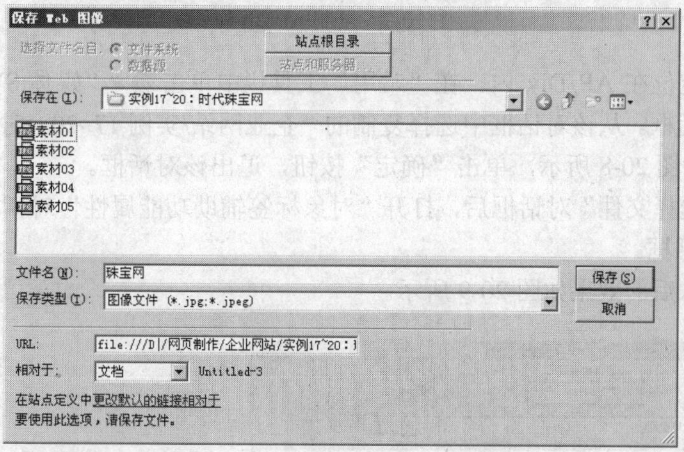

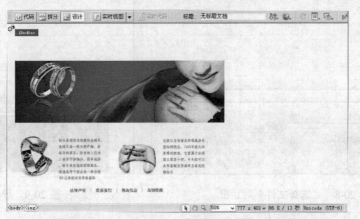

图 20-5　"保存 Web 图像"对话框

图 20-6　导入图像

8 在"布局"工具栏中单击▤"绘制 AP Div"按钮,在页面中绘制一个任意 AP Div,选择新绘制的 AP Div,在"属性"面板中的"左"参数栏中键入 36 px,在"上"参数栏中键入 70 px,在"宽"参数栏中键入 950 px,在"高"参数栏中键入 80 px,如图 20-7 所示。

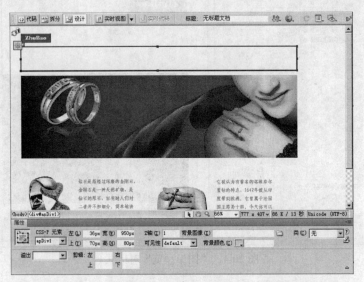

图 20-7 绘制 AP Div

10 将光标定位在 AP Div 内,在"常用"工具栏中单击 ▣ ▾ "媒体:SWF"按钮,打开"选择文件"对话框。从该对话框中选择复制的"企业网站/实例 17~20:时代珠宝网/文字动画.swf"文件,如图 20-8 所示,单击"确定"按钮,退出该对话框。

11 退出"选择文件"对话框后,打开"对象标签辅助功能属性"对话框,单击"确定"按钮,退出该对话框。

12 素材导入后的效果如图 20-9 所示。

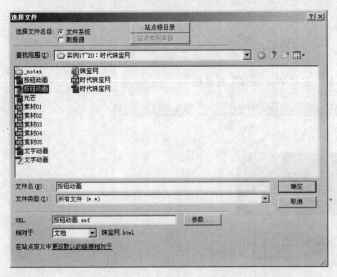

图 20-8 "选择文件"对话框   图 20-9 导入素材

13 在"布局"工具栏中单击▤"绘制 AP Div"按钮,在页面中绘制一个任意 AP Div,

选择新绘制的 AP Div，在"属性"面板中的"左"参数栏中键入 34 px，在"上"参数栏中
键入 166 px，在"宽"参数栏中键入 951 px，在"高"参数栏中键入 274 px，如图 20-10 所
示。

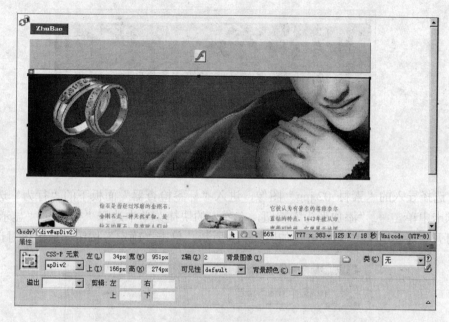

图 20-10　绘制 AP Div

14 将光标定位在 AP Div 内，在"常用"工具栏中单击 ▓ • "媒体:SWF"按钮，打开
"选择图像源文件"对话框。从该对话框中选择复制的"企业网站/实例 17~20：时代珠宝网
/素材 02.jpg"文件，如图 20-11 所示，单击"确定"按钮，退出该对话框。

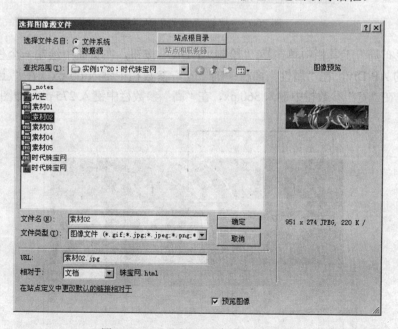

图 20-11　"选择图像源文件"对话框

15 退出"选择图像源文件"对话框后，打开"对象标签辅助功能属性"对话框，单击"确定"按钮，退出该对话框。

16 图像导入后的效果如图 20-12 所示。

图 20-12　导入图像

17 选择导入的"素材 02.jpg"图像，进入"标签检查器"面板下的"行为"选项卡，在该选项卡中单击 **+** "添加形为"按钮，在弹出的快捷菜单中选择"效果"/"显示/渐隐"选项，打开"显示/渐隐"对话框，如图 20-13 所示。单击"确定"按钮，退出该对话框。

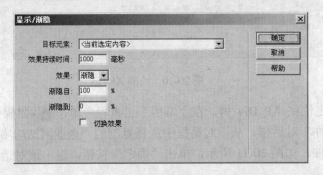

图 20-13　"显示/渐隐"对话框

18 在"布局"工具栏中单击 "绘制 AP Div"按钮，在页面中绘制一个任意 AP Div，选择新绘制的 AP Div，在"属性"面板中的"左"参数栏中键入 60 px，在"上"参数栏中键入 100 px，在"宽"参数栏中键入 360 px，在"高"参数栏中键入 275 px，如图 20-14 所示。

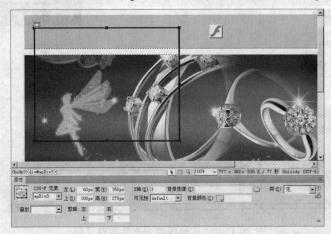

图 20-14　绘制 AP Div

19 将光标定位在 AP Div 内，在"常用"工具栏中单击 <img> · "媒体:SWF"按钮，打开"选择文件"对话框。从该对话框中选择复制的"企业网站/实例 17~20：时代珠宝网/文字动画.swf"文件，如图 20-15 所示，单击"确定"按钮，退出该对话框。

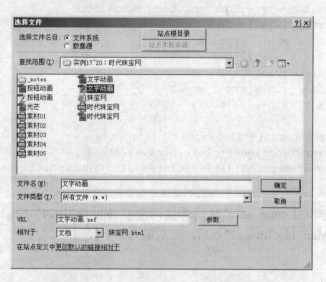

图 20-15 "选择文件"对话框

20 退出"选择文件"对话框后，打开"对象标签辅助功能属性"对话框，单击"确定"按钮，退出该对话框。

21 素材导入后的效果如图 20-16 所示。

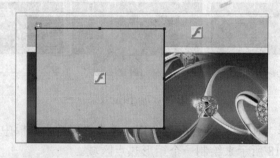

图 20-16 导入素材

22 单击 <拆分> "显示'代码'视图和'设计'视图"按钮，将"文档"窗口拆分为"代码"视图和"设计"视图。

23 进入"代码"视图，将光标定位在<img src="时代珠宝网.jpg" width="1024" height="768" border="0" usemap="#Image1Map" id="Image1" />前，然后键入如下代码：

```
<script>
  var x = 12,y = 162
  var xin = true, yin = true
  var step = 2
  var delay = 1
  var obj=document.getElementById("apDiv3")
  function floatapDiv1 () {
```

```
        var L=T=0
        var R= document.body.clientWidth-obj.offsetWidth
        var B = document.body.clientHeight-obj.offsetHeight
        obj.style.left = x + document.body.scrollLeft
        obj.style.top = y + document.body.scrollTop
        x = x + step*(xin?1:-1)
        if (x < L) { xin = true; x = L}
        if (x > R){ xin = false; x = R}
        y = y + step*(yin?1:-1)
        if (y < T) { yin = true; y = T }
        if (y > B) { yin = false; y = B }
    }
   var itl= setInterval("floatapDiv1 ()", delay)
obj.onmouseover=function(){clearInterval(itl)}
obj.onmouseout=function(){itl=setInterval("floatapDiv1 ()", delay)}
   </script>
```

24 将光标定位在<img src="时代珠宝网.jpg" width="1024" height="768" border="0" usemap="#Image1Map" id="Image1" />后，然后键入如下代码：

```
<tbody><tr>
   <td></td>
  </tr>
</tbody></table>
```

25 按下键盘上的 F12 键，进行预览，如图 20-17 所示为 Flash 动画浮动效果。

图 20-17　预览效果

26 在页面中选择"时代珠宝网.jpg"图像，单击"属性"面板中的 □ "矩形热点工具"按钮，然后参照图 20-18 所示来绘制一个矩形热点区域。

图 20-18　绘制热点区域

27 单击"属性"面板中的 "指针热点工具"按钮，选择新绘制的矩形热点区域，在"属性"面板中单击"链接"文本框右侧的 "浏览文件"按钮，打开"选择文件"对话框。从该对话框中选择复制的"企业网站/实例 17~20：时代珠宝网/素材 03.jpg"文件，如图 20-19 所示，单击"确定"按钮，退出该对话框。

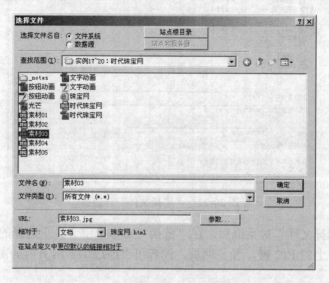

图 20-19 "选择文件"对话框

28 退出"选择文件"对话框后，在"链接"文本框中会显示选择的网页文件，如图 20-20 所示。

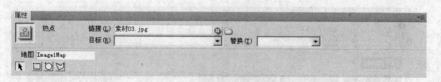

图 20-20 显示文件名称

29 使用同样的方法，然后参照图 20-21 所示绘制另一个矩形热点区域。

图 20-21 绘制热点区域

30 选择新绘制的矩形热点区域，在"属性"面板中单击"链接"文本框右侧的 "浏览文件"按钮，打开"选择文件"对话框。从该对话框中选择复制的"企业网站/实例 17~20：时代珠宝网/素材 04.jpg"文件，如图 20-22 所示，单击"确定"按钮，退出该对话框。

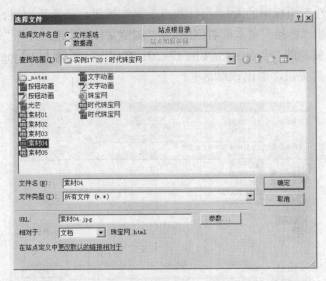

图 20-22　"选择文件"对话框

31 退出"选择文件"对话框后，在"链接"文本框中会显示选择的网页文件。

32 按下键盘上的 F12 键，预览网页，读者可以通过单击网页内的图片，观看图片渐隐效果。

33 现在本实例就全部制作完成了，如图 20-23 所示为本实例完成后的效果。如果读者在制作过程中遇到了什么问题，可以打开本书附带光盘中的"企业网站/实例 17~20：时代珠宝网/时代珠宝网.html"文件，该文件为本实例完成后的文件。

图 20-23　时代珠宝网页

第3篇
设 计 网 站

　　设计类的网站通常会使用各种特效来使网页效果更为丰富多彩,本部分中,将为读者介绍制作设计网站的方法。本部分中共包括 JKfarm 设计网和太阳谷设计网两个网站的制作,网站内容包括动画、音频、元件互动等效果。通过这部分实例的学习,使读者了解各种网页的制作方法。

一、JKfarm 设计网

JKfarm 设计网为一个设计公司的网站，该公司致力于推广和包装绿色生态产品，因此，在其网页上体现了公司特色，使用原木纹理的木板和绿色格子布作为背景，以图钉和便签纸作为分页按钮，字体和图案均使用了草绿色。完成后的网页页面中，几张代表绿色产品的图像可以通过鼠标在一个区域内移动，当鼠标移动至电话图案时，该图案会产生动画，网页的网址也有动画效果，这些细节，都体现了设计公司的特点，也使网页更为生动有趣。网页的制作分为 5 个实例来完成，在实例 21 中，将使用 Photoshop CS4 来设置网页背景；在实例 22 中，将使用 Photoshop CS4 来设置网页前景，并将网页切片输出；在实例 23 中，将使用 Photoshop CS4 中的动画工具来设置电话的动画；在实例 24 中，将使用 Flash CS4 设置网址的动画；在实例 25 中，将使用 Dreamweaver CS4 编辑网页，完成 JKfarm 设计网的制作。下图为 JKfarm 设计网完成后的效果。

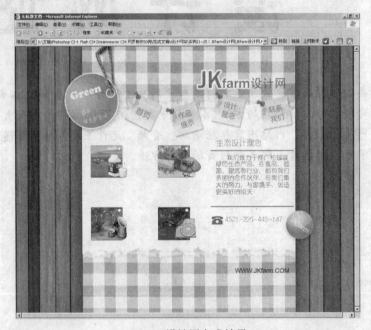

JKfarm 设计网完成效果

实例 21　制作 JKfarm 设计网背景图案

实例说明　在本实例中，将指导读者在 Photoshop CS4 中设置 JKfarm 设计网背景图案，背景图案最底部为木板图案，在木板上层为绿色格子布图案，最顶层为不规则边缘的白色纸张，在背景图案中，还包括文本的设置。通过本实例的学习，使读者了解在 Photoshop CS4 中复制和编辑图像的方法。

技术要点 在本实例中，首先需要导入并复制木板图像，使其铺满整个网页，然后对其进行编辑，接下来需要设置格子布的图案，然后创建新的图层，将其填充为白色，并设置其不规则边缘，最后添加文本，完成背景图案的制作。图 21-1 所示为本实例完成后的效果。

图 21-1 JKfarm 设计网背景图案

1 运行 Photoshop CS4，在菜单栏执行"文件"/"新建"命令，打开"新建"对话框。在"名称"文本框中键入"JKfarm 设计网"，在"宽度"参数栏中键入 1024，在"高度"参数栏中键入 768，设置单位为"像素"，在"分辨率"参数栏中键入 72，在"颜色模式"下拉选项栏中选择"RGB 颜色"选项，在"背景内容"下拉选项栏中选择"白色"选项，如图 21-2 所示，单击"确定"按钮，创建一个新文件。

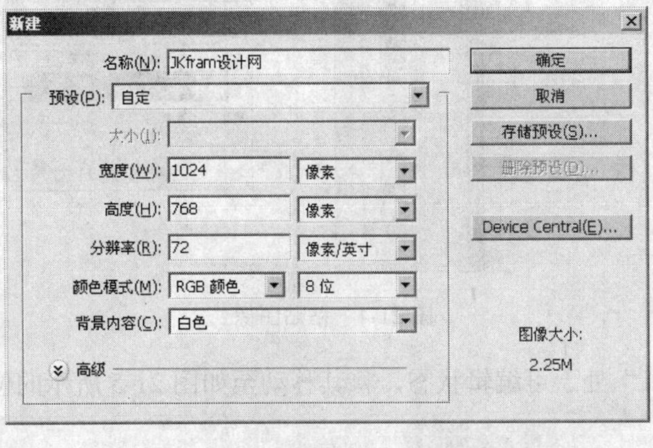

图 21-2 "新建"对话框

2 在菜单栏执行"文件"/"打开"命令，打开"打开"对话框。从该对话框中选择本书附带光盘中的"设计网站/实例 21~25：JKfarm 设计网/木板底纹.jpg"文件，如图 21-3 所示，单击"打开"按钮，打开该文件。

3 确定"木板底纹.jpg"处于可编辑状态，按下键盘上的 Ctrl+A 组合键，全选图像，然后按下键盘上的 Ctrl+C 组合键，复制图层。

4 确定"JKfarm 设计网"文件处于可编辑状态，按下键盘上的 Ctrl+V 组合键，粘贴图像，这时在"图层"调板中会生成一个新的图层——"图层 1"，如图 21-4 所示。

图 21-3　"打开"对话框

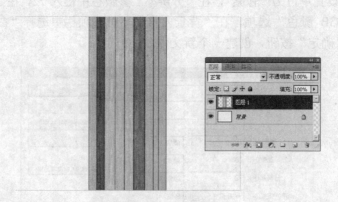

图 21-4　粘贴图像

5 确定"图层 1"处于可编辑状态，将其移动至如图 21-5 所示的位置。

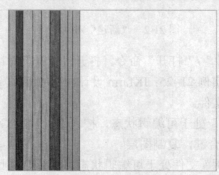

图 21-5　移动图层

6　按下键盘上的 Ctrl+J 组合键，生成"图层 1 副本"。

7　确定"图层 1 副本"处于可编辑状态，在菜单栏执行"编辑"/"自由变换"命令，打开自由变换框，然后参照图 21-6 所示向右水平移动图像位置。

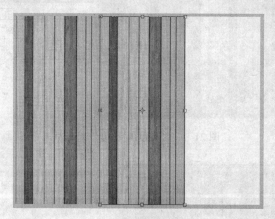

图 21-6　水平移动图像

8　结束"自由变换"操作后，按下键盘上的 Shift+Ctrl+Alt+T 组合键，进行再制操作，重复按下该组合键，再次复制图像，在"图层"调板中会生成"图层 1 副本 2"，如图 21-7 所示。

图 21-7　复制图像

9　按住键盘上的 Ctrl 键，在"图层"调板中选择"图层 1"、"图层 1 副本"和"图层 1 副本 2"3 个层，在键盘上按下 Ctrl+E 组合键，将所选层合并，合并后的层名称为——"图层 1 副本 2"。

10　在"图层"调板中选择"图层 1 副本 2"，在菜单栏执行"图像"/"调整"/"亮度/对比度"命令，打开"亮度/对比度"对话框。在"亮度"参数栏中键入-50，在"对比度"参数栏中键入 25，如图 21-8 所示，然后单击"确定"按钮，退出该对话框。

11　在菜单栏执行"图像"/"调整"/"色相/饱和度"命令，打开"色相/饱和度"对话框。在"饱和度"参数栏中键入 10，在"明度"参数栏中键入-17，如图 21-9 所示，然后单击"确定"按钮，退出该对话框。

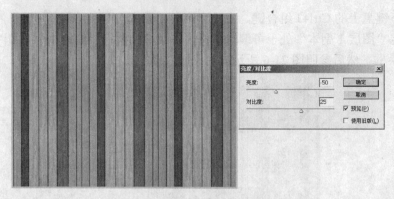

图 21-8　"亮度/对比度"对话框

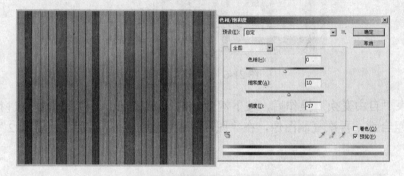

图 21-9　"色相/饱和度"对话框

⑫ 在菜单栏执行"图像"/"调整"/"色彩平衡"命令，打开"色彩平衡"对话框。在该对话框右侧的参数栏中键入 24，在该对话框中部的参数栏中键入−2，如图 21-10 所示，然后单击"确定"按钮，退出该对话框。

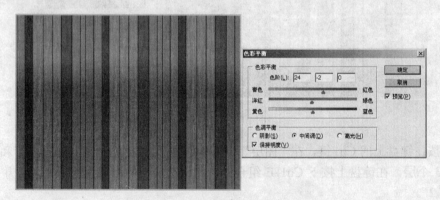

图 21-10　"色彩平衡"对话框

⑬ 在菜单栏执行"文件"/"打开"命令，打开"打开"对话框。从该对话框中选择本书附带光盘中的"设计网站/实例 21~25：JKfarm 设计网/布料底纹.jpg"文件，如图 21-11 所示，单击"打开"按钮，打开该文件。

⑭ 确定"布料底纹.jpg"处于可编辑状态，按下键盘上的 Ctrl+A 组合键，全选图像，然后按下键盘上的 Ctrl+C 组合键，复制图层。

⑮ 确定"JKfarm 设计网"文件处于可编辑状态，按下键盘上的 Ctrl+V 组合键，粘贴图

像，这时在"图层"调板中会生成一个新的图层——"图层 1"。

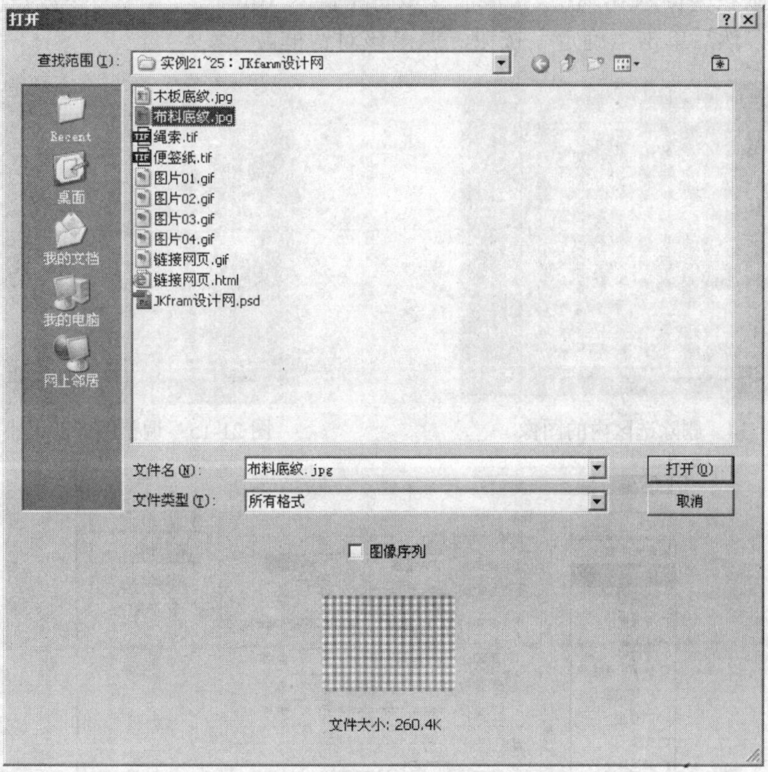

图 21-11 "打开"对话框

16 在工具箱中单击 ⬚，"矩形选框工具"按钮，然后参照图 21-12 所示的位置绘制一个矩形选区。

17 在菜单栏执行"选择"/"反向"命令，反选选区，如图 21-13 所示。

图 21-12 绘制选区

图 21-13 反选选区

18 确定"图层 1"处于可编辑状态，按下键盘上的 Delete 键，删除选区内的图像，如图 21-14 所示，然后按下键盘上的 Ctrl+D 组合键，取消选区。

19 按下键盘上的 Ctrl+T 组合键，打开自由变换框，然后参照图 21-15 所示调整图像的大小和位置。

20 在"图层"调板中双击"图层 1"的图层缩览图，打开"图层样式"对话框。选择

"样式"选项组中的"投影"复选框，进入投影编辑窗口，在"不透明度"参数栏中键入 80，在"距离"参数栏中键入 0，在"扩展"参数栏中键入 10，在"大小"参数栏中键入 70，如图 21-16 所示，然后单击"确定"按钮，退出该对话框。

图 21-14　删除选区内的图像

图 21-15　调整图像的大小和位置

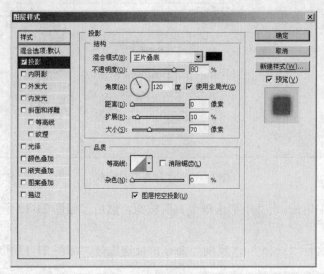

图 21-16　投影编辑窗口

21 在菜单栏执行"图像"/"调整"/"色相/饱和度"命令，打开"色相/饱和度"对话框。在"色相"参数栏中键入 85，在"饱和度"参数栏中键入 35，在"明度"参数栏中键入 14，如图 21-17 所示，然后单击"确定"按钮，退出该对话框。

图 21-17　"色相/饱和度"对话框

22 在菜单栏执行"图像"/"调整"/"亮度/对比度"命令，打开"亮度/对比度"对话框。在"亮度"参数栏中键入 7，在"对比度"参数栏中键入 30，如图 21-18 所示，然后单击"确定"按钮，退出该对话框。

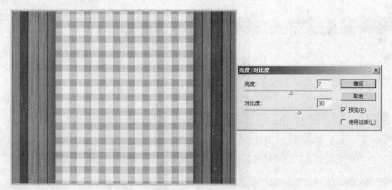

图 21-18 "亮度/对比度"对话框

23 在菜单栏执行"图像"/"调整"/"色彩平衡"命令，打开"色彩平衡"对话框。在该对话框右侧的参数栏中键入 50，在该对话框中部的参数栏中键入-5，在该对话框右侧的参数栏中键入-40，如图 21-19 所示，然后单击"确定"按钮，退出该对话框。

图 21-19 "色彩平衡"对话框

24 在"图层"调板中单击 "创建新图层"按钮，创建一个新图层——"图层 2"。

25 在工具箱中单击 "矩形选框工具"按钮，然后参照图 21-20 所示的位置绘制一个矩形选区。

26 将选区填充为白色，如图 21-21 所示。然后按下键盘上的 Ctrl+D 组合键，取消选区。

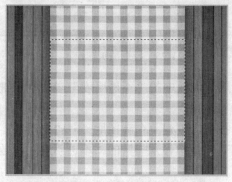

图 21-20 绘制矩形选区

图 21-21 填充选区

27 在工具箱中单击 <i>♀</i>"套索工具"按钮，然后参照图 21-22 所示的位置绘制一个选区。

28 按下键盘上的 Delete 键，删除选区内的图像，如图 21-23 所示，然后按下键盘上的 Ctrl+D 组合键，取消选区。

图 21-22　绘制选区　　　　　　　　　图 21-23　删除选区内的图像

28 使用同样的方法编辑"图层 2"底部的不规则边缘，如图 21-24 所示。

30 在"图层"调板中双击"图层 2"的图层缩览图，打开"图层样式"对话框。选择"样式"选项组中的"投影"复选框，进入投影编辑窗口，在"不透明度"参数栏中键入 20，在"距离"参数栏中键入 0，在"扩展"参数栏中键入 10，在"大小"参数栏中键入 15，如图 21-25 所示，然后单击"确定"按钮，退出该对话框。

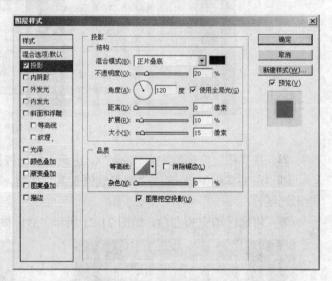

图 21-24　编辑"图层 2"底部的不规则边缘　　　　图 21-25　投影编辑窗口

31 确定"图层 2"处于可编辑状态，在"图层"调板中的"不透明度"参数栏中键入 50%，效果如图 21-26 所示。

32 在"图层"调板中单击 <i>□</i>"创建新图层"按钮，创建一个新图层——"图层 3"。

33 参照编辑"图层 2"的方法编辑"图层 3"，设置"图层 3"的"不透明度"参数为 100%，如图 21-27 所示。

图 21-26 设置图层透明效果

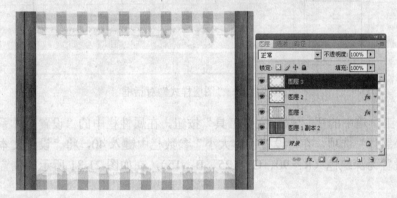

图 21-27 编辑"图层 3"

34 编辑文本。单击工具箱中的 T. "横排文字工具"按钮，在属性栏中的"设置字体系列"下拉选项栏中选择 Franklin Gothic Medium 选项，在"设置字体大小"参数栏中键入 40，将"设置文本颜色"显示窗中的颜色设置为深绿色（R：90、G：125、B：15），在如图 21-28 所示的位置键入 JKfarm 文本，在"图层"调板中会生成 JKfarm 层。

35 确定 T. "横排文字工具"按钮仍处于被选择状态，选择 JK 文本，在属性栏内的"设置字体大小"下拉选项栏中选择 72，文本效果如图 21-29 所示。

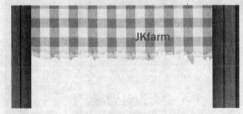

图 21-28 键入文本

图 21-29 编辑字体

36 在"图层"调板中选择 JKfarm 层，在"图层"调板中单击 fx. "添加图层样式"按钮，在弹出的快捷菜单中选择"描边"选项，打开"图层样式"对话框。在"大小"参数栏中键入 4，在"位置"下拉选项栏中选择"外部"选项，设置"颜色"显示窗中的颜色为白色，如图 21-30 所示，单击"确定"按钮，退出该对话框。

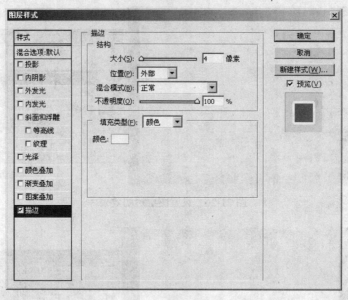

图 21-30　"图层样式"对话框

37 单击工具箱中的 **T** "横排文字工具"按钮，在属性栏中的"设置字体系列"下拉选项栏中选择"黑体"选项，在"设置字体大小"参数栏中键入 40，将"设置文本颜色"显示窗中的颜色设置为深绿色（R：90、G：125、B：15），在如图 21-31 所示的位置键入"设计网"文本。

38 单击工具箱中的 **T** "横排文字工具"按钮，在属性栏中的"设置字体系列"下拉选项栏中选择"经典细圆简"选项，在"设置字体大小"参数栏中键入 22，将"设置文本颜色"显示窗中的颜色设置为深绿色（R：90、G：125、B：15），在如图 21-32 所示的位置键入"生态设计理念"文本。

图 21-31　键入文本

图 21-32　键入"生态设计理念"文本

38 单击工具箱中的 **T** "横排文字工具"按钮，在属性栏中的"设置字体系列"下拉选项栏中选择"经典细圆简"选项，在"设置字体大小"参数栏中键入 20，将"设置文本颜色"显示窗中的颜色设置为深绿色（R：90、G：125、B：15），在如图 21-33 所示的位置键入4521-225-445-147 文本。

图 21-33 键入电话号码

40 在"图层"调板中单击 ⊒"创建新图层"按钮,创建一个新图层——"图层 4"。

41 在工具箱中单击 ⊡"矩形选框工具"按钮,在如图 21-34 所示的位置绘制一个矩形选区,并将其填充为深绿色(R:90、G:125、B:15)。

42 按下键盘上的 Ctrl+J 组合键,生成"图层 4 副本",并将其移动至如图 21-35 所示的位置。

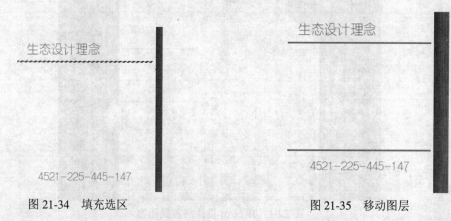

图 21-34 填充选区   图 21-35 移动图层

43 现在本实例就全部完成了,完成后的效果如图 21-36 所示。将该文件保存,以便在实例 22 中使用。

图 21-36 JKfarm 设计网背景图案

实例 22　制作 JKfarm 设计网前景图案

实例说明　在本实例中，将指导读者在 Photoshop CS4 中制作 JKfarm 设计网的前景图案，并指导读者将完成后的文件切片并输出为网页，前景图案包括标牌和分页标志，由于在编辑网页时需要设置分页标志响应鼠标的效果，所以需要对切片产生的图像素材进行编辑。通过本实例的学习，使读者了解使用 Photoshop CS4 绘制图形的方法以及编辑网页素材图像的方法。

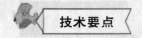

技术要点　在本实例中，首先需要绘制标牌图像，然后使用导入的图像来编辑分页标志，最后设置切片，并将切片后的图案导出为网页，并对网页素材图片进行编辑。图 22-1 所示为本实例完成后的效果。

图 22-1　JKfarm 设计网前景图案

1. 运行 Photoshop CS4，打开实例 21 中保存的文件。
2. 在"图层"调板中单击 ▣"创建新图层"按钮，创建一个新图层——"图层 5"。
3. 右击工具箱中的 ▣"矩形选框工具"下拉按钮，在弹出的下拉按钮中单击 ○"椭圆选框工具"按钮，按住 Shift 键，在如图 22-2 所示的位置绘制一个正圆形选区。

图 22-2　绘制正圆选区

4　单击工具箱中的▭◞"渐变工具"按钮，在"属性"栏中激活▭◞"径向渐变"按钮，然后单击"点按可编辑渐变"显示窗，打开"渐变编辑器"对话框。在该对话框中设置渐变颜色由浅绿色（R：195、G：215、B：135）到深绿色（R：120、G：160、B：40）过渡，如图 22-3 所示。

5　参照图 22-4 所示来设置一个圆形选区的渐变色，然后按下键盘上的 Ctrl+D 组合键，取消选区。

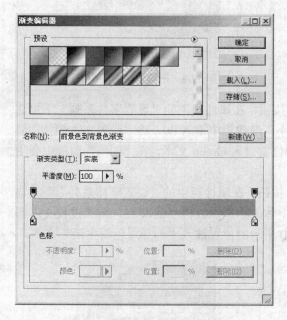

图 22-3　"渐变编辑器"对话框

图 22-4　设置圆形选区的渐变色

6　使用工具箱中的○ "椭圆选框工具"，在如图 22-5 所示的位置绘制一个圆形选区。

7　在菜单栏执行"图像"/"调整"/"亮度/对比度"命令，打开"亮度/对比度"对话框。在"亮度"参数栏中键入-12，如图 22-6 所示，单击"确定"按钮，退出该对话框。然后按下键盘上的 Ctrl+D 组合键，取消选区。

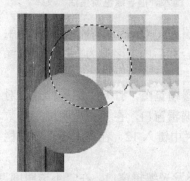

图 22-5　绘制圆形选区

图 22-6　"亮度/对比度"对话框

8　使用工具箱中的○ "椭圆选框工具"，按住 Shift 键，在如图 22-7 所示的位置绘制一个正圆形选区。

9　按下键盘上的 Delete 键，删除选区内的图像，如图 22-8 所示，然后按下键盘上的

Ctrl+D 组合键，取消选区。

图 22-7　绘制圆形选区

图 22-8　删除选区内的图像

⑩ 单击工具箱中的 T，"横排文字工具"按钮，在属性栏中的"设置字体系列"下拉选项栏中选择 Cooper Std 选项，在"设置字体大小"参数栏中键入 30，将"设置文本颜色"显示窗中的颜色设置为白色，在如图 22-9 所示的位置键入 Green 文本，在"图层"调板中会生成 Green 层。

⑪ 单击工具箱中的 T，"横排文字工具"按钮，在属性栏中的"设置字体系列"下拉选项栏中选择"仿宋_GB2312"选项，在"设置字体大小"参数栏中键入 15，将"设置文本颜色"显示窗中的颜色设置为白色，在如图 22-10 所示的位置键入"倡导绿色新生活"文本。

图 22-9　键入文本

图 22-10　键入"倡导绿色新生活"文本

⑫ 按住键盘上的 Ctrl 键，在"图层"调板中选择"图层 5"、Green 和"倡导绿色新生活"三个层，在键盘上按下 Ctrl+E 组合键，将所选层合并，合并后的层名称为——"倡导绿色新生活"。

⑬ 在"图层"调板中双击"倡导绿色新生活"层的图层缩览图，打开"图层样式"对话框。选择"样式"选项组中的"投影"复选框，进入投影编辑窗口，在"不透明度"参数栏中键入 30，在"距离"参数栏中键入 5，在"扩展"参数栏中键入 12，在"大小"参数栏中键入 16，如图 22-11 所示。

⑭ 选择"样式"选项组中的"外发光"复选框，进入外发光编辑窗口，在"不透明度"参数栏中键入 75，在"扩展"参数栏中键入 2，在"大小"参数栏中键入 2，如图 22-12 所示。

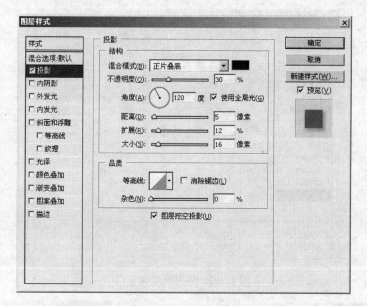

图 22-11 投影编辑窗口

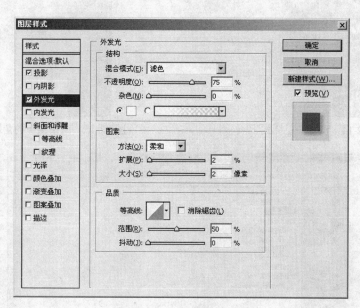

图 22-12 外发光编辑窗口

⑮ 选择"样式"选项组中的"描边"复选框,进入外发光编辑窗口,在"大小"参数栏中键入 2,在"位置"下拉选项栏中选择"内部"选项,设置"颜色"显示窗中的颜色为白色,如图 22-13 所示,单击"确定"按钮,退出"图层样式"对话框。

⑯ 编辑后的图层效果如图 22-14 所示。

⑰ 按下键盘上的 Ctrl+T 组合键,打开自由变换框,然后参照图 22-15 所示调整图像的角度和位置。

⑱ 在菜单栏执行"文件"/"打开"命令,打开"打开"对话框。从该对话框中选择本书附带光盘中的"设计网站/实例 21~25:JKfarm 设计网/绳索.tif"文件,如图 22-16 所示,单击"打开"按钮,打开该文件。

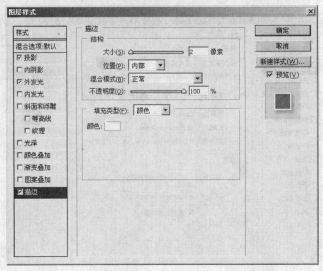

图 22-13　外发光编辑窗口

图 22-14　设置图层样式

图 22-15　调整图像的角度和位置

图 22-16　"打开"对话框

19 确定"绳索.tif"处于可编辑状态,按下键盘上的 Ctrl+A 组合键,全选图像,然后按下键盘上的 Ctrl+C 组合键,复制图层。

20 确定"JKfarm 设计网"文件处于可编辑状态,按下键盘上的 Ctrl+V 组合键,粘贴图像,这时在"图层"调板中会生成一个新的图层——"图层 5"。

21 将"图层 5"移动至如图 22-17 所示的位置。

22 单击工具箱中的 ⚲ "多边形套索工具"按钮,在如图 22-18 所示的位置绘制一个选区。

23 按下键盘上的 Delete 键,删除选区内的图像,如图 22-19 所示,然后按下键盘上的 Ctrl+D 组合键,取消选区。

图 22-17 移动图层

图 22-18 绘制选区

图 22-19 删除选区内的图像

24 在"图层"调板中双击"图层 5"的图层缩览图,打开"图层样式"对话框。选择"样式"选项组中的"投影"复选框,进入投影编辑窗口,在"不透明度"参数栏中键入 50,在"距离"参数栏中键入 5,在"扩展"参数栏中键入 0,在"大小"参数栏中键入 5,如图 22-20 所示,单击"确定"按钮,退出"图层样式"对话框。

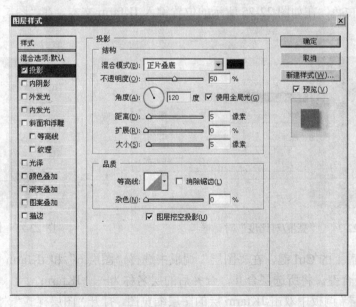
图 22-20 投影编辑窗口

25 在"图层"调板中单击 🗅 "创建新图层"按钮,创建一个新图层——"图层 6"。

26 使用工具箱中的 ○ "椭圆选框工具",按住 Shift 键,在如图 22-21 所示的位置绘制一个正圆形选区。

27 单击工具箱中的 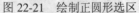 "渐变工具" 按钮，在 "属性" 栏中激活 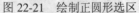 "径向渐变" 按钮，然后单击 "点按可编辑渐变" 显示窗，打开 "渐变编辑器" 对话框。在该对话框中设置渐变颜色由浅绿色（R：195、G：215、B：135）到深绿色（R：120、G：160、B：40）过渡，并参照图 22-22 所示来设置圆形选区的渐变色，然后按下键盘上的 Ctrl+D 组合键，取消选区。

28 使用工具箱中的 ○ "椭圆选框工具"，在如图 22-23 所示的位置绘制一个圆形选区。

图 22-21　绘制正圆形选区

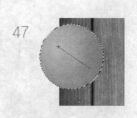

图 22-22　设置渐变色

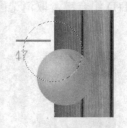

图 22-23　绘制圆形选区

29 在菜单栏执行 "选择" / "反向" 命令，反选选区，在菜单栏执行 "图像" / "调整" / "亮度/对比度" 命令，打开 "亮度/对比度" 对话框。在 "亮度" 参数栏中键入-20，如图 22-24 所示，单击 "确定" 按钮，退出该对话框。然后按下键盘上的 Ctrl+D 组合键，取消选区。

30 单击工具箱中的 T, "横排文字工具" 按钮，在属性栏中的 "设置字体系列" 下拉选项栏中选择 Arial 选项，在 "设置字体大小" 参数栏中键入 20，将 "设置文本颜色" 显示窗中的颜色设置为白色，在如图 22-25 所示的位置键入 JKfarm 文本，在 "图层" 调板中会生成 JKfarm 层。

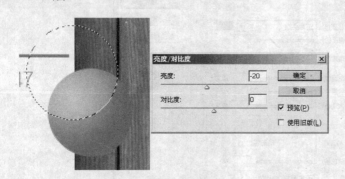

图 22-24　"亮度/对比度" 对话框

图 22-25　键入文本

31 按住键盘上的 Ctrl 键，在 "图层" 调板中选择 "图层 6" 和 JKfarm 两个层，在键盘上按下 Ctrl+E 组合键，将所选层合并，合并后的层名称为——JKfarm。

32 在 "图层" 调板中双击 JKfarm 层的图层缩览图，打开 "图层样式" 对话框。选择 "样式" 选项组中的 "投影" 复选框，进入投影编辑窗口，在 "不透明度" 参数栏中键入 30，在 "距离" 参数栏中键入 5，在 "扩展" 参数栏中键入 12，在 "大小" 参数栏中键入 16，如图 22-26 所示。

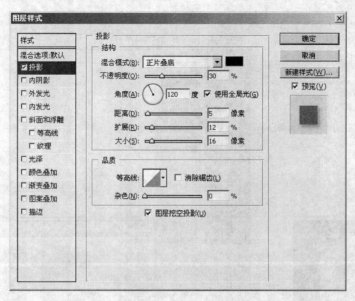

图 22-26 投影编辑窗口

33 选择"样式"选项组中的"外发光"复选框，进入外发光编辑窗口，在"不透明度"参数栏中键入 75，在"扩展"参数栏中键入 2，在"大小"参数栏中键入 2，如图 22-27 所示。单击"确定"按钮，退出该对话框。

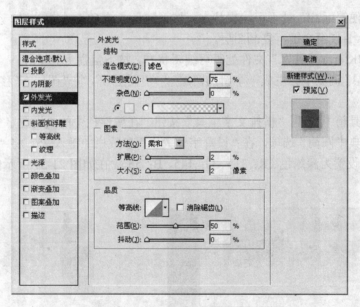

图 22-27 外发光编辑窗口

34 按下键盘上的 Ctrl+T 组合键，打开自由变换框，然后参照图 22-28 所示调整图像的角度和位置。

35 绘制分页标志。在菜单栏执行"文件"/"打开"命令，打开"打开"对话框，从该对话框中选择本书附带光盘中的"设计网站/实例 21~25：JKfarm 设计网/便签纸.tif"文件，如图 22-29 所示，单击"打开"按钮，打开该文件。

图 22-28　调整图像的角度和位置　　　　　　　图 22-29　"打开"对话框

36 确定"便签纸.tif"处于可编辑状态，按下键盘上的 Ctrl+A 组合键，全选图像，然后按下键盘上的 Ctrl+C 组合键，复制图层。

37 确定"JKfarm 设计网"文件处于可编辑状态，按下键盘上的 Ctrl+V 组合键，粘贴图像，这时在"图层"调板中会生成一个新的图层——"图层 6"，将"图层 6"移动至如图 22-30 所示的位置。

38 单击工具箱中的 **T** "横排文字工具"按钮，在属性栏中的"设置字体系列"下拉选项栏中选择"经典中圆简"选项，在"设置字体大小"参数栏中键入 25，将"设置文本颜色"显示窗中的颜色设置为深绿色（R：115、G：145、B：55），在如图 21-31 所示的位置键入"首页"文本。

图 22-30　移动图层　　　　　　　　　　　图 22-31　键入文本

39 按住键盘上的 Ctrl 键，在"图层"调板中选择"图层 6"和"首页"两个层，在键盘上按下 Ctrl+E 组合键，将所选层合并，合并后的层名称为——"首页"。

40 使用同样的方法，编辑"作品展示"、"设计理念"和"联系我们"3 个层，如图 22-32 所示。

41 编辑"首页"、"作品展示"、"设计理念"、"联系我们"4 个层的大小、角度和位置，效果如图 22-33 所示。

图 22-32　创建新图层　　　　　　　　　　　　图 22-33　编辑图层

42 设置网页的切片效果。在工具箱中单击 ⛏ "裁剪工具"下拉按钮下的 ✂ "切片工具"按钮，然后参照图 22-34 所示绘制切片框。

图 22-34　绘制切片框

43 在菜单栏执行"文件"/"存储为 Web 和设备所用格式"命令，打开"存储为 Web 和设备所用格式"对话框，如图 22-35 所示。

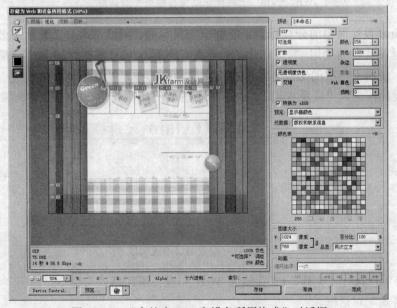

图 22-35　"存储为 Web 和设备所用格式"对话框

44 在“存储为 Web 和设备所用格式”对话框中单击“存储”按钮，打开“将优化结果存储为”对话框。在“保存在”下拉选项栏中选择文件保存的路径，在“文件名”文本框中键入“JKfarm 设计网素材”，在“保存类型”下拉选项栏中选择“HTML 和图像（*html）”选项，如图 22-36 所示，然后单击“保存”按钮，退出该对话框。

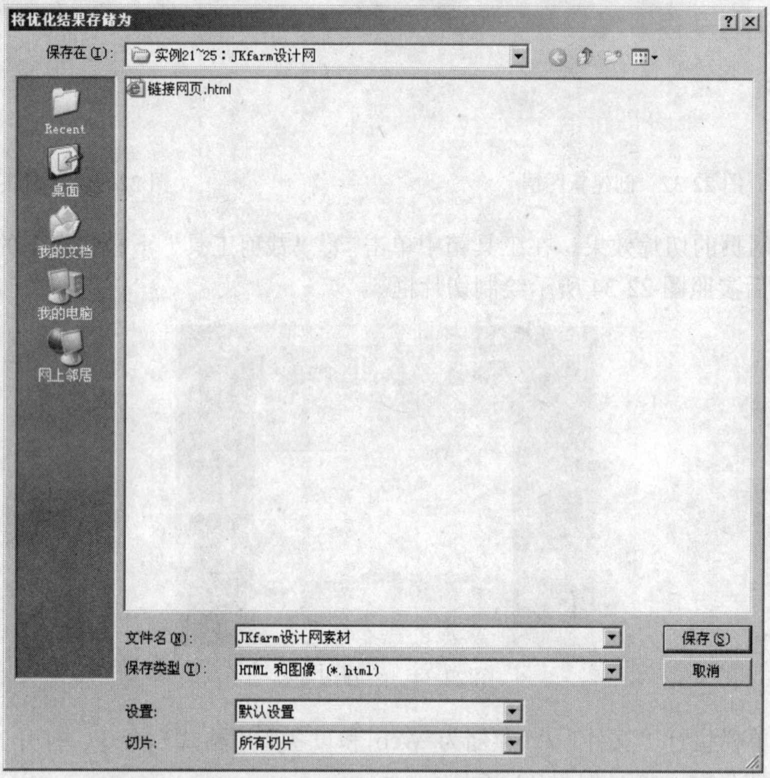

图 22-36 “将优化结果存储为”对话框

45 JKfarm 设计网中的分页标志是能够响应鼠标的，所以每个分页素材需要准备两张相同尺寸的素材图片，而使用“切片工具”编辑的图像尺寸随机性较强，最简单的方法是编辑完成后，使用上一次的切片方式再次将文件导出。在“图层”调板中设置“首页”、“作品展示”、“设计理念”、“联系我们”4 个层的不透明度参数均为 50%，效果如图 22-37 所示。

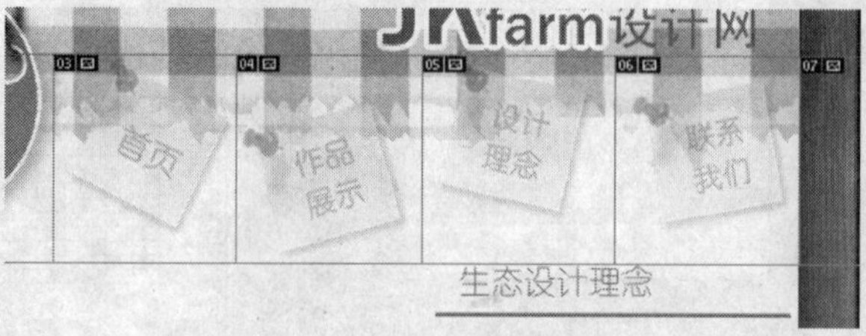

图 22-37 设置图层不透明度

46 在菜单栏执行“文件”/“存储为 Web 和设备所用格式”命令，打开“存储为 Web 和设备所用格式”对话框。

47 在“存储为 Web 和设备所用格式”对话框中单击“存储”按钮，打开“将优化结果存储为"对话框。在"保存在"下拉选项栏中选择文件保存的路径，在"文件名"文本框中键入"JKfarm 设计网分页素材"文本，在"保存类型"下拉选项栏中选择"HTML 和图像（*html）"选项，如图 22-38 所示，然后单击"保存"按钮，退出该对话框。

图 22-38　"将优化结果存储为"对话框

48　现在 JKfarm 设计网的图像素材制作就全部完成了，完成后的效果如图 22-39 所示。如果读者在制作过程中遇到了什么问题，可以打开本书附带光盘中的"设计网站/实例 21~25：JKfarm 设计网/JKfarm 设计网.psd"文件，该文件为本实例完成后的文件。

图 22-39　JKfarm 设计网前景图案

实例 23   制作电话动画

实例说明

使用 Photoshop CS4 中的动画相关工具，能够设置 gif 格式的动画，由于 gif 格式动画占用空间较小，因此常被用于网络中，在本实例中，将指导读者设置电话符号的动画效果。通过本实例的学习，使读者了解在 Photoshop CS4 中设置 gif 格式动画的方法。

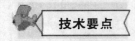
技术要点

在本实例中，首先打开电话的素材文件，然后在"动画（帧）"调板中设置动画效果，最后将动画输出。图 23-1 所示为动画截图。

图 23-1   电话动画

1 运行 Photoshop CS4，打开本书附带光盘中的"设计网站/实例 21~25：JKfarm 设计网/电话.psd"文件，如图 23-2 所示。

2 在"图层"调板中选择"图层 1"，按下键盘上的 Ctrl+J 组合键，生成"图层 1 副本"，如图 23-3 所示。

图 23-2   "电话.psd"文件

图 23-3   "图层"调板

3 在"图层"调板中选择"图层 1 副本"，按下键盘上的 Ctrl+T 组合键，打开自由变换框，然后参照图 23-4 所示来调整图像的角度和位置。

4 确定"图层 1 副本"仍处于可编辑状态，按下键盘上的 Ctrl+J 组合键，生成"图层 1 副本 2"，如图 23-5 所示。

5 在"图层"调板中选择"图层 1 副本 2"，按下键盘上的 Ctrl+T 组合键，打开自由变换框，然后参照图 23-6 所示来调整图像的角度和位置。

图 23-4 调整图像的角度和位置

图 23-5 创建新图层

6 在"图层"调板中单击"图层 1 副本"和"图层 1 副本 2"左侧的 "指示图层可见性"按钮，将这两个图层隐藏，如图 23-7 所示。

图 23-6 调整图像的角度和位置

图 23-7 隐藏图层

7 在菜单栏执行"窗口"/"动画"命令，打开"动画（时间轴）"调板，如图 23-8 所示。

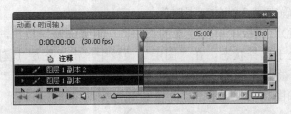

图 23-8 "动画（时间轴）"调板

8 在"动画（时间轴）"调板中单击 "转换为帧动画"按钮，进入"动画（帧）"调板，如图 23-9 所示。

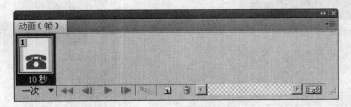

图 23-9 "动画（帧）"调板

9 在"动画（帧）"调板中单击第 1 帧底部的"10 秒"按钮，在弹出的快捷菜单中选择"0.1 秒"选项，以确定第 1 帧的延迟时间，如图 23-10 所示。

10 在"动画（帧）"调板中单击底部的 "复制所选帧"按钮，创建第 2 帧。

11 确定第 2 帧处于选择状态，在"图层"调板中单击"图层 1"左侧的 "指示图层可见性"按钮，将该图层隐藏，单击"图层 1 副本"左侧的 "指示图层可见性"按钮，将该图层显示，如图 23-11 所示。

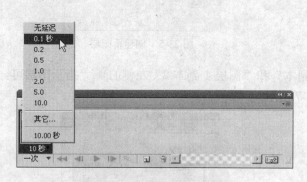

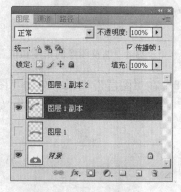

图 23-10　选择"0.1 秒"选项　　　　　　　图 23-11　编辑图层

12 在"动画（帧）"调板中单击第 2 帧底部的"0.1 秒"按钮，在弹出的快捷菜单中选择 0.2 选项，以确定第 2 帧的延迟时间。

13 在"动画（帧）"调板中单击底部的 "复制所选帧"按钮，创建第 3 帧。

14 确定第 3 帧处于选择状态，在"图层"调板中单击"图层 1 副本"左侧的 "指示图层可见性"按钮，将该图层隐藏，单击"图层 1 副本 2"左侧的 "指示图层可见性"按钮，将该图层显示，如图 23-12 所示。

15 在"动画（帧）"调板中单击第 3 帧底部的"0.2 秒"按钮，在弹出的快捷菜单中选择"0.1 秒"选项，以确定第 3 帧的延迟时间。

16 在"动画（帧）"调板中单击底部的 "复制所选帧"按钮，创建第 4 帧。

17 确定第 4 帧处于选择状态，在"图层"调板中单击"图层 1 副本 2"左侧的 "指示图层可见性"按钮，将该图层隐藏，单击"图层 1 副本"左侧的 "指示图层可见性"按钮，将该图层显示，如图 23-13 所示。

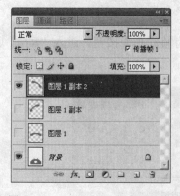

图 23-12　显示"图层 1 副本 2"　　　　　　图 23-13　显示"图层 1 副本"

18 在"动画（帧）"调板中单击底部的 🔲 "复制所选帧"按钮，创建第 5 帧。

19 确定第 5 帧处于选择状态，在"图层"调板中单击"图层 1 副本"左侧的 👁 "指示图层可见性"按钮，将该图层隐藏，单击"图层 1 副本 2"左侧的 🔲 "指示图层可见性"按钮，将该图层显示。

20 在"动画（帧）"调板中单击第 5 帧底部的"0.1 秒"按钮，在弹出的快捷菜单中选择 0.2 选项，以确定第 5 帧的延迟时间。

21 在"动画（帧）"调板中单击底部的 🔲 "复制所选帧"按钮，创建第 6 帧。

22 确定第 6 帧处于选择状态，在"图层"调板中单击"图层 1 副本 2"左侧的 👁 "指示图层可见性"按钮，将该图层隐藏，单击"图层 1"左侧的 🔲 "指示图层可见性"按钮，将该图层显示，如图 23-14 所示。

23 在"动画（帧）"调板中单击第 6 帧底部的"0.2 秒"按钮，在弹出的快捷菜单中选择"0.1 秒"选项，以确定第 6 帧的延迟时间。当前"动画（帧）"调板显示如图 23-15 所示。

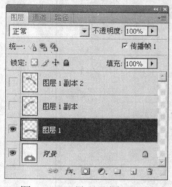

图 23-14 显示"图层 1"

图 23-15 "动画（帧）"调板

24 在菜单栏执行"文件"/"存储为 Web 和设备所用格式"命令，打开"存储为 Web 和设备所用格式"对话框，如图 23-16 所示，单击"存储"按钮，退出该对话框。

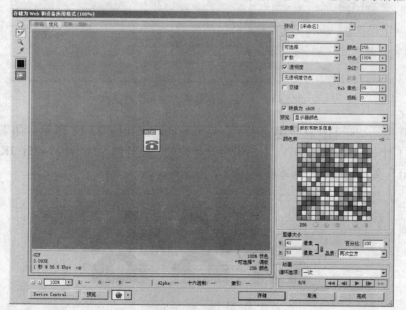

图 23-16 "存储为 Web 和设备所用格式"对话框

25 退出"存储为 Web 和设备所用格式"对话框后，打开"将优化结果存储为"对话框。在该对话框的"文件名"文本框中键入"电话动画"，在"保存类型"下拉列表框中选择"仅限图像（*.gif）"选项，然后设置文件的保存路径，如图 23-17 所示，最后单击"保存"按钮，退出该对话框。

只有使用导出的方式才能存储 gif 格式的动画，如果直接将 psd 文件另存为 gif 格式的文件，存储的文件没有动画效果。

注意

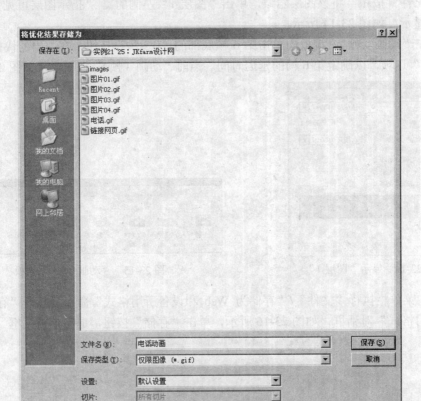

图 23-17　"将优化结果存储为"对话框

26 现在电话动画制作就全部完成了，完成后的效果如图 23-18 所示。如果读者在制作过程中遇到了什么问题，可以打开本书附带光盘中的"设计网站/实例 21~25：JKfarm 设计网/电话动画.gif"文件，该文件为本实例完成后的文件。

图 23-18　电话动画

实例 24 制作网址动画

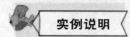

实例说明　在本实例中，将指导读者在 Flash CS4 中设置网址动画，网址动画为网址的每个字母逐一跳动。通过本实例的学习，使读者了解在 Flash CS4 中制作文本动画的方法。

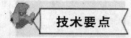

技术要点　在实例中，首先需要导入切片产生的图像作为背景，输入文本，将文本分离并分散到图层，然后逐一设置文本动画。图 24-1 所示为本实例在不同帧的显示效果。

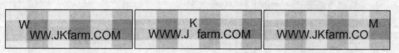

图 24-1　网址动画

1　运行 Flash CS4，在菜单栏执行"文件" / "新建"命令，打开"新建文档"对话框。在该对话框中的"常规"面板中，选择"Flash 文件（ActionScript 2.0）"选项，如图 24-2 所示，单击"确定"按钮，退出该对话框，创建一个新的 Flash 文档。

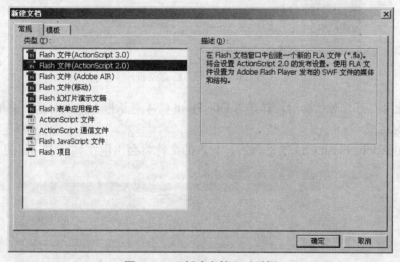

图 24-2　"新建文档"对话框

2　单击"属性"面板中的"属性"卷展栏内的"文档属性"按钮，打开"文档属性"对话框。在"尺寸"右侧的"宽"参数栏中键入 1024，在"高"参数栏中键入 60，设置背景颜色为白色，设置帧频为 24，标尺单位为"像素"，如图 24-3 所示，单击"确定"按钮，退出该对话框。

3　在菜单栏执行"文件" / "导入" / "导入到舞台"命令，打开"导入"对话框。从该对话框中选择本书附带光盘中的"设计网站/实例 21~25：JKfarm 设计网/images/JKfarm 设计网素材_09.gif"文件，如图 24-4 所示，单击"打开"按钮，退出该对话框。

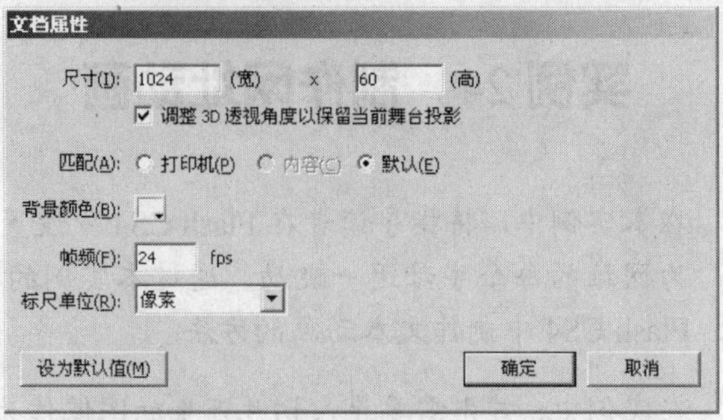

图 24-3　"文档属性"对话框

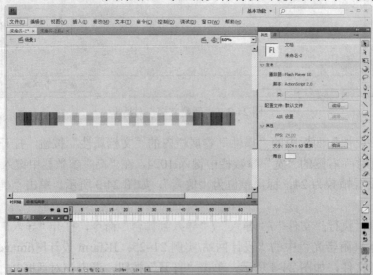

图 24-4　"导入"对话框

4 退出"打开"对话框后，打开 Adobe Flash CS4 对话框，在该对话框中单击"否"按钮，退出该对话框。

5 退出 Adobe Flash CS4 对话框后，导入的文件将会出现在舞台中，如图 24-5 所示。

图 24-5　将文件导入到舞台

6 在"时间轴"面板中选择"图层 1"内的第 84 帧，按下键盘上的 F5 键，插入帧，如图 24-6 所示，使该图层内的图像在第 1~84 帧之间显示。

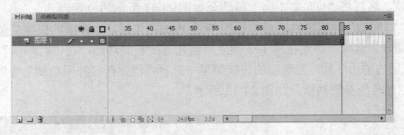

图 24-6 插入帧

7 在工具箱中选择 **T** "文本工具"，在"属性"面板中的"字符"卷展栏内的"系列"下拉选项栏中选择 Arial 选项，在"大小"参数栏中键入 18，将"文本填充颜色"设置为黑色，在如图 24-7 所示的位置键入"WWW.JKfarm.COM"文本。

图 24-7 键入文本

8 右击新键入的文本，在弹出的快捷菜单中选择"分离"选项，将文本分离，如图 24-8 所示。

9 确定分离后的文本均处于被选择状态，右击文本，在弹出的快捷菜单中选择"分散到图层"选项，将文本分散到不同的图层，"时间轴"面板中的显示如图 24-9 所示。

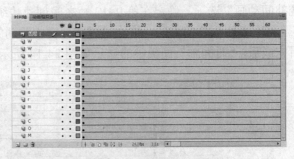

图 24-8 分离文本　　　　　　　　　　图 24-9 "时间轴"面板

10 在"时间轴"面板中将"图层 1"拖动至最底层，如图 24-10 所示。

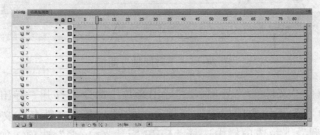

图 24-10 编辑图层顺序

11 在"时间轴"面板中选择最顶层的 W 层内的第 6 帧，按下键盘上的 F6 键，将该帧转换为关键帧。

12 在"时间轴"面板中选择最顶层的 W 层内的第 3 帧,按下键盘上的 F6 键,将该帧转换为关键帧,然后将"w"文本向上移动至如图 24-11 所示的位置。

13 在"时间轴"面板中右击最顶层的 W 层内的第 1 帧,在弹出的快捷菜单中选择"创建传统补间动画"选项,确定在第 1~3 帧之间创建传统补间动画,在"时间轴"面板中右击最顶层的 W 层内的第 3 帧,在弹出的快捷菜单中选择"创建传统补间动画"选项,确定在第 3~6 帧之间创建传统补间动画,如图 24-12 所示。

图 24-11　移动文本位置

图 24-12　创建补间动画

14 按住键盘上的 Ctrl 键,选择第二层 W 层内的第 7 帧和第 12 帧,按下键盘上的 F6 键,将这两个帧转换为关键帧。

15 在"时间轴"面板中选择第二层 W 层内的第 9 帧,按下键盘上的 F6 键,将该帧转换为关键帧,然后将"W"文本向上移动至如图 24-13 所示的位置。

图 24-13　编辑文本位置

16 在"时间轴"面板中右击第二层的 W 层内的第 7 帧,在弹出的快捷菜单中选择"创建传统补间动画"选项,确定在第 7~9 帧之间创建传统补间动画,在"时间轴"面板中右击第二层的 W 层内的第 9 帧,在弹出的快捷菜单中选择"创建传统补间动画"选项,确定在第 9~12 帧之间创建传统补间动画。

17 使用同样的方法,依次设置其他文本跳动的动画,每个文本的动画间隔为 6 帧。编辑完成后,"时间轴"面板中的显示如图 24-14 所示。

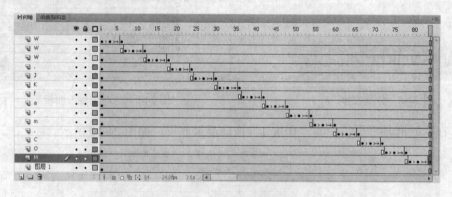

图 24-14　"时间轴"面板

18 在菜单栏执行"文件"/"导出"/"导出影片"命令,打开"导出影片"对话框。在该对话框中的"保存在"下拉选项栏中选择保存的路径,在"文件名"文本框中键入"网址动画",在"保存类型"下拉选项栏中选择"SWF 影片（*swf）"选项,如图 24-15 所示,单击"保存"按钮,退出该对话框,导出影片。

图 24-15 "导出影片"对话框

18 现在本实例就全部完成了，如图 24-16 所示为本实例在不同帧的显示效果。如果读者在制作过程中遇到了什么问题，可以打开本书附带光盘中的"设计网站/实例 21~25：JKfarm 设计网/网址动画.fla"文件，该实例为完成后的文件。

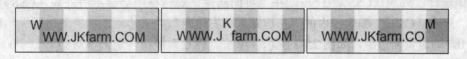

图 24-16 网址动画

实例 25 制作 JKfarm 设计网网页

在本实例中，将指导读者使用前面实例中制作的素材，在 Dreamweaver CS4 中制作 JKfarm 设计网网页，在本网页中使用了 gif 格式动画、swf 影片剪辑等素材。通过本实例的学习，使读者了解使用 Dreamweaver CS4 编辑网页的方法。

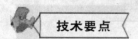

在本实例中，首先需要将网页中使用的素材导入到本地站点，然后设置页面属性，并插入表格，在单元格中导入素材，最后创建 AP Div，设置 AP Div 中的文本和图像互动效果。图 25-1 为 JKfarm 设计网完成后的效果。

1 首先将本书附带光盘中的"设计网站/实例 21~25：JKfarm 设计网"文件夹复制到本地站点路径内。

2 运行 Dreamweaver CS4，单击起始页面的 HTML 选项，创建一个新的 HTML 格式文件，将该文件保存在本地站点路径内，然后将其命名为"JKfarm 设计网"。

图 25-1　JKfarm 设计网

3　单击"属性"面板中的"页面属性"按钮，打开"页面属性"对话框。在"分类"显示窗中选择"外观（CSS）"选项，在"页面属性"对话框中会显示"外观（CSS）"编辑窗，在"外观（CSS）"编辑窗内的"左边距"、"右边距"、"上边距"和"下边距"参数栏中均键入 0，确定页面边距，如图 25-2 所示，单击"确定"按钮，退出该对话框。

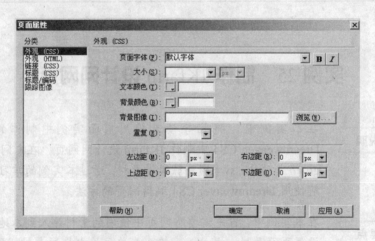

图 25-2　"页面属性"对话框

4　在菜单栏执行"插入"/"表格"命令，打开"表格"对话框。在"行数"参数栏中键入 5，在"列"参数栏中键入 1，在"表格宽度"参数栏中键入 1024，在"边框粗细"、"单元格边距"、"单元格间距"参数栏中均键入 0，如图 25-3 所示，单击"确定"按钮，退出"表格"对话框。

5　退出"表格"对话框后，在页面中会出现一个表格，如图 25-4 所示。

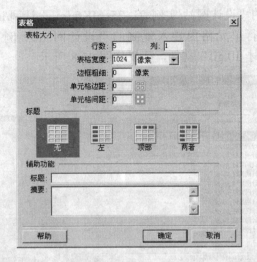

图 25-3 "表格"对话框

6 将光标定位在第二行的单元格内,进入"属性"面板,单击该面板中的 **图** "拆分单元格为行或列"按钮,打开"拆分单元格"对话框。在该对话框中选择"列"单选按钮,并在"列数"参数栏中键入 6,如图 25-5 所示,单击"确定"按钮,退出该对话框。

图 25-4 插入表格

图 25-5 "拆分单元格"对话框

7 拆分后的单元格效果如图 25-6 所示。

图 25-6 拆分单元格

8 将光标定位在第一行的单元格内,执行菜单栏中的"插入"/"图像"命令,打开"选择图像源文件"对话框。从该对话框中选择复制的"设计网站/实例 21~25:JKfarm 设计网/image/JKfarm 设计网素材_01.gif"文件,如图 25-7 所示,单击"确定"按钮,退出该对话框。

9 退出"选择图像源文件"对话框后,打开"图像标签辅助功能属性"对话框,使用默认设置,单击"确定"按钮,退出该对话框,将图像导入到单元格内。

10 在第二行的第一列单元格内导入复制的"设计网站/实例 21~25:JKfarm 设计网/image/JKfarm 设计网素材_02.gif"文件,在第二行的第六列单元格内导入复制的"设计网站/实例 21~25:JKfarm 设计网/image/JKfarm 设计网素材_07.gif"文件,在第三行单元格内导入复制的"设计网站/实例 21~25:JKfarm 设计网/image/JKfarm 设计网素材_08.gif"文件,在第四行单元格内导入复制的"设计网站/实例 21~25：JKfarm 设计网/image/JKfarm 设计网素材_09.gif"文件，在第五行单元格内导入复制的"设计网站/实例 21~25：JKfarm 设计网/image/JKfarm 设计网素材_10.gif"文件，效果如图 25-8 所示。

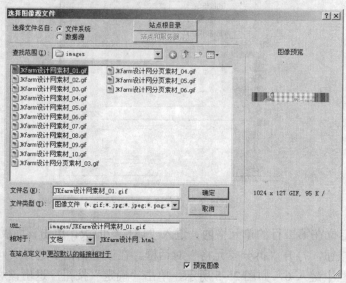

图 25-7　"选择图像源文件"对话框

11 将光标定位在第二行第二列的单元格内，然后单击"常用"工具栏中的 ⬛ ▾ "图像"按钮右侧的 ▾ 按钮，在弹出的下拉按钮内选择 🔳 "鼠标经过图像"选项，打开"插入鼠标经过图像"对话框。

12 在"插入鼠标经过图像"对话框中单击"原始图像"文本框右侧的"浏览"按钮，打开"原始图像"对话框，从该对话框中打开复制的"设计网站/实例 21~25：JKfarm 设计网/image/JKfarm 设计网素材_03.gif"文件。单击"鼠标经过图像"文本框右侧的"浏览"按钮，打开"鼠标经过图像"对话框，从该

图 25-8　在单元格内导入图像

对话框中打开复制的"设计网站/实例 21~25：JKfarm 设计网/image/JKfarm 设计网分页素材_03.gif"文件，如图 25-9 所示，单击"确定"按钮，退出该对话框。

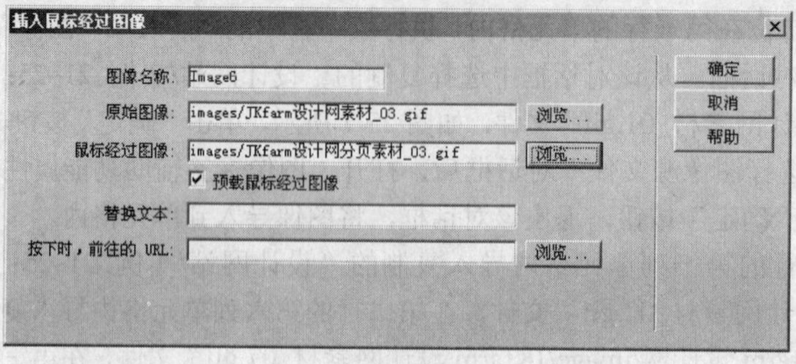

图 25-9　"插入鼠标经过图像"对话框

⓭ 在页面中选择"JKfarm 设计网素材_03.gif"图像，在"属性"面板中单击"链接"文本框右侧的 🗀 "浏览文件"按钮，打开"选择文件"对话框，从该对话框中选择复制的"设计网站/实例 21~25：JKfarm 设计网/链接网页.html"文件，如图 25-10 所示，单击"确定"按钮，退出"选择文件"对话框。

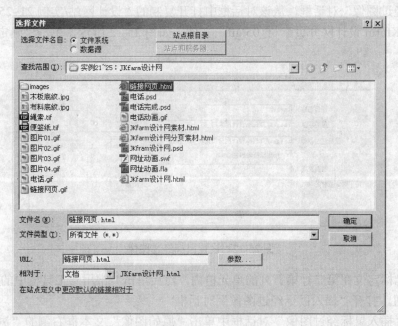

图 25-10　"选择文件"对话框

⓮ 将光标定位在第二行第三列的单元格内，然后单击"常用"工具栏中的 🖳 "鼠标经过图像"按钮，打开"插入鼠标经过图像"对话框。

⓯ 在"插入鼠标经过图像"对话框中单击"原始图像"文本框右侧的"浏览"按钮，打开"原始图像"对话框，从该对话框中打开复制的"设计网站/实例 21~25：JKfarm 设计网/image/JKfarm 设计网素材_04.gif"文件。单击"鼠标经过图像"文本框右侧的"浏览"按钮，打开"鼠标经过图像"对话框，从该对话框中打开复制的"设计网站/实例 21~25：JKfarm 设计网/image/JKfarm 设计网分页素材_04.gif"文件，如图 25-11 所示，单击"确定"按钮，退出该对话框。

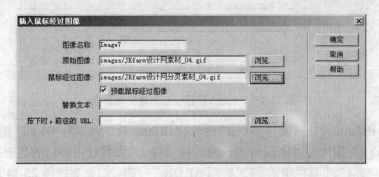

图 25-11　"插入鼠标经过图像"对话框

⓰ 将光标定位在第二行第四列的单元格内，然后单击"常用"工具栏中的 🖳 "鼠标经

过图像"按钮,打开"插入鼠标经过图像"对话框。

17 在"插入鼠标经过图像"对话框中单击"原始图像"文本框右侧的"浏览"按钮,打开"原始图像"对话框,从该对话框中打开复制的"设计网站/实例 21~25:JKfarm 设计网/image/JKfarm 设计网素材_05.gif"文件。单击"鼠标经过图像"文本框右侧的"浏览"按钮,打开"鼠标经过图像"对话框,从该对话框中打开复制的"设计网站/实例 21~25:JKfarm 设计网/image/JKfarm 设计网分页素材_05.gif"文件,如图 25-12 所示,单击"确定"按钮,退出该对话框。

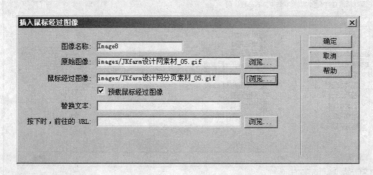

图 25-12　设置鼠标经过图像

18 将光标定位在第二行第五列的单元格内,然后单击"常用"工具栏中的 🔍 "鼠标经过图像"按钮,打开"插入鼠标经过图像"对话框。

19 在"插入鼠标经过图像"对话框中单击"原始图像"文本框右侧的"浏览"按钮,打开"原始图像"对话框,从该对话框中打开复制的"设计网站/实例 21~25:JKfarm 设计网/image/JKfarm 设计网素材_06.gif"文件。单击"鼠标经过图像"文本框右侧的"浏览"按钮,打开"鼠标经过图像"对话框,从该对话框中打开复制的"设计网站/实例 21~25:JKfarm 设计网/image/JKfarm 设计网分页素材_06.gif"文件,如图 25-13 所示,单击"确定"按钮,退出该对话框。

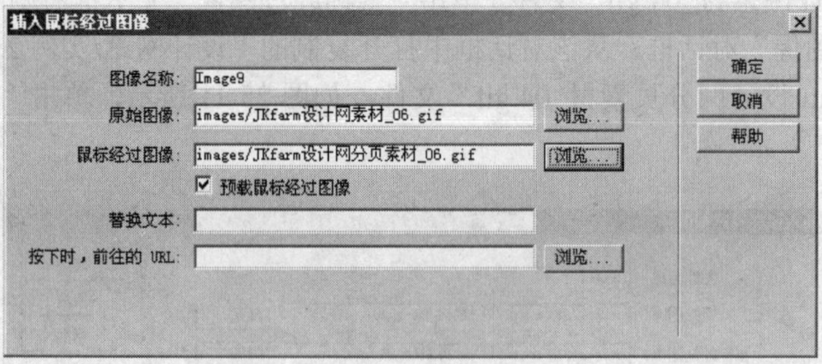

图 25-13　"插入鼠标经过图像"对话框

20 设置"JKfarm 设计网素材_04.gif"图像、"JKfarm 设计网素材_05.gif"图像和"JKfarm 设计网素材_06.gif"图像与"JKfarm 设计网素材_03.gif"图像使用相同的超链接。

21 单击"布局"工具栏中的 🗒 "绘制 AP Div"按钮,然后参照图 25-14 所示在页面右侧绘制一个 AP Div。

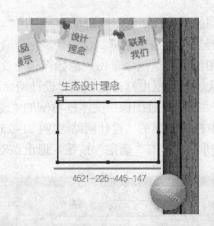

图 25-14 绘制 AP Div

22 在 AP Div 内键入"我们致力于推广和包装绿色生态产品,在食品、能源、建筑等行业,都有我们亲密的合作伙伴,尽我们最大的努力,与您携手,创造更美好的明天!"文本。

23 选择所有文本,在"属性"面板中的"字体"下拉选项栏中选择"经典中圆简"选项,在"大小"参数栏中键入 18,将文本颜色设置为绿色(#690),如图 25-15 所示。

图 25-15 设置文本属性

24 在"布局"工具栏中单击 "绘制 AP Div"按钮,在页面中绘制一个任意 AP Div,选择新绘制的 AP Div,在"属性"面板中的"左"参数栏中键入 580 px,在"上"参数栏中键入 465 px,在"宽"参数栏中键入 41 px,在"高"参数栏中键入 53 px,如图 25-16 所示。

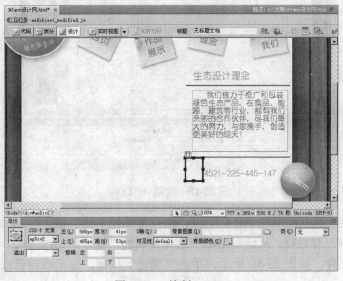

图 25-16 绘制 AP Div

25 将光标定位在新绘制的 AP Div 内，然后单击"常用"工具栏中的 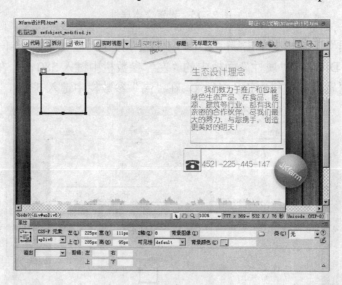 "鼠标经过图像"按钮，打开"插入鼠标经过图像"对话框。

26 在"插入鼠标经过图像"对话框中单击"原始图像"文本框右侧的"浏览"按钮，打开"原始图像"对话框，从该对话框中打开复制的"设计网站/实例 21~25：JKfarm 设计网/image/电话.gif"文件。单击"鼠标经过图像"文本框右侧的"浏览"按钮，打开"鼠标经过图像"对话框，从该对话框中打开复制的"设计网站/实例 21~25：JKfarm 设计网/image/电话动画.gif"文件，如图 25-17 所示，单击"确定"按钮，退出该对话框。

图 25-17　"插入鼠标经过图像"对话框

27 在"布局"工具栏中单击 "绘制 AP Div"按钮，在页面中绘制一个任意 AP Div，选择新绘制的 AP Div，在"属性"面板中的"左"参数栏中键入 225 px，在"上"参数栏中键入 285 px，在"宽"参数栏中键入 111 px，在"高"参数栏中键入 95 px，如图 25-18 所示。

图 25-18　绘制 AP Div

28 将光标定位在新绘制的 AP Div 内，执行菜单栏中的"插入"/"图像"命令，打开"选择图像源文件"对话框。从该对话框中选择复制的"设计网站/实例 21~25：JKfarm 设计网/图片 01.gif"文件，如图 25-19 所示，单击"确定"按钮，退出该对话框。

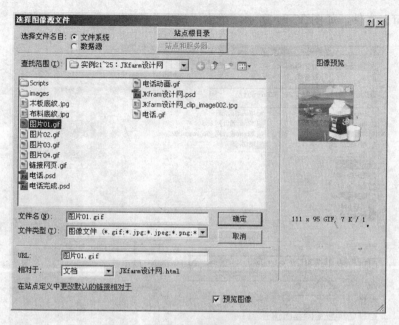

图 25-19 "选择图像源文件"对话框

29 退出"选择图像源文件"对话框后,打开"图像标签辅助功能属性"对话框,使用默认设置,单击"确定"按钮,退出该对话框,将图像导入到 AP Div 内。

30 在"布局"工具栏中单击 "绘制 AP Div"按钮,在页面中绘制一个任意 AP Div,选择新绘制的 AP Div,在"属性"面板中的"左"参数栏中键入 425 px,在"上"参数栏中键入 285 px,在"宽"参数栏中键入 130 px,在"高"参数栏中键入 95 px,如图 25-20 所示。

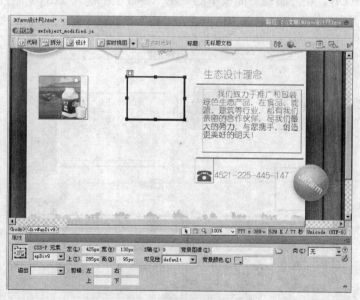

图 25-20 绘制 AP Div

31 将光标定位在新绘制的 AP Div 内,执行菜单栏中的"插入"/"图像"命令,打开"选择图像源文件"对话框。从该对话框中选择复制的"设计网站/实例 21~25:JKfarm 设计网/图片 02.gif"文件，如图 25-21 所示，单击"确定"按钮，退出该对话框。

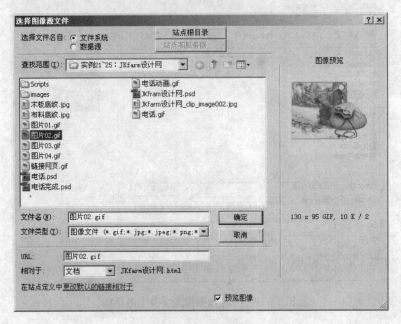

图 25-21　"选择图像源文件"对话框

32 退出"选择图像源文件"对话框后，打开"图像标签辅助功能属性"对话框，使用默认设置，单击"确定"按钮，退出该对话框，将图像导入到 AP Div 内。

33 在"布局"工具栏中单击 "绘制 AP Div"按钮，在页面中绘制一个任意 AP Div，选择新绘制的 AP Div，在"属性"面板中的"左"参数栏中键入 225 px，在"上"参数栏中键入 465 px，在"宽"参数栏中键入 107 px，在"高"参数栏中键入 95 px，如图 25-22 所示。

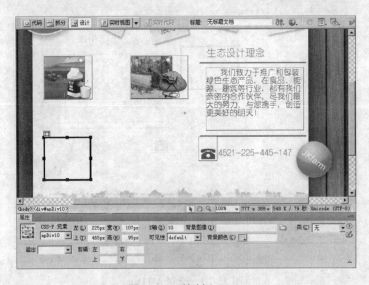

图 25-22　绘制 AP Div

34 将光标定位在新绘制的 AP Div 内，执行菜单栏中的"插入"/"图像"命令，打开"选择图像源文件"对话框。从该对话框中选择复制的"设计网站/实例 21~25：JKfarm 设计网/图片 03.gif"文件, 如图 25-23 所示, 单击"确定"按钮, 退出该对话框。

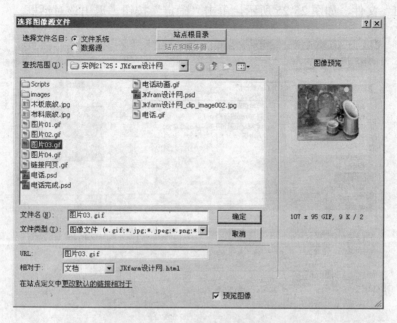

图 25-23 "选择图像源文件"对话框

35 退出"选择图像源文件"对话框后, 打开"图像标签辅助功能属性"对话框, 使用默认设置, 单击"确定"按钮, 退出该对话框, 将图像导入到 AP Div 内。

36 在"布局"工具栏中单击圖"绘制 AP Div"按钮, 在页面中绘制一个任意 AP Div, 选择新绘制的 AP Div, 在"属性"面板中的"左"参数栏中键入 425 px, 在"上"参数栏中键入 465 px, 在"宽"参数栏中键入 114 px, 在"高"参数栏中键入 95 px, 如图 25-24 所示。

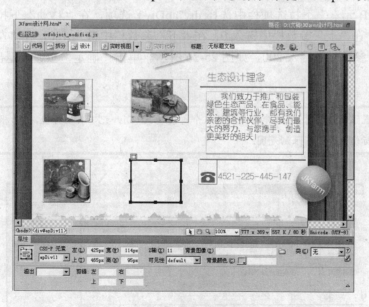

图 25-24 绘制 AP Div

37 将光标定位在新绘制的 AP Div 内, 执行菜单栏中的"插入"/"图像"命令, 打开

"选择图像源文件"对话框。从该对话框中选择复制的"设计网站/实例 21~25：JKfarm 设计网/图片 04.gif"文件，如图 25-25 所示，单击"确定"按钮，退出该对话框。

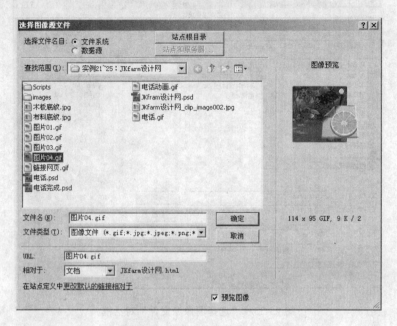

图 25-25　"选择图像源文件"对话框

38 退出"选择图像源文件"对话框后，打开"图像标签辅助功能属性"对话框，使用默认设置，单击"确定"按钮，退出该对话框，将图像导入到 AP Div 内。

39 单击页面左下角的 body 标签，进入"行为"选项卡，单击 **+** "添加行为"按钮，在弹出的快捷菜单中选择"拖动 AP 元素"选项，打开"拖动 AP 元素"对话框。在"基本"选项卡下的"AP 元素"下拉选项栏中选择 div"apDiv3"选项，在"移动"下拉选项栏中选择"限制"选项，在"上"参数栏中键入 0，在"下"参数栏中键入 180，在"左"参数栏中键入 0，在"右"参数栏中键入 200，如图 25-26 所示。单击"确定"按钮，退出该对话框。

提示

在设置限制范围时，可以先在桌面的 4 个角绘制 AP Div，记下其坐标值，然后根据当前 AP Div 的坐标值计算出其限制范围。

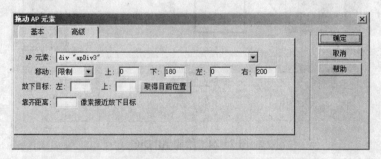

图 25-26　"拖动 AP 元素"对话框

40 在页面空白处单击鼠标，然后单击页面左下角的 body 标签，进入"行为"选项卡，单击 **+.** "添加行为"按钮，在弹出的快捷菜单中选择"拖动 AP 元素"选项，打开"拖动 AP 元素"对话框，在"基本"选项卡下的"AP 元素"下拉选项栏中选择 div"apDiv4"选项，在"移动"下拉选项栏中选择"限制"选项，在"上"参数栏中键入 0，在"下"参数栏中键入 180，在"左"参数栏中键入 200，在"右"参数栏中键入 0，如图 25-27 所示。单击"确定"按钮，退出该对话框。

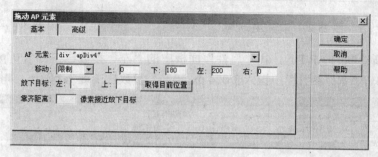

图 25-27　编辑 AP 元素

41 在页面空白处单击鼠标，然后单击页面左下角的 body 标签，进入"行为"选项卡，单击 **+.** "添加行为"按钮，在弹出的快捷菜单中选择"拖动 AP 元素"选项，打开"拖动 AP 元素"对话框，在"基本"选项卡下的"AP 元素"下拉选项栏中选择 div"pDiv5"选项，在"移动"下拉选项栏中选择"限制"选项，在"上"参数栏中键入 180，在"下"参数栏中键入 0，在"左"参数栏中键入 0，在"右"参数栏中键入 200，如图 25-28 所示。单击"确定"按钮，退出该对话框。

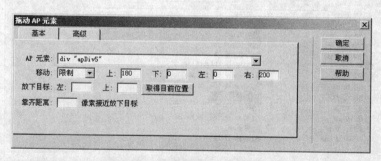

图 25-28　"拖动 AP 元素"对话框

42 在页面空白处单击鼠标，然后单击页面左下角的 body 标签，进入"行为"选项卡，单击 **+.** "添加行为"按钮，在弹出的快捷菜单中选择"拖动 AP 元素"选项，打开"拖动 AP 元素"对话框，在"基本"选项卡下的"AP 元素"下拉选项栏中选择 div"apDiv6"选项，在"移动"下拉选项栏中选择"限制"选项，在"上"参数栏中键入 180，在"下"参数栏中键入 0，在"左"参数栏中键入 200，在"右"参数栏中键入 0，如图 25-29 所示。单击"确定"按钮，退出该对话框。

43 导入网址动画。单击"布局"工具栏中的 **目** "绘制 AP Div"按钮，然后参照图 25-30 所示绘制一个 AP Div。

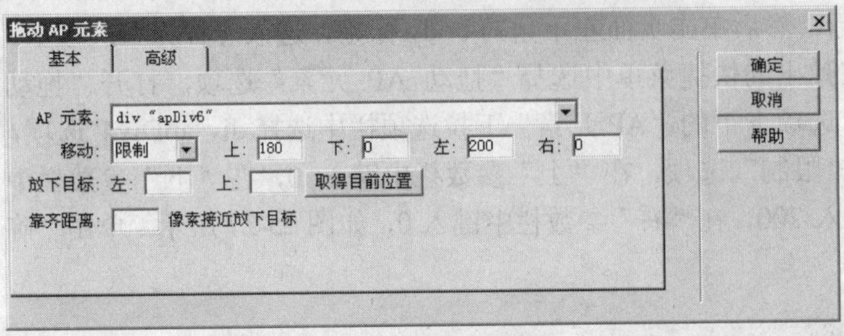

图 25-29　编辑 AP 元素

图 25-30　绘制 AP Div

44 选择新绘制的 AP Div，在"属性"面板中的"左"参数栏中键入 0 px，"上"参数栏中键入 610 px，"宽"参数栏中键入 1 024 px，"高"参数栏中键入 60 px，如图 25-31 所示。

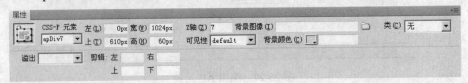

图 25-31　"属性"面板

45 将光标定位在新绘制的 AP Div 内，单击"常用"工具栏中的 🔳 "媒体：SWF"按钮，打开"选择文件"对话框。从该对话框中选择复制的"设计网站/实例 21~25：JKfarm 设计网/网址动画.swf"文件，如图 25-32 所示，然后单击"打开"按钮，退出该对话框。

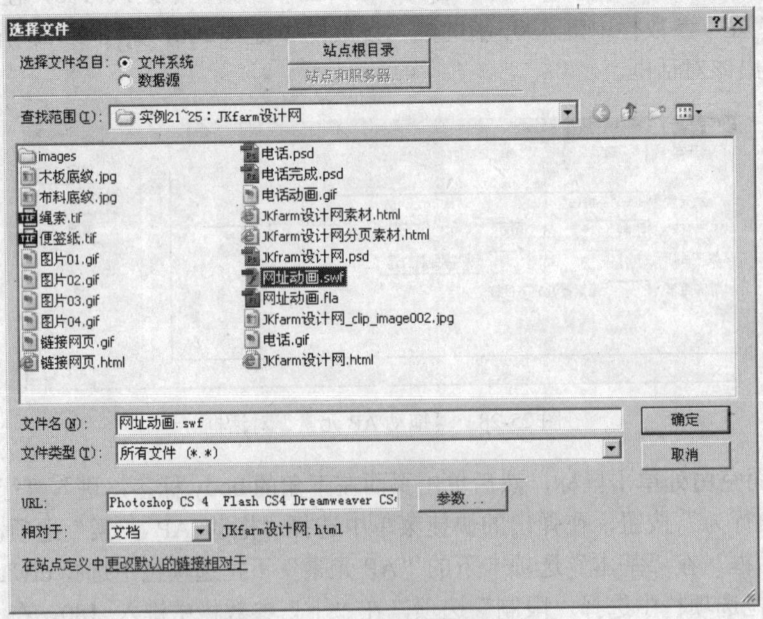

图 25-32　"选择文件"对话框

46 按下键盘上的 F12 键，预览网页，读者可以通过单击分页标志图像，观看超链接网页，网页左侧的 4 张图片可以在一定范围内移动，电话标志有互动动画，网址有动画效果。

47 现在本实例就全部完成了，如图 25-33 所示为本实例完成后的效果。如果读者在制作过程中遇到了什么问题，可以打开本书附带光盘中的"设计网站/实例 21~25：JKfarm 设计网/JKfarm 设计网.html"文件，该文件为本实例完成后的文件。

图 25-33　JKfarm 设计网

二、太阳谷设计网

　　太阳谷设计网为一个综合性设计公司的网站，该公司业务范围包括平面设计、建筑设计、影视后期等，完成后的网页分为三个大区域，分别以浅黄、黑和白色作为背景色，通过添加图像和动画使三部分很好地融合在一起，当网页打开后，会自动播放背景音乐。网页的制作将分为 5 个实例来完成，在实例 26 中，将使用 Photoshop CS4 来设置网页背景；在实例 27 中，将使用 Photoshop CS4 来设置网页前景，并将网页切片输出；在实例 28 中，将使用 Flash CS4 设置场景动画；在实例 29 中，将使用 Flash CS4 设置标志动画；在实例 25 中，将使用 Dreamweaver CS4 编辑网页，完成太阳谷设计网的制作。下图为太阳谷设计网完成后的效果。

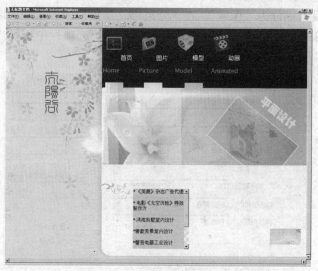

太阳谷设计网完成效果

实例 26　制作太阳谷设计网背景图像

实例说明　在本实例中，将指导读者制作太阳谷设计网背景图像，背景图像主要包括三个大的区域和背景中的花卉图案。通过本实例的学习，使读者了解在 Photoshop CS4 中绘制图形的方法，以及设置滤镜效果的方法。

技术要点　在本实例中，首先创建一个新文件，将其填充为浅黄色，然后使用花卉素材编辑底纹，创建新图层，并绘制图形，完成太阳谷设计网背景图像的制作。图 26-1 所示为本实例完成后的效果。

图 26-1　太阳谷设计网背景图像

1 运行 Photoshop CS4，在菜单栏执行"文件"/"新建"命令，打开"新建"对话框。在"名称"文本框中键入"太阳谷设计网"，在"宽度"参数栏中键入 1024，在"高度"参数栏中键入 768，设置单位为"像素"，在"分辨率"参数栏中键入 72，在"颜色模式"下拉选项栏中选择"RGB 颜色"选项，在"背景内容"下拉选项栏中选择"白色"选项，如图 26-2 所示，单击"确定"按钮，创建一个新文件。

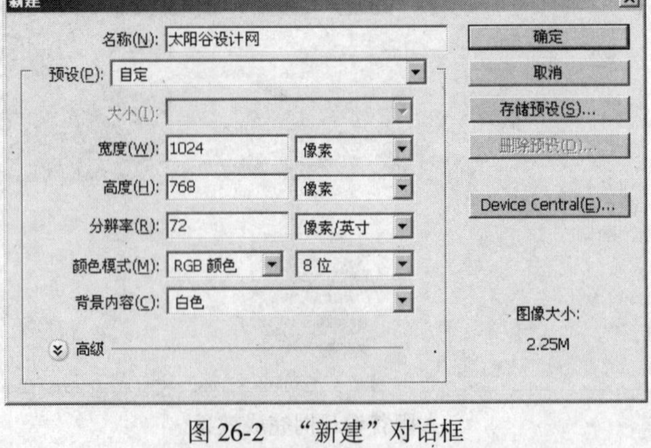

图 26-2　"新建"对话框

2 按下键盘上的 Ctrl+A 组合键，全选图像。然后将前景色设置为浅黄色（R：235、G：225、B：195），按下键盘上的 Alt+Delete 组合键，使用前景色填充选区，如图 26-3 所示。按下键盘上的 Ctrl+D 组合键，取消选区。

图 26-3   填充选区

3 在菜单栏执行"文件"/"打开"命令，打开"打开"对话框。从该对话框中选择本书附带光盘中的"设计网站/实例 26~30：太阳谷设计网/花卉 01.tif"文件，如图 26-4 所示，单击"打开"按钮，打开该文件。

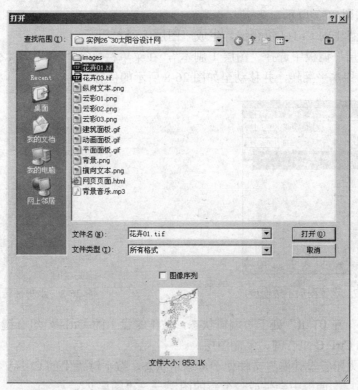

图 26-4   "打开"对话框

4 确定"花卉 01.tif"处于可编辑状态，按下键盘上的 Ctrl+A 组合键，全选图像，然后按下键盘上的 Ctrl+C 组合键，复制图层。

5 确定"太阳谷设计网"文件处于可编辑状态，按下键盘上的 Ctrl+V 组合键，粘贴图像，这时在"图层"调板中会生成一个新的图层——"图层1"。

6 按下键盘上的 Ctrl+T 组合键，打开自由变换框，然后参照图 26-5 所示调整图像尺寸。

7 在菜单栏执行"滤镜"/"模糊"/"高斯模糊"命令，打开"高斯模糊"对话框。在该对话框中的"半径"参数栏中键入 4.0，如图 26-6 所示，单击"确定"按钮，退出该对话框。

图 26-5　调整图像尺寸　　　　　　　　　图 26-6　"高斯模糊"对话框

8 确定"图层 1"仍处于可编辑状态，然后在"图层"调板中的"不透明度"参数栏中键入 60%，如图 26-7 所示。

9 按下键盘上的 Ctrl+J 组合键，生成"图层 1 副本"。

10 在"图层"调板中选择"图层 1 副本"，在菜单栏执行"编辑"/"变换"/"水平翻转"命令，将图像水平翻转，并移动至如图 26-8 所示的位置。

图 26-7　设置图层不透明度　　　　　　　图 26-8　水平翻转图像

11 确定"花卉 01.tif"处于可编辑状态，按下键盘上的 Ctrl+A 组合键，全选图像，然后按下键盘上的 Ctrl+C 组合键，复制图层。

12 确定"太阳谷设计网"文件处于可编辑状态，按下键盘上的 Ctrl+V 组合键，粘贴图像，这时在"图层"调板中会生成一个新的图层——"图层 2"。

13 将"图层 2"移动至如图 26-9 所示的位置。

14 按下键盘上的 Ctrl+J 组合键，生成"图层 2 副本"。

15 在"图层"调板中选择"图层 2 副本"，在菜单栏执行"编辑"/"变换"/"水平翻转"命令，将图像水平翻转，并移动至如图 26-10 所示的位置。

图 26-9 移动图层　　　　　　　　　　图 26-10 水平翻转图像

16 按下键盘上的 Ctrl+J 组合键，生成"图层 2 副本 2"。

17 在"图层"调板中选择"图层 2 副本 2"，在菜单栏执行"编辑"/"变换"/"垂直翻转"命令，将图像垂直翻转，并移动至如图 26-11 所示的位置。

18 确定"图层 2 副本 2"仍处于可编辑状态，然后在"图层"调板中的"不透明度"参数栏中键入 30%，如图 26-12 所示。

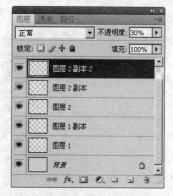

图 26-11 垂直翻转图像　　　　　　　图 26-12 设置图层不透明度

19 在"图层"调板中单击 "创建新图层"按钮，创建一个新图层——"图层 3"，然后将前景色设置为浅黄色（R：250、G：250、B：240）。

20 在工具箱中右击 "自定形状工具"下拉按钮，在弹出的下拉按钮中选择 "圆角矩形工具"选项，在属性栏中激活 "填充像素"按钮，在"半径"参数栏中键入 30 px，然后参照图 26-13 所示绘制一个圆角矩形。

21 在"图层"调板中双击"图层 3"的图层缩览图，打开"图层样式"对话框。选择"样式"选项组中的"投影"复选框，进入投影编辑窗口，将"颜色"显示窗中的颜色设置为棕黄色（R：160、G：130、B：30），在"不透明度"参数栏中键入 30，在"角度"参数栏中键入-42，在"距离"参数栏中键入 7，在"扩展"参数栏中键入 10，在"大小"参数栏中键入 18，如图 26-14 所示，然后单击"确定"按钮，退出该对话框。

22 现在本实例就全部制作完成了，完成后的效果如图 26-15 所示。将本实例保存，以便在实例 27 中使用。

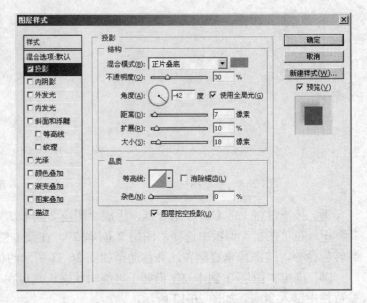

图 26-13　绘制圆角矩形　　　　　　　　　　图 26-14　"图层样式"对话框

图 26-15　太阳谷设计网背景图像

实例 27　制作太阳谷设计网前景图像

在本实例中,将指导读者制作太阳谷设计网前景图像,并设置切片,将文件输出为网页。通过本实例的学习,使读者了解复制图像及设置图层样式的方法。

在本实例中,首先绘制分页底部图形,然后导入图形并设置文本,最后导入装饰纹样,完成太阳谷设计网前景图像的制作。图 27-1所示为本实例完成后的效果。

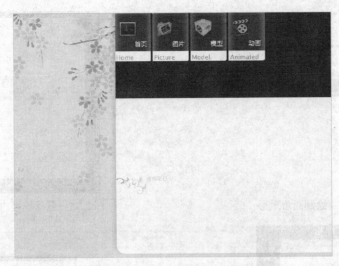

图 27-1　太阳谷设计网前景图像

1 运行 Photoshop CS4，打开实例 26 中保存的文件。

2 在"图层"调板中选择"图层 3"，在工具箱中单击 ⬚ "矩形选框工具"按钮，在如图 27-2 所示的位置绘制一个矩形选区。

3 将前景色设置为深棕色（R：50、G：40、B：20），按下键盘上的 Alt+Delete 组合键，使用前景色填充选区，如图 27-3 所示。按下键盘上的 Ctrl+D 组合键，取消选区。

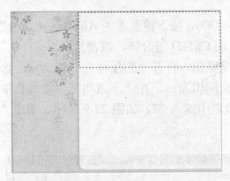

图 27-2　绘制矩形选区

图 27-3　填充选区

4 在"图层"调板中单击 ⬚ "创建新图层"按钮，创建一个新图层——"图层 4"。

5 将前景色设置为白色，在工具箱中单击 ⬚ "圆角矩形工具"选项，在属性栏中激活 ⬚ "填充像素"按钮，在"半径"参数栏中键入 5 px，然后参照图 27-4 所示绘制一个圆角矩形。

6 在工具箱中单击 ⬚ "矩形选框工具"按钮，在如图 27-5 所示的位置绘制一个矩形选区，在键盘上按下 Delete 键，删除选区内的图像，按下键盘上的 Ctrl+D 组合键，取消选区。

7 在工具箱中单击 ⬚ "矩形选框工具"按钮，在如图 27-6 所示的位置绘制一个矩形选区，在键盘上按下 Delete 键，删除选区内的图像，按下键盘上的 Ctrl+D 组合键，取消选区。

8 在工具箱中单击 ⬚ "矩形选框工具"按钮，在如图 27-7 所示的位置绘制一个矩形选区。

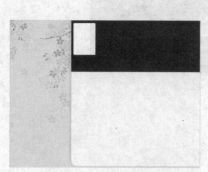

图 27-4　绘制圆角矩形

图 27-5　删除选区内的图像

图 27-6　设置选区

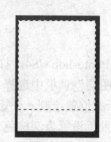

图 27-7　绘制矩形选区

[8] 将前景色设置为深棕色（R：65、G：50、B：30），按下键盘上的 Alt+Delete 组合键，使用前景色填充选区，如图 27-8 所示。按下键盘上的 Ctrl+D 组合键，取消选区。

[10] 在"图层"调板中双击"图层 4"的图层缩览图，打开"图层样式"对话框。选择"样式"选项组中的"内发光"复选框，进入内发光编辑窗口，在"不透明度"参数栏中键入 30，在"阻塞"参数栏中键入 5，在"大小"参数栏中键入 27，如图 27-9 所示，单击"确定"按钮，退出该对话框。

图 27-8　填充选区

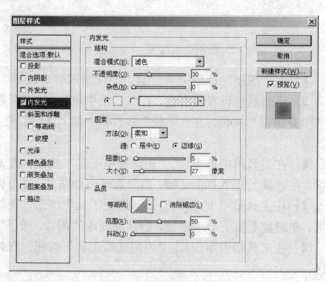

图 27-9　内发光编辑窗口

11 将"图层 4"移动至如图 27-10 所示的位置。

12 按下键盘上的 Ctrl+J 组合键，将"图层 4"复制，在"图层"调板中会生成一个新的图层——"图层 4 副本"。

13 确定"图层 4 副本"处于可编辑状态，在菜单栏执行"编辑"/"自由变换"命令，打开自由变换框，然后参照图 27-11 所示移动图像位置。

图 27-10　移动图层

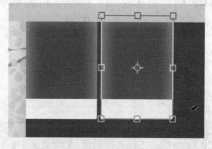

图 27-11　移动图像位置

14 双击鼠标，结束"自由变换"操作，然后按下键盘上的 Shift+Ctrl+Alt+T 组合键，进行"再制"操作，重复按下该组合键，再次复制图像，共复制两个，复制的图层名称为"图层 4 副本 2"和"图层 4 副本 3"，如图 27-12 所示。

图 27-12　复制图像

15 在菜单栏执行"文件"/"打开"命令，打开"打开"对话框。从该对话框中选择本书附带光盘中的"设计网站/实例 26~30：太阳谷设计网/显示器.psd"文件，如图 27-13 所示，单击"打开"按钮，打开该文件。

图 27-13　"打开"对话框

16 确定"显示器.psd"处于可编辑状态，按下键盘上的 Ctrl+A 组合键，全选图像，然后按下键盘上的 Ctrl+C 组合键，复制图层。

17 确定"太阳谷设计网"文件处于可编辑状态，按下键盘上的 Ctrl+V 组合键，粘贴图像，这时在"图层"调板中会生成一个新的图层——"图层 5"。

18 将"图层 5"移动至如图 27-14 所示的位置。

19 确定"图层 5"仍处于可编辑状态，然后在"图层"调板中的"不透明度"参数栏中键入 60%，如图 27-15 所示。

图 27-14　移动图层

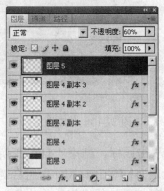
图 27-15　设置图层不透明度

20 单击工具箱中的 T "横排文字工具"按钮，在属性栏中的"设置字体系列"下拉选项栏中选择"经典中圆简"选项，在"设置字体大小"参数栏中键入 20，将"设置文本颜色"显示窗中的颜色设置为白色，在如图 27-16 所示的位置键入"首页"文本，在"图层"调板中会生成"首页"层。

21 单击工具箱中的 T "横排文字工具"按钮，在属性栏中的"设置字体系列"下拉选项栏中选择 Lucida Sans Unicude 选项，在"设置字体大小"参数栏中键入 20，将"设置文本颜色"显示窗中的颜色设置为灰色（R：145、G：145、B：145），在如图 27-17 所示的位置键入 Home 文本，在"图层"调板中会生成 Home 层。

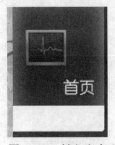
图 27-16　键入文本

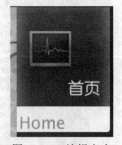
图 27-17　编辑文本

22 使用同样的方法，使用附带光盘中的素材，然后参照图 27-18 所示编辑分页标志。

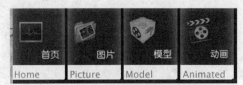
图 27-18　编辑分页标志

23　在菜单栏执行"文件"/"打开"命令，打开"打开"对话框。从该对话框中选择本书附带光盘中的"设计网站/实例 26~30：太阳谷设计网/花卉 02.tif"文件，如图 27-19 所示，单击"打开"按钮，打开该文件。

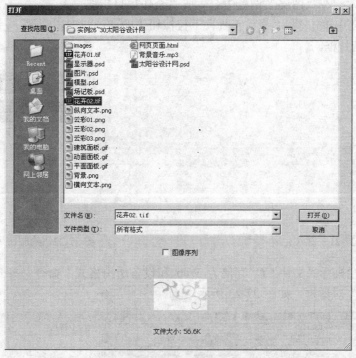

图 27-19　"打开"对话框

24　确定"花卉 02.tif"处于可编辑状态，按下键盘上的 Ctrl+A 组合键，全选图像，然后按下键盘上的 Ctrl+C 组合键，复制图层。

25　确定"太阳谷设计网"文件处于可编辑状态，按下键盘上的 Ctrl+V 组合键，粘贴图像，这时在"图层"调板中会生成一个新的图层——"图层 9"。

26　将"图层 9"移动至如图 27-20 所示的位置。

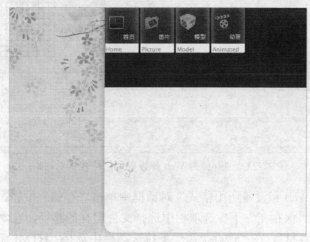

图 27-20　移动图层

27 单击工具箱中的 **T**⸃"横排文字工具"按钮，在属性栏中的"设置字体系列"下拉选项栏中选择"经典中圆简"选项，在"设置字体大小"参数栏中键入 17，将"设置文本颜色"显示窗中的颜色设置为橘黄色（R：250、G：220、B：130），在如图 27-21 所示的位置键入"合作项目"文本，在"图层"调板中会生成"合作项目"层。

28 在工具箱中单击 ⸃"裁剪工具"下拉按钮下的 ⸃"切片工具"按钮，然后参照图 27-22 所示绘制切片框。

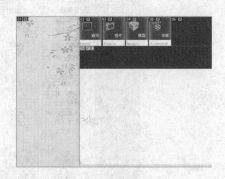

图 27-21　键入文本　　　　　　　　　　图 27-22　绘制切片框

29 在菜单栏执行"文件"/"存储为 Web 和设备所用格式"命令，打开"存储为 Web 和设备所用格式"对话框，如图 27-23 所示。

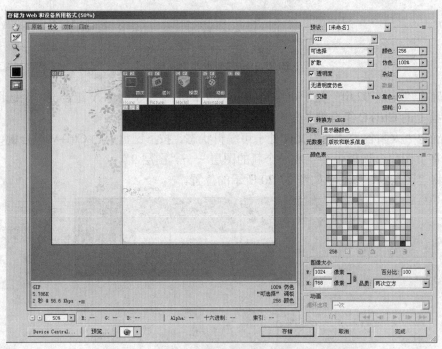

图 27-23　"存储为 Web 和设备所用格式"对话框

30 在"存储为 Web 和设备所用格式"对话框中单击"存储"按钮，打开"将优化结果存储为"对话框。在"保存在"下拉选项栏中选择文件保存的路径，在"文件名"文本框中键入"太阳谷设计网素材"，在"保存类型"下拉选项栏中选择"HTML 和图像（*html）"选项，如图 27-24 所示，然后单击"保存"按钮，退出该对话框。

31 在"图层"调板中单击"图层 4"、"图层 4 副本"、"图层 4 副本 2"和"图层 4 副本 3"左侧的 👁 "指示图层可见性"按钮，将这 4 个图层隐藏，如图 27-25 所示。

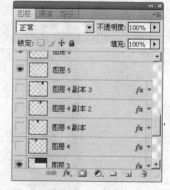

图 27-24 "将优化结果存储为"对话框   图 27-25 隐藏图层

32 在菜单栏执行"文件"/"存储为 Web 和设备所用格式"命令，打开"存储为 Web 和设备所用格式"对话框，如图 27-26 所示。

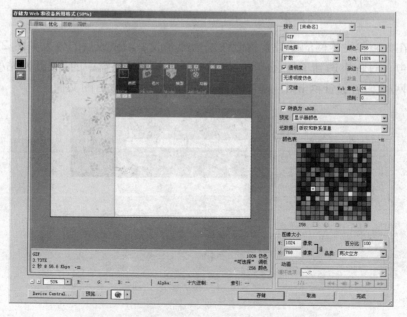

图 27-26 "存储为 Web 和设备所用格式"对话框

33 在"存储为 Web 和设备所用格式"对话框中单击"存储"按钮，打开"将优化结果存储为"对话框。在"保存在"下拉选项栏中选择文件保存的路径，在"文件名"文本框中键入"太阳谷设计网分页素材"，在"保存类型"下拉选项栏中选择"HTML 和图像（*.html)"选项，如图 27-27 所示。然后单击"保存"按钮，退出该对话框。

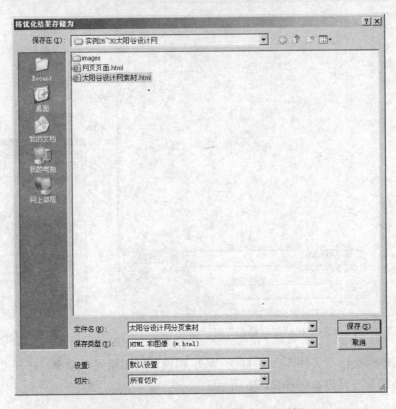

图 27-27　"将优化结果存储为"对话框

34 现在太阳谷设计网的图像素材制作就全部完成了，完成后的效果如图 27-28 所示。如果读者在制作过程中遇到了什么问题，可以打开本书附带光盘中的"设计网站/实例 26~30：太阳谷设计网/太阳谷设计网.psd"文件，该文件为本实例完成后的文件。

图 27-28　太阳谷设计网前景图像

实例 28 制作太阳谷设计网场景动画

在本实例中，将指导读者在 Flash CS4 中设置场景动画，动画内容为几朵云彩在文本前后飘动。通过本实例的学习，使读者了解在 Flash CS4 中设置动画的方法。

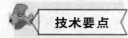

在本实例中，首先导入图像作为动画背景，然后导入太阳谷标志和云彩图像，最后设置云彩图像的动画。图 28-1 所示为动画截图。

图 28-1 场景动画

1 运行 Flash CS4，在菜单栏执行"文件"/"新建"命令，打开"新建文档"对话框。在该对话框中的"常规"面板中，选择"Flash 文件（ActionScript 2.0）"选项，如图 28-2 所示，单击"确定"按钮，退出该对话框，创建一个新的 Flash 文档。

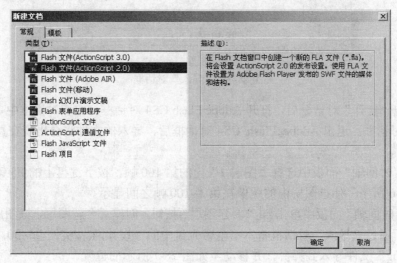

图 28-2 "新建文档"对话框

2 单击"属性"面板中的"属性"卷展栏内的"文档属性"按钮，打开"文档属性"

对话框。在"尺寸"右侧的"宽"参数栏中键入 328 像素，在"高"参数栏中键入 768 像素，设置背景颜色为白色，设置帧频为 24，标尺单位为"像素"，如图 28-3 所示，单击"确定"按钮，退出该对话框。

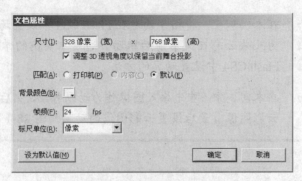

图 28-3　"文档属性"对话框

3 在菜单栏执行"文件"/"导入"/"导入到舞台"命令，打开"导入"对话框。从该对话框中选择本书附带光盘中的"设计网站/实例 26~30：太阳谷设计网/images/太阳谷设计网素材_01.gif"文件，如图 28-4 所示，单击"打开"按钮，退出该对话框。

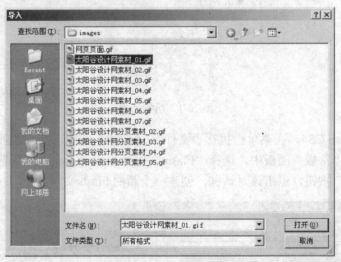

图 28-4　"导入"对话框

4 退出"打开"对话框后，打开 Adobe Flash CS4 对话框，在该对话框中单击"否"按钮，退出该对话框。退出 Adobe Flash CS4 对话框后，导入的文件将会出现在舞台中，如图 28-5 所示。

5 在"时间轴"面板中选择"图层 1"内的第 100 帧，按下键盘上的 F5 键，插入关键帧，如图 28-6 所示，使该图层内的图像在第 1~100 帧之间显示。

6 在"时间轴"面板中单击 **⅃** "新建图层"按钮，创建一个新图层，该图层名称为"图层 2"，然后通过"导入"对话框将本书附带光盘中的"设计网站/实例 26~30：太阳谷设计网/云彩 03.png"文件导入到舞台，并移动至如图 28-7 所示的位置。

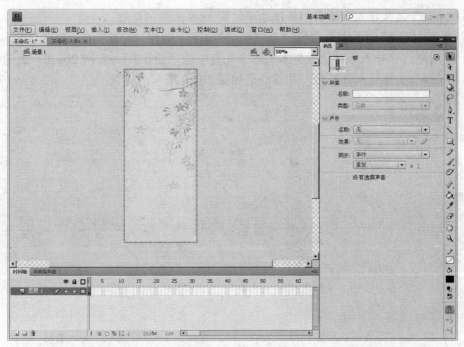

图 28-5　导入图像

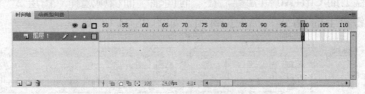

图 28-6　"时间轴"面板

7 在"时间轴"面板中单击 🖻 "新建图层"按钮，创建一个新图层，该图层名称为"图层 3"。然后通过"导入"对话框将本书附带光盘中的"设计网站/实例 26~30：太阳谷设计网/纵向文本.png"文件导入到舞台，并移动至如图 28-8 所示的位置。

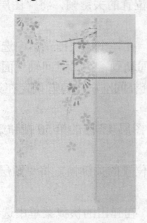

图 28-7　移动图层

图 28-8　导入名称图像

8 在"时间轴"面板中单击 🖻 "新建图层"按钮，创建一个新图层，该图层名称为"图层 4"。然后通过"导入"对话框将本书附带光盘中的"设计网站/实例 26~30：太阳谷设计网/云彩 02.png"文件导入到舞台，并移动至如图 28-9 所示的位置。

9 在"时间轴"面板中单击 ┚"新建图层"按钮，创建一个新图层，该图层名称为"图层 5"。然后通过"导入"对话框将本书附带光盘中的"设计网站/实例 26~30：太阳谷设计网/云彩 01.png"文件导入到舞台，并移动至如图 28-10 所示的位置。

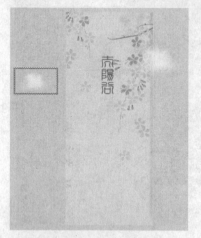

图 28-9　导入云彩图像

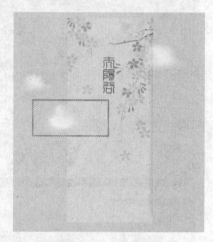

图 28-10　导入素材

10 按下键盘上的 Ctrl+Atl 组合键，在"时间轴"面板中选择"图层 2"内的第 50 帧和第 100 帧，按下键盘上的 F6 键，插入关键帧，如图 28-11 所示。

图 28-11　插入关键帧

11 在"时间轴"面板中选择"图层 2"内的第 50 帧位置的关键帧，将"图层 2"图像移动至图 28-12 所示的位置。

12 在"时间轴"面板中右击"图层 2"内的第 1 帧，在弹出的快捷菜单中选择"创建传统补间动画"选项，确定在第 1~50 帧之间创建传统补间动画，在"时间轴"面板中右击"图层 2"内的第 50 帧，在弹出的快捷菜单中选择"创建传统补间动画"选项，确定在第 50~100 帧之间创建传统补间动画。

13 按下键盘上的 Ctrl 键，在"时间轴"面板中选择"图层 4"内的第 50 帧和第 100 帧，按下键盘上的 F6 键，插入关键帧。

14 在"时间轴"面板中选择"图层 4"内的第 50 帧位置的关键帧，将"图层 4"图像移动至如图 28-13 所示的位置。

15 在"时间轴"面板中右击"图层 4"内的第 1 帧，在弹出的快捷菜单中选择"创建传统补间动画"选项，确定在第 1~50 帧之间创建传统补间动画，在"时间轴"面板中右击"图层 4"内的第 50 帧，在弹出的快捷菜单中选择"创建传统补间动画"选项，确定在第 50~100 帧之间创建传统补间动画。

图 28-12　移动图像

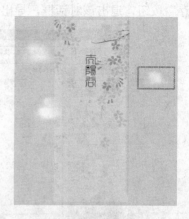

图 28-13　调整图像位置

16　按下键盘上的 Ctrl+Alt 组合键，在 "时间轴" 面板中选择 "图层 5" 内的第 50 帧和第 100 帧，按下键盘上的 F6 键，插入关键帧。

17　在 "时间轴" 面板中选择 "图层 5" 内的第 50 帧位置的关键帧，将 "图层 5" 内的图像移动至图 28-14 所示的位置。

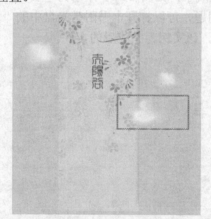

图 28-14　移动图像

18　在 "时间轴" 面板中右击 "图层 5" 内的第 1 帧，在弹出的快捷菜单中选择 "创建传统补间动画" 选项，确定在第 1~50 帧之间创建传统补间动画，在 "时间轴" 面板中右击 "图层 5" 内的第 50 帧，在弹出的快捷菜单中选择 "创建传统补间动画" 选项，确定在第 50~100 帧之间创建传统补间动画。

19　"时间轴" 显示如图 28-15 所示。

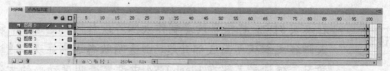

图 28-15　"时间轴" 显示效果

20　在菜单栏执行 "文件" / "导出" / "导出影片" 命令，打开 "导出影片" 对话框。在该对话框中的 "保存在" 下拉选项栏中选择保存的路径，在 "文件名" 文本框中键入 "场景动画"，在 "保存类型" 下拉选项栏中选择 "SWF 影片（*swf）" 选项，如图 28-16 所示，单击"保存"按钮，退出该对话框，导出影片。

图 28-16　"导出影片"对话框

21 现在本实例就全部完成了，如图 28-17 所示为本实例在不同帧的显示效果。如果读者在制作过程中遇到了什么问题，可以打开本书附带光盘中的"设计网站/实例 26~30：太阳谷设计网/场景素材.fla"文件，该实例为完成后的文件。

图 28-17　场景动画

实例 29　制作太阳谷设计网标志动画

在本实例中，将指导读者制作太阳谷设计网标志动画，动画内容为太阳谷文本从画面底部升起，由透明状态逐渐显现。通过本实例的学习，使读者了解在 Flash CS4 中设置透明度动画的方法。

在本实例中，首先需要导入图像作为背景，然后倒入标志图案，将其转换为图形，并设置动画。图 29-1 所示为动画截图。

图 29-1 标志动画

1 运行 Flash CS4，在菜单栏执行"文件"/"新建"命令，打开"新建文档"对话框。在该对话框中的"常规"面板中，选择"Flash 文件（ActionScript 2.0）"选项，如图 29-2 所示，单击"确定"按钮，退出该对话框，创建一个新的 Flash 文档。

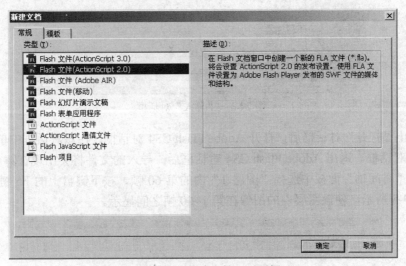

图 29-2 "新建文档"对话框

2 单击"属性"面板中的"属性"卷展栏内的"文档属性"按钮，打开"文档属性"对话框。在"尺寸"右侧的"宽"参数栏中键入 106 像素，在"高"参数栏中键入 53 像素，设置背景颜色为白色，设置帧频为 24，标尺单位为"像素"，如图 29-3 所示，单击"确定"按钮，退出该对话框。

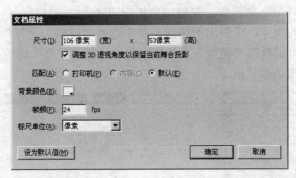

图 29-3 "文档属性"对话框

3 在菜单栏执行"文件"/"导入"/"导入到舞台"命令，打开"导入"对话框。从该对话框中选择本书附带光盘中的"设计网站/实例 26~30：太阳谷设计网/背景.png"文件，如图 29-4 所示，单击"打开"按钮，退出该对话框。

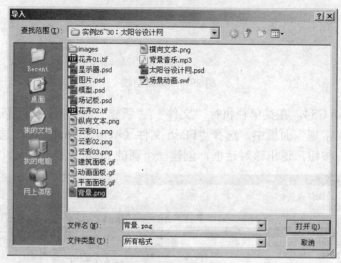

图 29-4   "导入"对话框

4 退出"打开"对话框后，打开 Adobe Flash CS4 对话框，在该对话框中单击"否"按钮，退出该对话框。退出 Adobe Flash CS4 对话框后，导入的文件将会出现在舞台内。

5 在"时间轴"面板中选择"图层 1"内的第 60 帧，按下键盘上的 F5 键，插入关键帧，如图 29-5 所示，使该图层内的图像在第 1~60 帧之间显示。

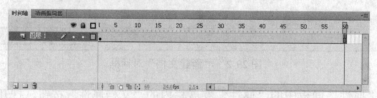

图 29-5   "时间轴"面板

6 在"时间轴"面板中单击 🗒 "新建图层"按钮，创建一个新图层，该图层名称为"图层 2"。然后通过"导入"对话框将本书附带光盘中的"设计网站/实例 26~30：太阳谷设计网/横向文本.png"文件导入到舞台，并移动至如图 29-6 所示的位置。

7 右击新导入的图像，在弹出的快捷菜单中选择"转换为元件"选项，打开"转换为元件"对话框。在该对话框的"类型"下拉选项栏中选择"图形"选项，如图 29-7 所示，单击"确定"按钮，退出该对话框。

图 29-6   移动图像

图 29-7   "转换为元件"对话框

8 进入"属性"面板，在"色彩效果"卷展栏内的"样式"下拉选项栏中选择 Alpha 选项，在 Alpha 参数栏中键入 0。

8 在"时间轴"面板中选择"图层 2"内的第 50 帧，按下键盘上的 F6 键，插入关键帧，如图 29-8 所示。

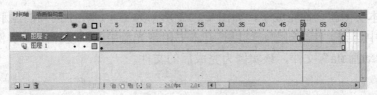

图 29-8 插入关键帧

10 在"色彩效果"卷展栏内的 Alpha 参数栏中键入 100，并将"图层 2"内的元件移动至如图 29-9 所示的位置。

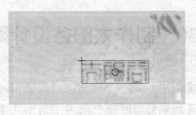

图 29-9 调整元件位置

11 在"时间轴"面板中右击"图层 2"内的第 1 帧，在弹出的快捷菜单中选择"创建传统补间动画"选项，确定在第 1~50 帧之间创建传统补间动画，如图 29-10 所示。

图 29-10 创建传统补间动画

12 在菜单栏执行"文件"/"导出"/"导出影片"命令，打开"导出影片"对话框，在该对话框中的"保存在"下拉选项栏中选择保存的路径，在"文件名"文本框中键入"标志动画"，在"保存类型"下拉选项栏中选择"SWF 影片（*swf)"选项，如图 29-11 所示，单击"保存"按钮，退出该对话框，导出影片。

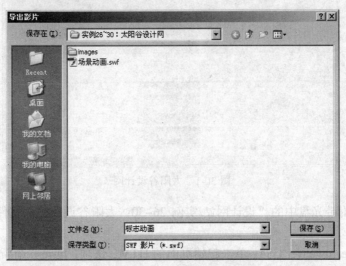

图 29-11 "导出影片"对话框

13 现在本实例就全部完成了，如图 29-12 所示为本实例在不同帧的显示效果。如果读者在制作过程中遇到了什么问题，可以打开本书附带光盘中的"设计网站/实例 26~30：太阳谷设计网/标志动画.fla"文件，该实例为完成后的文件。

图 29-12　标志动画

实例 30　制作太阳谷设计网网页

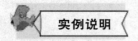

在本实例中，将指导读者在 Dreamweaver CS4 中完成太阳谷设计网网页的制作，网业中使用了前面几个实例中制作的素材，并设置了网页背景音乐。通过本实例的学习，使读者了解在 Dreamweaver CS4 中使用视频和音频的方法。

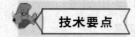

在本实例中，首先需要插入表格，并在表格中导入视频和素材图像，接下来创建 AP Div，设置文本和动画，最后添加音频文件，完成太阳谷设计网的制作。图 30-1 所示为本实例完成后的效果。

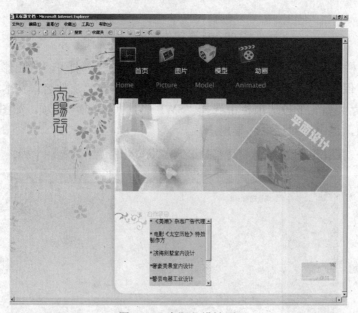

图 30-1　太阳谷设计网

1 将本书附带光盘中的"设计网站/实例 26~30：太阳谷设计网"文件夹复制到本地站点路径内。

2 运行 Dreamweaver CS4，单击起始页面的 HTML 选项，创建一个新的 HTML 格式文件，将该文件保存在本地站点路径内，然后将其命名为"太阳谷设计网"。

3 单击"属性"面板中的"页面属性"按钮，打开"页面属性"对话框，在"分类"显示窗中选择"外观（CSS）"选项，在"页面属性"对话框中显示"外观（CSS）"编辑窗，在"外观（CSS）"编辑窗内的"左边距"、"右边距"、"上边距"和"下边距"参数栏中均键入 0，确定页面边距，如图 30-2 所示，单击"确定"按钮，退出该对话框。

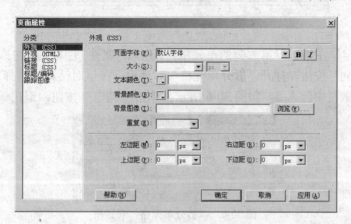

图 30-2 "页面属性"对话框

4 在菜单栏执行"插入"/"表格"命令，打开"表格"对话框，在"行数"参数栏中键入 2，在"列"参数栏中键入 2，在"表格宽度"参数栏中键入 1024，在"边框粗细"、"单元格边距"、"单元格间距"参数栏中均键入 0，如图 30-3 所示，单击"确定"按钮，退出"表格"对话框。

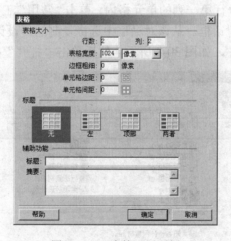

图 30-3 "表格"对话框

5 退出"表格"对话框后，在页面中会出现一个表格，如图 30-4 所示。

图 30-4 插入表格

6 按住 Shift 键单击新插入的表格第一行第一列单元格和第二行第一列单元格。然后进入"属性"面板，单击该面板中的 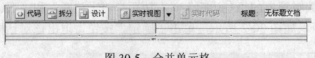"合并所选单元格，使用跨度"按钮，将所选单元格合并，如图 30-5 所示。

图 30-5　合并单元格

7 将光标定位在第一行第二列的单元格内，进入"属性"面板，单击该面板中的 "拆分单元格为行或列"按钮，打开"拆分单元格"对话框。在该对话框中选择"列"单选按钮，并在"列数"参数栏中键入 5，如图 30-6 所示，单击"确定"按钮，退出该对话框。

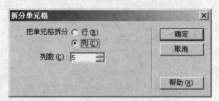

图 30-6　"拆分单元格"对话框

8 拆分后的单元格效果如图 30-7 所示。

图 30-7　拆分单元格

9 将光标定位在第一行第一列的单元格内，单击"常用"工具栏中的 "媒体：SWF"按钮，打开"选择文件"对话框。从该对话框中选择复制的"设计网站/实例 26~30：太阳谷设计网/场景动画.swf"文件，如图 30-8 所示，然后单击"打开"按钮，退出该对话框。

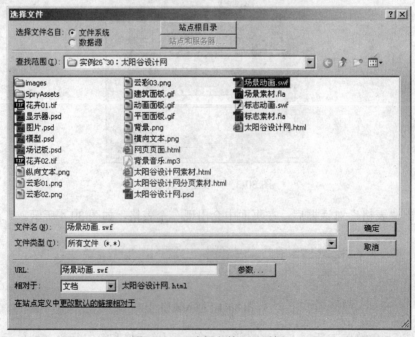

图 30-8　"选择文件"对话框

　　🔟　退出"选择图像源文件"对话框后,打开"图像标签辅助功能属性"对话框,使用默认设置,单击"确定"按钮,退出该对话框,将视频文件导入到单元格内。

　　⑪　将光标定位在第二行第二列的单元格内,执行菜单栏中的"插入"/"图像"命令,打开"选择图像源文件"对话框。从该对话框中选择复制的"设计网站/实例 26~30:太阳谷设计网/image/太阳谷设计网素材_07.gif"文件,如图 30-9 所示,单击"确定"按钮,退出该对话框。

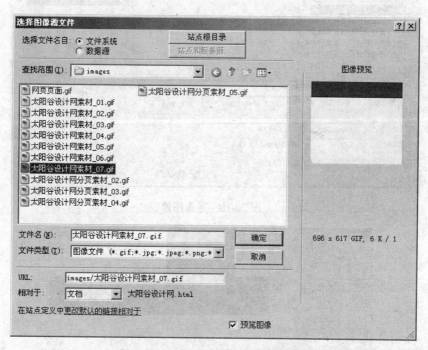

图 30-9　"选择图像源文件"对话框

　　⑫　退出"选择图像源文件"对话框后,打开"图像标签辅助功能属性"对话框,使用默认设置,单击"确定"按钮,退出该对话框,将图像导入到单元格内。

　　⑬　将光标定位在第一行第六列的单元格内,执行菜单栏中的"插入"/"图像"命令,打开"选择图像源文件"对话框。从该对话框中选择复制的"设计网站/实例 26~30:太阳谷设计网/image/太阳谷设计网素材_06.gif"文件,如图 30-10 所示,单击"确定"按钮,退出该对话框。

　　⑭　退出"选择图像源文件"对话框后,打开"图像标签辅助功能属性"对话框,使用默认设置,单击"确定"按钮,退出该对话框,将图像导入到单元格内。

　　⑮　当前网页效果如图 30-11 所示。

　　⑯　将光标定位在第一行第二列的单元格内,然后单击"常用"工具栏中的🖳▾"图像"按钮右侧的▾按钮,在弹出的下拉按钮内选择🖼"鼠标经过图像"选项,打开"插入鼠标经过图像"对话框。

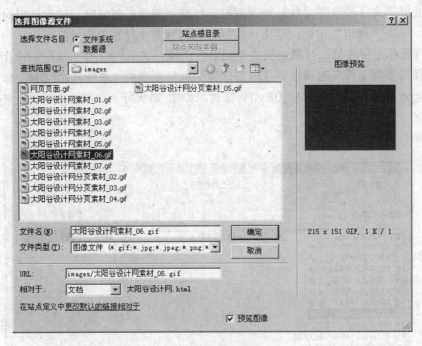

图 30-10　导入图像

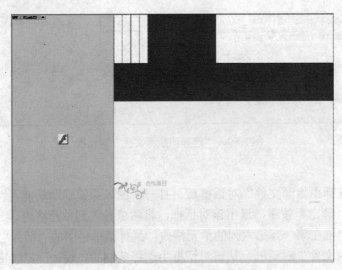

图 30-11　网页效果

17 在"插入鼠标经过图像"对话框中单击"原始图像"文本框右侧的"浏览"按钮，打开"原始图像"对话框，从该对话框中打开复制的"设计网站/实例 26~30：太阳谷设计网/image/太阳谷设计网分页素材_02.gif"文件。单击"鼠标经过图像"文本框右侧的"浏览"按钮，打开"鼠标经过图像"对话框。从该对话框中打开复制的"设计网站/实例 26~30：太阳谷设计网/image/太阳谷设计网素材_02.gif"文件，如图 30-12 所示，单击"确定"按钮，退出该对话框。

18 将光标定位在第一行第二列的单元格内，然后单击"常用"工具栏中的 "鼠标经过图像"按钮，打开"插入鼠标经过图像"对话框。

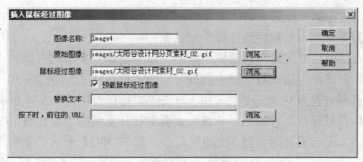

图 30-12 "插入鼠标经过图像"对话框

19 在"插入鼠标经过图像"对话框中单击"原始图像"文本框右侧的"浏览"按钮，打开"原始图像"对话框，从该对话框中打开复制的"设计网站/实例 26~30：太阳谷设计网/image/太阳谷设计网分页素材_03.gif"文件。单击"鼠标经过图像"文本框右侧的"浏览"按钮，打开"鼠标经过图像"对话框，从该对话框中打开复制的"设计网站/实例 26~30：太阳谷设计网/image/太阳谷设计网素材_03.gif"文件，如图 30-13 所示，单击"确定"按钮，退出该对话框。

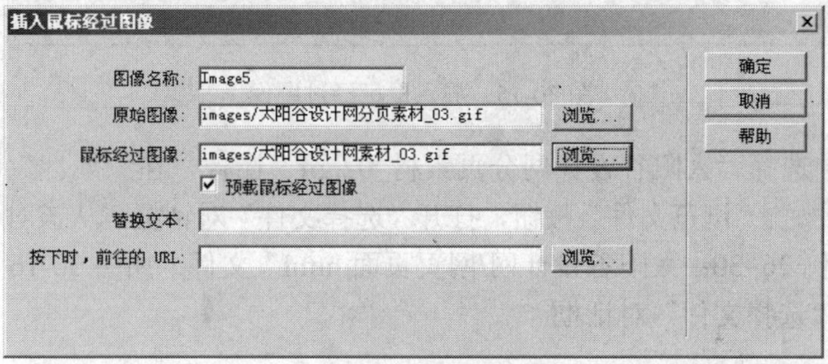

图 30-13 导入鼠标经过图像

20 将光标定位在第一行第二列的单元格内，然后单击"常用"工具栏中的 ⬚ "鼠标经过图像"按钮，打开"插入鼠标经过图像"对话框。

21 在"插入鼠标经过图像"对话框中单击"原始图像"文本框右侧的"浏览"按钮，打开"原始图像"对话框，从该对话框中打开复制的"设计网站/实例 26~30：太阳谷设计网/image/太阳谷设计网分页素材_04.gif"文件。单击"鼠标经过图像"文本框右侧的"浏览"按钮，打开"鼠标经过图像"对话框，从该对话框中打开复制的"设计网站/实例 26~30：太阳谷设计网/image/太阳谷设计网素材_04.gif"文件，如图 30-14 所示，单击"确定"按钮，退出该对话框。

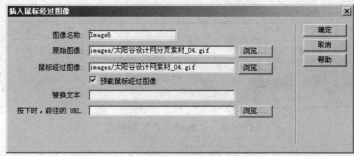

图 30-14 "插入鼠标经过图像"对话框

22 将光标定位在第一行第二列的单元格内，然后单击"常用"工具栏中的 🔲 "鼠标经过图像"按钮，打开"插入鼠标经过图像"对话框。

23 在"插入鼠标经过图像"对话框中单击"原始图像"文本框右侧的"浏览"按钮，打开"原始图像"对话框，从该对话框中打开复制的"设计网站/实例 26~30：太阳谷设计网/image/太阳谷设计网分页素材_05.gif"文件。单击"鼠标经过图像"文本框右侧的"浏览"按钮，打开"鼠标经过图像"对话框，从该对话框中打开复制的"设计网站/实例 26~30：太阳谷设计网/image/太阳谷设计网素材_05.gif"文件，如图 30-15 所示，单击"确定"按钮，退出该对话框。

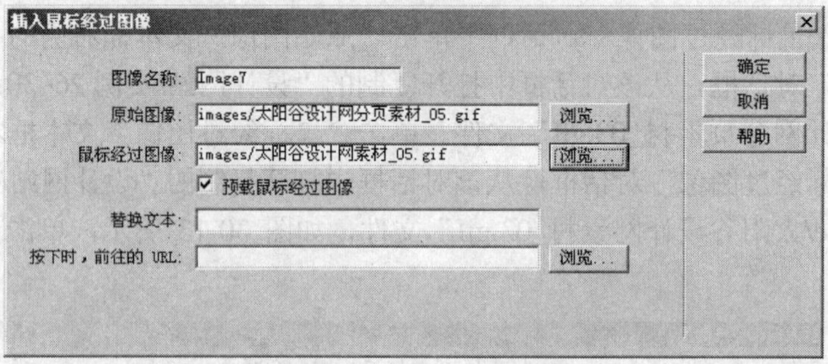

图 30-15　导入鼠标经过图像

24 在页面中选择"太阳谷设计网分页素材_02.gif"图像，在"属性"面板中单击"链接"文本框右侧的 🗀 "浏览文件"按钮，打开"选择文件"对话框，从该对话框中选择复制的"设计网站/实例 26~30：太阳谷设计网/网页页面.html"文件，如图 30-16 所示，单击"确定"按钮，退出"选择文件"对话框。

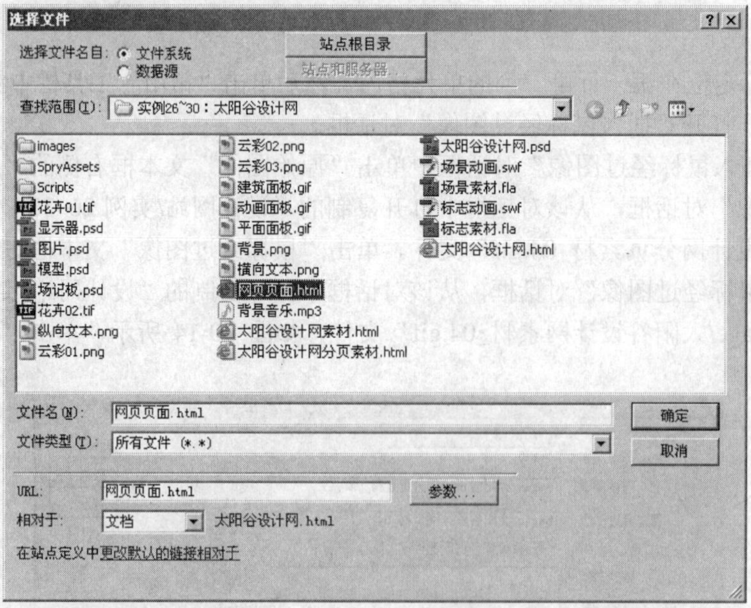

图 30-16　"选择文件"对话框

25 设置"太阳谷设计网分页素材_03.gif"图像、"太阳谷设计网分页素材_04.gif"图像和"太阳谷设计网分页素材_05.gif"图像与"太阳谷设计网分页素材_02.gif"图像使用相同的超链接。

26 在"布局"工具栏中单击 "绘制 AP Div"按钮，在页面中绘制一个任意 AP Div，选择新绘制的 AP Div，在"属性"面板中的"左"参数栏中键入 328 px，在"上"参数栏中键入 180 px，在"宽"参数栏中键入 697 px，在"高"参数栏中键入 275 px，如图 30-17 所示。

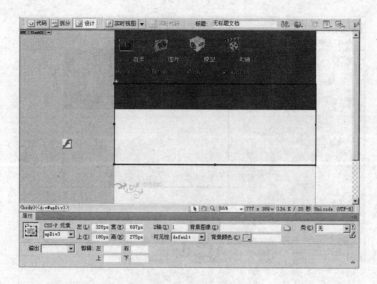

图 30-17　绘制 AP Div

27 将光标定位在新绘制的 AP Div 内，执行菜单栏中的"插入"/"图像"命令，打开"选择图像源文件"对话框，从该对话框中选择复制的"设计网站/实例 26~30：太阳谷设计网/建筑面板.gif"文件，如图 30-18 所示，单击"确定"按钮，退出该对话框。

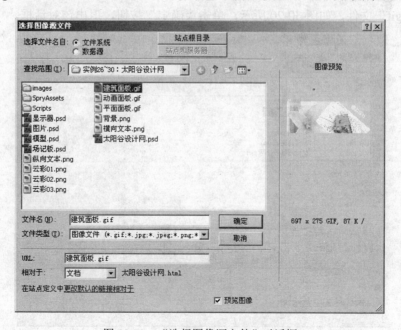

图 30-18　"选择图像源文件"对话框

28 退出"选择图像源文件"对话框后，打开"图像标签辅助功能属性"对话框，使用默认设置，单击"确定"按钮，退出该对话框，将图像导入到单元格内。

29 在"布局"工具栏中单击 ▤ "绘制 AP Div"按钮，在页面中绘制一个任意 AP Div，选择新绘制的 AP Div，在"属性"面板中的"左"参数栏中键入 465 px，在"上"参数栏中键入 180 px，在"宽"参数栏中键入 562 px，在"高"参数栏中键入 275 px，如图 30-19 所示。

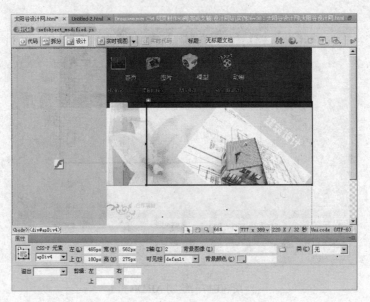

图 30-19　绘制 AP Div

30 将光标定位在新绘制的 AP Div 内，执行菜单栏中的"插入"/"图像"命令，打开"选择图像源文件"对话框，从该对话框中选择复制的"设计网站/实例 26~30：太阳谷设计网/动画面板.gif"文件，如图 30-20 所示，单击"确定"按钮，退出该对话框。

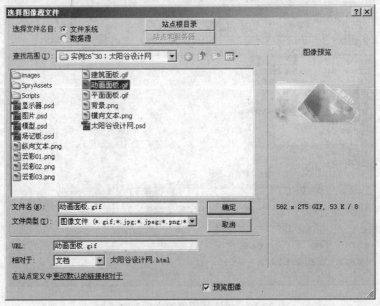

图 30-20　"选择图像源文件"对话框

31 退出"选择图像源文件"对话框后，打开"图像标签辅助功能属性"对话框，使用默认设置，单击"确定"按钮，退出该对话框，将图像导入到单元格内。

32 在"布局"工具栏中单击 "绘制 AP Div"按钮，在页面中绘制一个任意 AP Div，选择新绘制的 AP Div，在"属性"面板中的"左"参数栏中键入 600 px，在"上"参数栏中键入 180 px，在"宽"参数栏中键入 425 px，在"高"参数栏中键入 275 px，如图 30-21 所示。

图 30-21　绘制 AP Div

33 将光标定位在新绘制的 AP Div 内，执行菜单栏中的"插入"/"图像"命令，打开"选择图像源文件"对话框，从该对话框中选择复制的"设计网站/实例 26~30：太阳谷设计网/平面面板.gif"文件，如图 30-22 所示，单击"确定"按钮，退出该对话框。

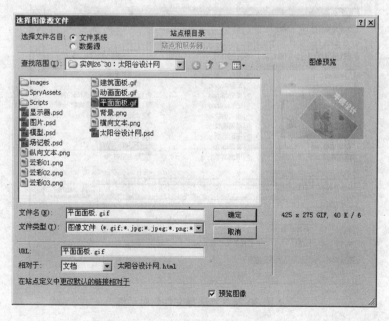

图 30-22　"选择图像源文件"对话框

34 退出"选择图像源文件"对话框后，打开"图像标签辅助功能属性"对话框，使用默认设置，单击"确定"按钮，退出该对话框，将图像导入到单元格内。

35 在"布局"工具栏中单击 "绘制 AP Div"按钮，在页面中绘制一个任意 AP Div，选择新绘制的 AP Div，在"属性"面板中的"左"参数栏中键入 900 px，在"上"参数栏中键入 665 px，在"宽"参数栏中键入 106 px，在"高"参数栏中键入 53 px，如图 30-23 所示。

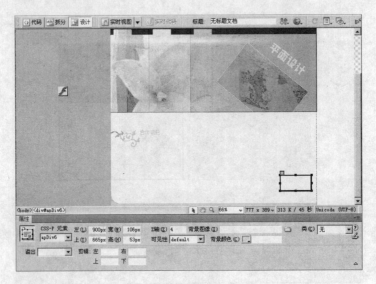

图 30-23   绘制 AP Div

36 将光标定位在新绘制的 AP Div 内，单击"常用"工具栏中的 "媒体：SWF"按钮，打开"选择文件"对话框，从该对话框中选择复制的"设计网站/实例 26~30：太阳谷设计网/标志动画.swf"文件，如图 30-24 所示，然后单击"打开"按钮，退出该对话框。

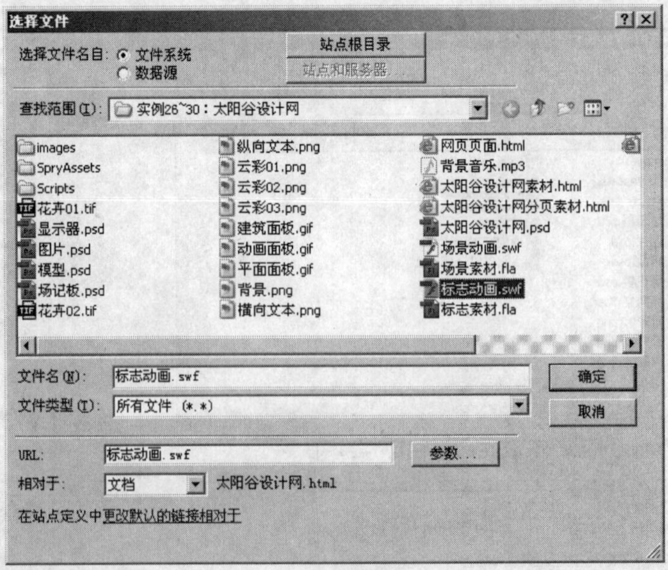

图 30-24   "选择文件"对话框

37 退出"选择图像源文件"对话框后，打开"图像标签辅助功能属性"对话框，使用默认设置，单击"确定"按钮，退出该对话框，将图像导入到单元格内。

38 在"布局"工具栏中单击 "绘制 AP Div"按钮，在页面中绘制一个任意 AP Div，选择新绘制的 AP Div，在"属性"面板中的"左"参数栏中键入 435 px，在"上"参数栏中键入 535 px，在"宽"参数栏中键入 190 px，在"高"参数栏中键入 200 px，如图 30-25 所示。

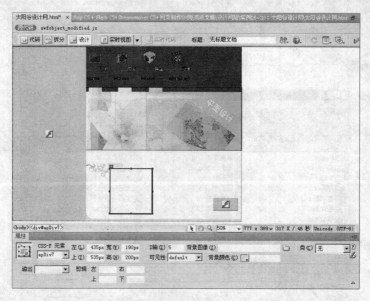

图 30-25　绘制 AP Div

39 选择新绘制的 AP Div，进入"属性"面板，在"背景颜色"显示窗右侧的文本框中键入#CCCCCC，设置背景颜色为灰色。

40 在新绘制的 AP Div 内键入"＊《美潮》杂志广告代理　＊电影《太空历险》特效制作方　＊滨海别墅室内设计　＊奢豪美景室内设计　＊馨芸电器工业设计　＊绿界家具模型制作　＊CG 世界设计大赛总策划　＊美易尔投资公司 CI 设计"文本，如图 30-26 所示。

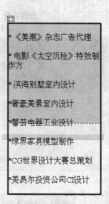

图 30-26　键入文本

41 选择新绘制的 AP Div，进入"属性"面板，在"溢出"下拉选项栏中选择 auto 选项，如图 30-27 所示。

42 设置音频。进入"行为"选项卡，单击 "添加行为"按钮，在弹出的快捷菜单中选择"建议不在使用"/"播放声音"选项，打开"播放声音"对话框，在"播放声音"右侧单击"浏览"按钮,打开"选择文件"对话框,选择复制的"实设计网站/实例 26~30:太阳谷设计网/背景音乐.mp3"文件,如图 30-28 所示。

图 30-27   "属性"面板

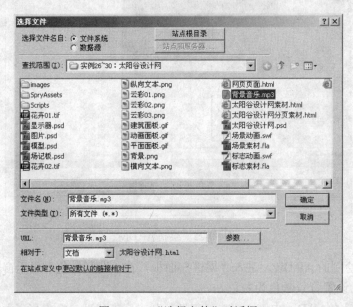

图 30-28   "选择文件"对话框

43 单击"确定"按钮,退出"选择文件"对话框,再次单击"确定"按钮,退出"播放声音"对话框,退出"播放声音"对话框后,在页面左下角会出现媒体插件标志,如图 30-29 所示。

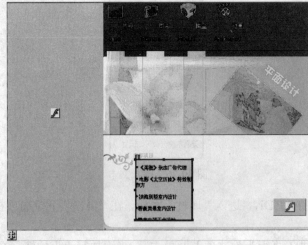

图 30-29   媒体插件标志

44 选择媒体插件标志，进入"属性"面板，单击"属性"面板上的"参数"按钮，打开"参数"对话框。在该对话框中设置 LOOP 栏的值为 true，设置 autostart 栏的值为 true，如图 30-30 所示，单击"确定"按钮，退出该对话框。

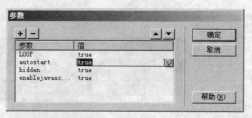

图 30-30 "参数"对话框

45 在"布局"工具栏中单击 "绘制 AP Div"按钮，在页面中绘制一个任意 AP Div，选择新绘制的 AP Div，在"属性"面板中的"左"参数栏中键入 655 px，在"上"参数栏中键入 695 px，在"宽"参数栏中键入 35 px，在"高"参数栏中键入 35 px，如图 30-31 所示。

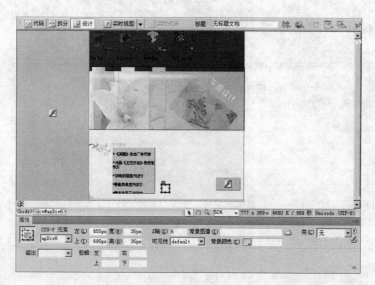

图 30-31 绘制 AP Div

46 选择媒体插件标志，将其拖动至新创建的 AP Div 内，如图 30-32 所示。

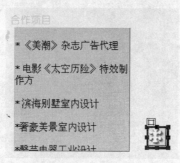

图 30-32 将媒体插件标志拖动至新创建的 AP Div 内

47 现在本实例就全部完成了，如图 30-33 所示为本实例完成后的效果。如果读者在制作过程中遇到了什么问题，可以打开本书附带光盘中的"设计网站/实例 26~30：太阳谷设计网/太阳谷设计网.html"文件，该文件为本实例完成后的文件。

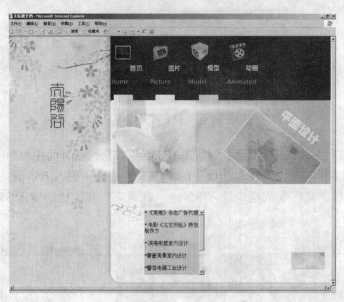

图 30-33　太阳谷设计网

第4篇
营销网站

　　营销网页通常包含内容较多，整体的编辑与管理过程较为复杂，在本部分中，将指导读者制作服装销售网站，内容较为全面，网页的制作和编排过程也较为复杂。通过本部分实例的学习，使读者了解怎样实现和管理复杂网站，以及相关网页工具的使用方法。

一、制作服装销售网

　　服装销售网为一个销售类网站，网页整体色彩鲜艳，内容丰富。网页的制作包括10个实例，完成后的网页主要由首页、进入我们、内容欣赏和企业介绍4个分页组成。实例31介绍了在Photoshop CS4中自定形状工具和快速蒙版工具的使用方法，实例32介绍了在Photoshop CS4中圆角矩形工具和色相/饱和度工具的使用方法，实例33介绍了在Photoshop CS4中钢笔工具、渐变工具和多边形套索工具的使用方法，实例34介绍了在Photoshop CS4中羽化工具和亮度/对比度工具的使用方法，实例35介绍了在Flash CS4中基本矩形工具、颜色面板和多角星形工具的使用方法，实例36介绍了在Flash CS4中转换为元件工具、Alpha工具和创建传统补间动画的使用方法，实例37介绍了在Dreamweaver CS4中矩形热点工具、圆形热点工具、导入SWF格式文件和PSD格式文件的方法，实例38介绍了在Dreamweaver CS4中表单工具，文本字段工具，复选框工具，图像域工具和行为工具的使用方法，实例39介绍了在Dreamweaver CS4中按钮工具和电子邮件链接的使用方法，实例40介绍了在Dreamweaver CS4中如何设置文本大小、颜色、字体、在文本中插入图像和设置图像链接的方法。下图为制作服装销售网完成后的效果。

服装销售网

实例 31 制作服装销售网页素材（一）

在本实例中，将指导读者使用 Photoshop CS4 制作服装销售网页首页的素材。通过本实例的学习，使读者了解自定形状工具和快速蒙版工具的使用方法。

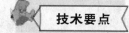

在本实例中，首先导入素材图像，然后使用自定形状工具绘制红心形卡图形，使用收缩工具缩小选区，使用添加图层样式工具设置红心形卡图形斜面和浮雕效果，使用快速蒙版工具设置图形反射效果，最后使用文本工具键入文本。图 31-1 所示为本实例完成后的效果。

图 31-1 服装销售网页首页背景

1 运行 Photoshop CS4，在菜单栏执行"文件"/"新建"命令，打开"新建"对话框。在"名称"文本框中键入"制作服装销售网页素材（一）"文本，在"宽度"参数栏中键入 1004，在"高度"参数栏中键入 700，设置单位为"像素"，在"分辨率"参数栏中键入 72，在"颜色模式"下拉选项栏中选择"RGB 颜色"选项，在"背景内容"下拉选项栏中选择"白色"选项，如图 31-2 所示，单击"确定"按钮，创建一个新文件。

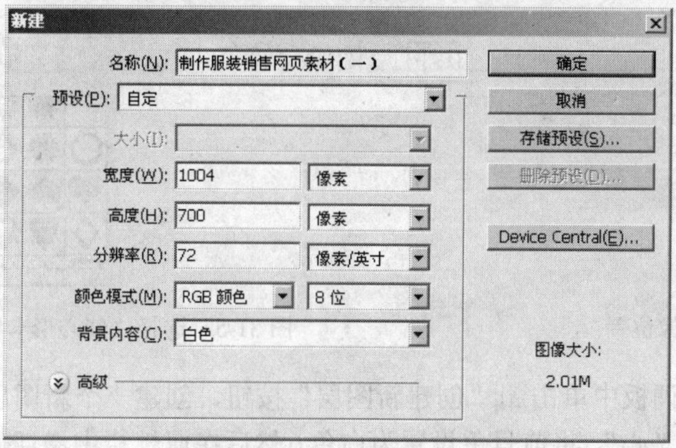

图 31-2 "新建"对话框

[2] 在菜单栏执行"文件"/"打开"命令，打开"打开"对话框。从该对话框中选择本书附带光盘中的"销售网站/实例 31~40：制作服装销售网/制作服装销售网页素材/背景 01.jpg"文件，如图 31-3 所示，单击"打开"按钮，退出该对话框。

图 31-3　"打开"对话框

[3] 在工具箱中单击 ⊹ "移动工具"按钮，将"背景.jpg"图像拖动至"制作服装销售网页素材（一）"文档窗口中，这时在"图层"调板中会生成一个新的图层——"图层 1"，将其移动至画布中心位置，如图 31-4 所示。

[4] 在工具箱中右击 ＼ "直线工具"按钮，在弹出的下拉按钮中选择 ⊿ "自定形状工具"选项，在属性栏中单击"点按可打开'自定形状'拾色器"按钮，这时打开形状调板，然后参照图 31-5 所示来选择"红心形卡"缩览图。

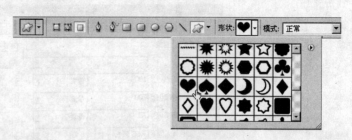

图 31-4　调整图像位置　　　　　　　　图 31-5　选择"红心形卡"选项

[5] 在"图层"调板中单击 ⊒ "创建新图层"按钮，创建一个新图层——"图层 2"，将新创建的图层命名为"心"。将前景色设置为白色，然后在属性栏中激活 □ "填充像素"按钮，按住键盘上的 Shift 键，并参照图 31-6 所示绘制一个"红心形卡"图形。

6 按住键盘上的 Ctrl 键，单击"心"图层缩览图，加载该图层选区，在菜单栏执行"选择"/"修改"/收缩"命令，打开"收缩选区"对话框。在"收缩量"参数栏中键入 5，如图 31-7 所示，单击"确定"按钮，退出该对话框。

图 31-6 绘制"红心形卡"图形

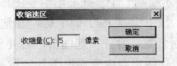

图 31-7 "收缩选区"对话框

7 退出"收缩选区"对话框后，收缩选区，如图 31-8 所示。

8 按下键盘上的 Ctrl+X 组合键，剪切选区内的图像，按下键盘上的 Ctrl+V 组合键，将剪切内容粘贴至新图层内，生成新图层——"图层 2"，并将新图层命名为"心透明"。

9 将"心透明"层内的图像移动至剪切前原位置，在"图层"调板中的"不透明度"参数栏中键入 30%，如图 31-9 所示。

图 31-8 收缩选区

图 31-9 设置图层的不透明度

10 选择"心"层，在"图层"调板底部单击 *fx.* "添加图层样式"按钮，在弹出的快捷菜单中选择"斜面和浮雕"选项，打开"图层样式"对话框。在"深度"参数栏中键入 55，其他参数使用默认设置，如图 31-10 所示，然后单击"确定"按钮，退出该对话框。

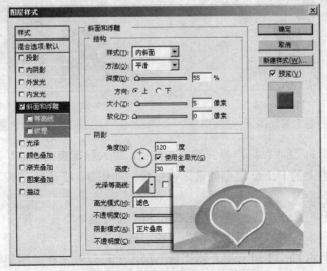

图 31-10 "图层样式"对话框

11 在工具箱中选择 ，"自定形状工具"选项，在属性栏中单击"点按可打开'自定形状'拾色器"按钮，这时打开形状调板，选择"红心形卡"缩览图。

12 在"图层"调板中单击 "创建新图层"按钮，创建一个新图层——"图层 2"，将新创建的图层命名为"粉心"，并将该图层移动至最顶层。将前景色设置为粉色（R：237、G：56、B：158），然后在属性栏中激活 "填充像素"按钮，按住键盘上的 Shift 键，并参照图 31-11 所示绘制一个"红心形卡"图形。

13 按下键盘上的 Ctrl 键，加选"心"层、"心透明"层和"粉心"层，按下键盘上的 Ctrl+E 组合键，合并所选图层，合并后的图层名称为"粉心"。

14 使用"自由变换"工具，然后参照图 31-12 所示调整合并图层后的"粉心"层内的图像大小、角度和位置。

图 31-11　绘制"红心形卡"图形

图 31-12　调整图像大小、角度和位置

15 按下键盘上的 Ctrl+J 组合键，将"粉心"层复制，在"图层"调板中会生成一个新的图层——"粉心副本"。

16 确定"粉心副本"处于可编辑状态，在菜单栏执行"编辑"/"变换"/"垂直翻转"命令，使图像垂直翻转，然后垂直移动该图像到如图 31-13 所示的位置。

17 选择工具箱中的 "以快速蒙版模式编辑"按钮，进入快速蒙版模式编辑状态，然后选择工具箱中的 "渐变工具"，按住键盘上的 Shift 键，从上向下拖动鼠标，产生如图 31-14 所示的蒙版效果。

图 31-13　垂直移动图像

图 31-14　创建蒙版区域

18 单击工具箱的 "以标准模式编辑"按钮，进入标准模式状态，新创建的蒙版区域变为选区，按下键盘上的 Delete 键删除选区内图像，如图 31-15 所示，按下键盘上的 Ctrl+D 组合键，取消选区。

19 按下键盘上的 Ctrl 键，加选"粉心"层和"粉心副本"层，按下键盘上的 Ctrl+E 组合键，合并所选图层，合并后的图层名称为"粉心副本"。

20 按下键盘上的 Ctrl+J 组合键，将"粉心副本"层复制，在"图层"调板中会生成一个新的图层——"粉心副本 2"。

21　确定"粉心副本 2"处于可编辑状态，在菜单栏执行"编辑"/"变换"/"水平翻转"
命令，使图像水平翻转，然后水平移动该图像到如图 31-16 所示的位置。

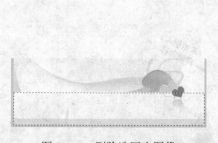

图 31-15　删除选区内图像　　　　　　　　　图 31-16　水平移动图像

22　在菜单栏执行"文件"/"打开"命令，打开"打开"对话框。从该对话框中选择本
书附带光盘中的"销售网站/实例 31~40：制作服装销售网/制作服装销售网页素材\人物素
材.tif"文件，如图 31-17 所示，单击"打开"按钮，退出该对话框。

图 31-17　"打开"对话框

23　在工具箱中单击 "移动工具"按钮，将"人物素材.tif"图像拖动至制作"服装销
售网页素材（一）"文档窗口中，这时在"图层"调板中会生成一个新的图层——"人物素材.tif"，
将其移动至如图 31-18 所示的位置。

24　现在服装销售网页首页的素材就全部完成了，完成后的效果如图 31-19 所示。如果
读者在制作过程中遇到了什么问题，可以打开本书附带光盘中的"销售网站/实例 31~40：制

作服装销售网/制作服装销售网页素材/制作服装销售网页素材（一）.psd"文件，该文件为本实例完成后的文件。

图 31-18　调整图像位置　　　　　　　　图 31-19　服装销售网页首页背景

实例 32　制作服装销售网页素材（二）

在本实例中，将指导读者使用 Photoshop CS4 制作服装销售网页"进入我们"的素材。通过本实例的学习，使读者了解圆角矩形工具和色相/饱和度工具的使用方法。

在本实例中，首先导入素材图像，使用圆角矩形工具绘制圆角矩形，使用添加图层样式工具设置圆角矩形阴影效果，使用自定形状工具绘制花图形，使用色彩平衡工具调整图像颜色。图 32-1 所示为本实例完成后的效果。

图 32-1　服装销售网页进入我们背景

1 运行 Photoshop CS4，在菜单栏执行"文件"/"新建"命令，打开"新建"对话框。在"名称"文本框中键入"制作服装销售网页素材（二）"文本，在"宽度"参数栏中键入1004，在"高度"参数栏中键入 700，设置单位为"像素"，在"分辨率"参数栏中键入 72，在"颜色模式"下拉选项栏中选择"RGB 颜色"选项，在"背景内容"下拉选项栏中选择"白色"选项，如图 32-2 所示，单击"确定"按钮，创建一个新文件。

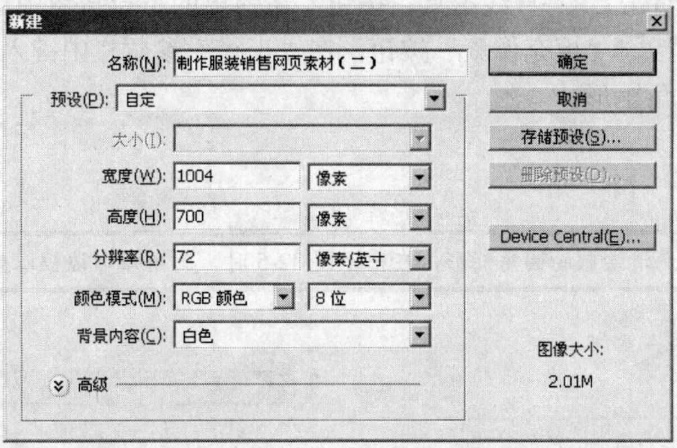

图 32-2 "新建"对话框

2 在菜单栏执行"文件"/"打开"命令，打开"打开"对话框，从该对话框中选择本书附带光盘中的"销售网站/实例 31~40：制作服装销售网/制作服装销售网页素材/背景 02.jpg"文件，如图 32-3 所示，单击"打开"按钮，退出该对话框。

图 32-3 "打开"对话框

3 在工具箱中单击 "移动工具"按钮，将"背景 02.jpg"图像拖动至"制作服装销售网页素材（二）"文档窗口中，这时在"图层"调板中会生成一个新的图层——"图层 1"，将其移动至画布中心位置，如图 32-4 所示。

4 在"图层"调板中单击 "创建新图层"按钮，创建一个新图层——"图层 2"，将新创建的图层命名为"白块"，然后将前景色设置为白色。

5 在工具箱中右击 ＼ "直线工具"按钮，在弹出的下拉按钮中选择 ▢ "圆角矩形"选项，在属性栏中激活▢ "填充像素"按钮，在"半径"参数栏中键入 50 px，然后参照图 32-5 所示绘制一个圆角矩形。

提示 为了使读者看清绘制的圆角矩形，在出示图 32-5 时，圆角矩形边框以虚线显示。

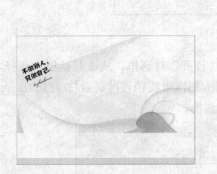

图 32-4　调整图像位置

图 32-5　绘制圆角矩形

6 选择"白块"层，在"图层"调板底部单击 *fx.* "添加图层样式"按钮，在弹出的快捷菜单中选择"投影"选项，打开"图层样式"对话框，在"不透明度"参数栏中键入 100，在"角度"参数栏中键入 0，在"距离"参数栏中键入 0，在"扩展"参数栏中键入 5，在"大小"参数栏中键入 10，如图 32-6 所示，然后单击"确定"按钮，退出该对话框。

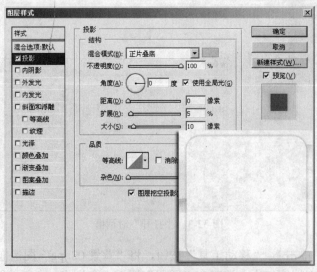

图 32-6　"图层样式"对话框

7 在工具箱中单击 ▢ "矩形选框工具"按钮，在如图 32-7 所示的位置绘制一个矩形选区。

8 确定新绘制的矩形选区仍处于可编辑状态，按下键盘上的 Delete 键，删除选区内容，如图 32-8 所示。按下键盘上的 Ctrl+D 组合键盘，取消选区。

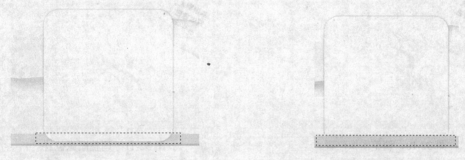

图 32-7　绘制矩形选区　　　　　　　　　　　　图 32-8　删除选区内容

9 在菜单栏执行"文件"/"打开"命令，打开"打开"对话框。从该对话框中选择本书附带光盘中的"销售网站/实例 31~40：制作服装销售网/制作服装销售网页素材/边框 01.tif"文件，如图 32-9 所示，单击"打开"按钮，退出该对话框。

图 32-9　"打开"对话框

10 在工具箱中单击 ⊹ "移动工具"按钮，将"边框 01.tif"图像拖动至制作服装销售网页素材（二）文档窗口中，这时在"图层"调板中会生成一个新的图层——"边框 01"，将其移动至如图 32-10 所示的位置。

11 使用同样的方法，从该对话框中选择本书附带光盘中的"销售网站/实例 31~40：制作服装销售网/制作服装销售网页素材/边框 02.tif"文件，将其移动至如图 32-11 所示的位置。

图 32-10 调整图像位置   图 32-11 调整图像位置

12 在工具箱中右击 □ "圆角矩形工具"按钮，在弹出的下拉按钮中选择 ☒ "自定形状工具"选项，在属性栏中单击"点按可打开'自定形状'拾色器"按钮，这时打开形状调板，然后参照图 32-12 所示选择"花 1"缩览图。

图 32-12 选择"花 1"选项

13 在"图层"调板中单击 ☑ "创建新图层"按钮，创建一个新图层——"图层 2"，并将新创建的图层命名为"花"。将前景色设置为粉色（R：255、G：75、B：183），然后在属性栏中激活 □ "填充像素"按钮，按住键盘上的 Shift 键，并参照图 32-13 所示绘制一个"花 1"图形。

图 32-13 绘制"花 1"图形

14 使用同样的方法，绘制其他大小不同的"花 1"图形，如图 32-14 所示。

15 将前景色设置为淡粉色（R：255、G：75、B：183），绘制其他大小不同的"花 1"图形，如图 32-15 所示。

图 32-14 绘制其他"花 1"图形

图 32-15 绘制其他"花 1"图形

16 在菜单栏执行"文件"/"打开"命令，打开"打开"对话框。从该对话框中选择本书附带光盘中的"销售网站/实例 31~40：制作服装销售网/制作服装销售网页素材/支架.tif"文件，如图 32-16 所示，单击"打开"按钮，退出该对话框。

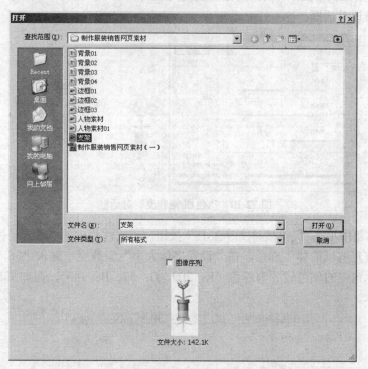

图 32-16 "打开"对话框

17 在工具箱中单击 ↔ "移动工具"按钮，将"支架.tif"图像拖动至制作服装销售网页素材（二）文档窗口中，这时在"图层"调板中会生成一个新的图层——"支架"，将其移动至如图 32-17 所示的位置。

18 选择"支架"层，按下键盘上的 Ctrl+J 组合键，将"支架"层复制，在"图层"调板中会生成一个新的图层——"支架副本"。

19 按下键盘上的 Ctrl+T 组合键，打开自由变换框，然后参照图 32-18 所示调整图像的大小和位置，按下键盘上的 Enter 键，取消自由变换框。

图 32-17　调整图像位置

图 32-18　调整图像大小和位置

20 在菜单栏执行"图像"/"调整"/"色相/饱和度"命令，打开"色相/饱和度"对话框，在"色相"参数栏中键入 180，其他参数使用默认设置，如图 32-19 所示。然后单击"确定"按钮，退出该对话框。

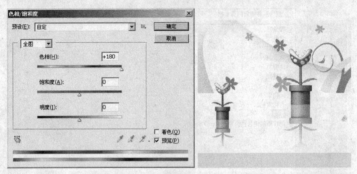
图 32-19　"色相/饱和度"对话框

21 在工具箱中单击 **T** "横排文字工具"按钮，在属性栏中的"设置字体系列"下拉选项栏中选择"方正剪纸简体"选项，在"设置字体大小"参数栏中键入"36 点"，将"设置文本颜色"显示窗中的颜色设置为粉色（R：209、G：57、B：143），在如图 32-20 位置键入"芬式特"文本。

图 32-20　键入文本

22 在工具箱中单击 **T** "横排文字工具"按钮，在属性栏中的"设置字体系列"下拉选项栏中选择 Garamond Premi…选项，在"设置字体大小"参数栏中键入"36 点"，将"设置文本颜色"显示窗中的颜色设置为灰色（R：161、G：161、B：161），在如图 32-21 位置键入"FEN　SHI　TE"文本。

图 32-21　键入文本

23 在工具箱中单击 **T** "横排文字工具"按钮，在属性栏中的"设置字体系列"下拉选项栏中选择"方正铁筋隶书…"选项，在"设置字体大小"参数栏中键入"30 点"，将"设置文本颜色"显示窗中的颜色设置为灰色（R：127、G：127、B：127），在如图 32-22 位置键入"首页 进入我们 内容欣赏 企业介绍"文本。

图 32-22　键入文本

24 现在服装销售网页"进入我们"的素材就全部完成了，完成后的效果如图 32-23 所示。如果读者在制作过程中遇到了什么问题，可以打开本书附带光盘中的"销售网站/实例 31~40：制作服装销售网/制作服装销售网页素材/制作服装销售网页素材（二）.psd"文件，该文件为本实例完成后的文件。

图 32-23　服装销售网页进入我们背景

实例 33　制作服装销售网页素材（三）

在本实例中，将指导读者使用 Photoshop CS4 制作服装销售网页"内容欣赏"的素材。通过本实例的学习，使读者了解钢笔工具、渐变工具和多边形套索工具的使用方法。

在本实例中，首先导入素材图像，然后使用圆角矩形工具绘制圆角矩形路径，使用钢笔工具调整路径形态，使用将路径作为选区载入工具将路径转换为选区，使用渐变工具填充选区，最后使用多边形套索工具绘制不规则选区，使用前景色工具填充选区。图 33-1 所示为本实例完成后的效果。

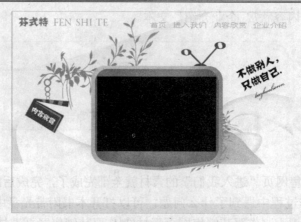

图 33-1　服装销售网页内容欣赏背景

1 运行 Photoshop CS4，在菜单栏执行"文件"/"新建"命令，打开"新建"对话框。在"名称"文本框中键入"制作服装销售网页素材（三）"文本，在"宽度"参数栏中键入 1004，在"高度"参数栏中键入 700，设置单位为"像素"，在"分辨率"参数栏中键入 72，在"颜色模式"下拉选项栏中选择"RGB 颜色"选项，在"背景内容"下拉选项栏中选择"白色"选项，如图 33-2 所示，单击"确定"按钮，创建一个新文件。

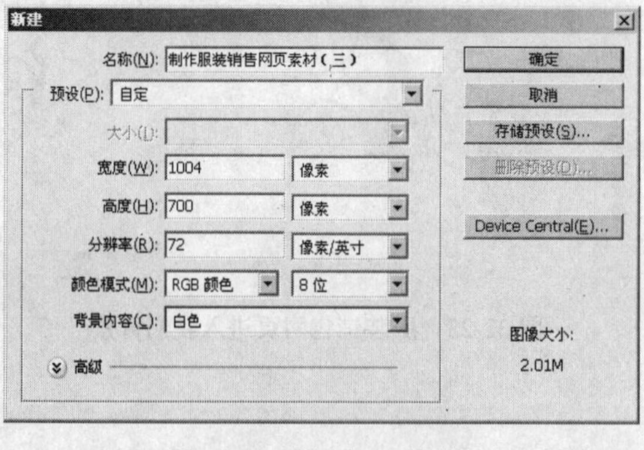

图 33-2　"新建"对话框

2 在菜单栏执行"文件"/"打开"命令，打开"打开"对话框。从该对话框中选择本书附带光盘中的"销售网站/实例 31~40：制作服装销售网/制作服装销售网页素材/背景 03.jpg"文件，如图 33-3 所示，单击"打开"按钮，退出该对话框。

图 33-3 "打开"对话框

3 在工具箱中单击 "移动工具"按钮，将"背景 03.jpg"图像拖动至"制作服装销售网页素材（三）"文档窗口中，这时在"图层"调板中会生成一个新的图层——"图层 1"，将其移动至画布中心位置，如图 33-4 所示。

4 在"图层"调板中单击 "创建新图层"按钮，创建一个新图层——"图层 2"，将新创建的图层命名为"电视"。

5 在工具箱中右击 \ "直线工具"按钮，在弹出的下拉按钮中选择 "圆角矩形工具"选项，在属性栏中激活 "路径"按钮，然后参照图 33-5 所示绘制一个圆角矩形路径。

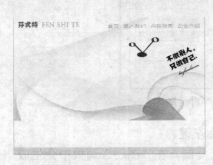

图 33-4 调整图像位置

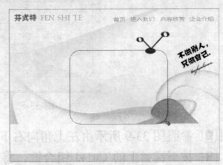

图 33-5 绘制圆角矩形路径

6 选择工具箱中的 ⟨ "钢笔工具"，按住键盘上的 Ctrl 键，单击路径边缘，激活锚点，然后参照图 33-6 所示来添加两个锚点。

7 选择工具箱中的 ⟨ "移动工具"，然后参照图 33-7 所示调整路径形态。

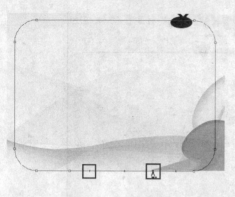
图 33-6　添加锚点

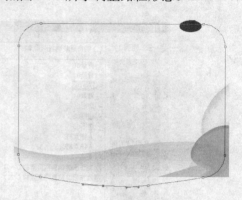
图 33-7　调整路径形态

8 进入 "路径" 调板，单击 "路径" 调板底部的 ⟨ "将路径作为选区载入" 按钮，将路径转换为选区。

8 进入 "图层" 调板，单击工具箱中的 ⟨ "渐变工具" 按钮，在属性栏中激活 ⟨ "菱形渐变" 按钮，然后双击 "点按可编辑渐变" 显示窗，打开 "渐变编辑器" 对话框。在该对话框中设置渐变颜色为由粉色（R：255、G：57、B：143）、浅粉色（R：255、G：179、B：251）和粉色（R：248、G：56、B：255）组成，如图 33-8 所示，单击 "确定" 按钮，退出该对话框。

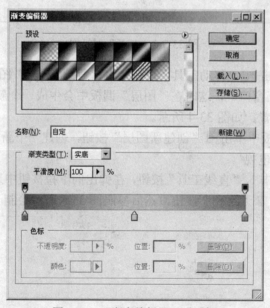
图 33-8　 "渐变编辑器" 对话框

10 参照图 33-9 所示由左上角向右下角拖动鼠标左键。

11 按下键盘上的 Ctrl+J 组合键，将 "电视" 层复制，在 "图层" 调板中会生成一个新的图层——"图层 2"。

⑫ 确定"图层 2"处于可编辑状态，然后使用"自由变换"工具，并参照图 33-10 所示调整图像的大小和位置。

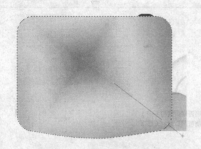

图 33-9　设置渐变填充效果

图 33-10　调整图像大小和位置

⑬ 按住键盘上的 **Ctrl** 键，单击"图层 2"的图层缩览图，加载该图层选区，单击工具箱中的 **█▄** "渐变工具"按钮，在"属性"栏中激活 **▓** "菱形渐变"按钮，然后双击"点按可编辑渐变"显示窗，打开"渐变编辑器"对话框。在该对话框中设置渐变颜色为由粉色（R：255、G：0、B：159）、浅粉色（R：255、G：60、B：244）和粉绿（R：255、G：0、B：159）组成，如图 33-11 所示，单击"确定"按钮，退出该对话框。

⑭ 参照图 33-12 所示由左上角向右下角拖动鼠标左键。

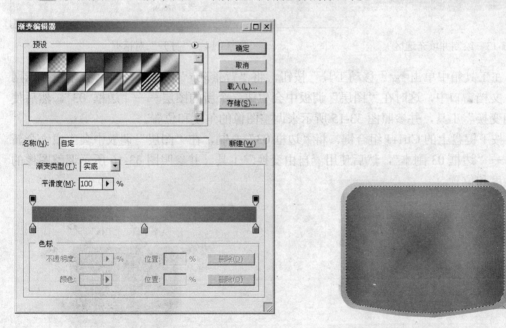

图 33-11　"渐变编辑器"对话框

图 33-12　设置渐变填充效果

⑮ 在工具箱中单击 **▢** "矩形选框工具"按钮，在画布上绘制一个矩形选区，并将其填充为黑色，如图 33-13 所示，按下键盘上的 **Ctrl+D** 组合键，取消选区。

⑯ 在菜单栏执行"文件"/"打开"命令，打开"打开"对话框。从该对话框中选择本书附带光盘中的"销售网站/实例 31~40：制作服装销售网/制作服装销售网页素材/背景边框03.tif"文件，如图 33-14 所示，单击"打开"按钮，退出该对话框。

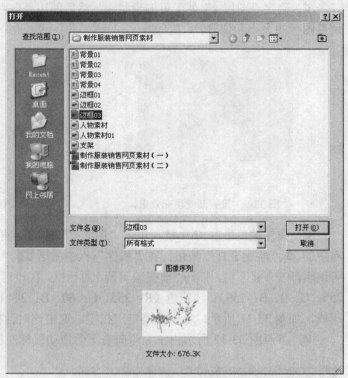

图 33-13　绘制并填充选区　　　　　　图 33-14　"打开"对话框

17 在工具箱中单击 "移动工具"按钮，将"背景.jpg"图像拖动至"太阳镜展示网页素材"文档窗口中，这时在"图层"调板中会生成一个新的图层——"边框 03"，然后使用"自由变换"工具，并参照图 33-15 所示来调整图像的角度和位置。

18 按下键盘上的 Ctrl+J 组合键，将"边框 03"复制，在"图层"调板中会生成一个新的图层——"边框 03 副本"，然后使用"自由变换"工具，并参照图 33-16 所示调整图像的大小、角度和位置。

图 33-15　调整图像角度和位置　　　　图 33-16　调整图像的大小、角度和位置

19 在"图层"调板中将"边框 03"层和"边框 03 副本"层移动至"电视"层底部，如图 33-17 所示。

20 在工具箱中右击 "直线工具"按钮，在弹出的下拉按钮中选择 "自定形状工具"选项，在属性栏中单击"点按可打开'自定形状'拾色器"按钮，这时打开形状调板，然后参照图 33-18 所示来选择"圆形边框"缩览图。

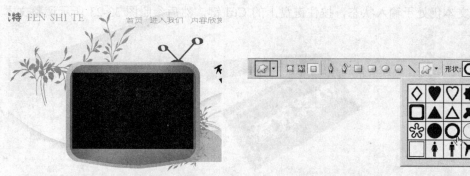

图 33-17 调整图层位置　　　　　　　　　图 33-18 选择"圆形边框"选项

21 在"图层"调板中单击 ┛ "创建新图层"按钮，创建一个新图层——"图层 3"，并将新创建的图层命名为"场记板"。将前景色设置为粉色（R：255、G：67、B：174），然后在属性栏中激活 □ "填充像素"按钮，按住键盘上的 Shift 键，并参照图 33-19 所示制作 4 个大小不等的"圆形边框"图形。

22 在工具箱中单击 ⊻ "多边形套索工具"按钮，然后参照图 33-20 所示绘制一个不规则选区，并将其填充为紫色（R：144、G：0、B：125）。

图 33-19 绘制"圆形边框"图形　　　　　　图 33-20 绘制并填充选区

23 使用同样的方法，使用 ⊻ "多边形套索工具"，按下键盘上的 Shift 键，然后参照图 33-21 所示绘制 4 个不规则选区，并将其填充为粉色（R：255、G：67、B：174）。

24 在工具箱中单击 T "横排文字工具"按钮，在属性栏中的"设置字体系列"下拉选项栏中选择"方正剪纸简体"选项，在"设置字体大小"参数栏中键入 24，将"设置文本颜色"显示窗中的颜色设置为白色，在如图 33-22 所示的位置键入"内容欣赏"文本。

图 33-21 绘制并填充选区　　　　　　　　图 33-22 键入文本

25 确定文本仍处于输入状态，按住键盘上的 Ctrl 键，然后参照图 33-23 所示调整文本角度和位置。

图 33-23　调整文本角度和位置

26 现在服装销售网页首页的素材就全部完成了，完成后的效果如图 33-24 所示。如果读者在制作过程中遇到了什么问题，可以打开本书附带光盘中的 "销售网站/实例 31~40：制作服装销售网/制作服装销售网页素材/制作服装销售网页素材（三）.psd" 文件，该文件为本实例完成后的文件。

图 33-24　服装销售网页内容欣赏背景

实例 34　制作服装销售网页素材（四）

在本实例中，将指导读者使用 Photoshop CS4 制作服装销售网页 "介业介绍" 的素材。通过本实例的学习，使读者了解羽化工具和亮度/对比度工具的使用方法。

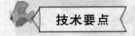

在本实例中，首先导入素材图像，使用自定形状工具绘制多个拼图图形，使用亮度/对比度工具调整拼图图形亮度，使用自由变换工具调整拼图图形的角度及位置，使用圆角矩形工具绘制圆角矩形，使用添加图层样式工具设置圆角矩形投影效果，然后导入人物素材图像，使用渐变工具填充选区，最后使用文本工具键入相关文本。图 34-1 为本实例完成后的效果。

1 运行 Photoshop CS4，在菜单栏执行"文件"/"新建"命令，打开"新建"对话框。在"名称"文本框中键入"制作服装销售网页素材（四）"文本，在"宽度"参数栏中键入1004，在"高度"参数栏中键入 700，设置单位为"像素"，在"分辨率"参数栏中键入 72，在"颜色模式"下拉选项栏中选择"RGB 颜色"选项，在"背景内容"下拉选项栏中选择"白色"选项，如图 34-2 所示，单击"确定"按钮，创建一个新文件。

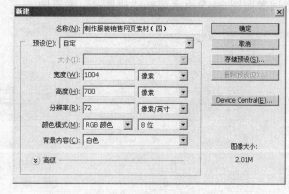

图 34-1 服装销售网页介业介绍背景   图 34-2 "新建"对话框

2 在菜单栏执行"文件"/"打开"命令，打开"打开"对话框。从该对话框中选择本书附带光盘中的"销售网站/实例 31~40：制作服装销售网/制作服装销售网页素材/背景 04.jpg"文件，如图 34-3 所示，单击"打开"按钮，退出该对话框。

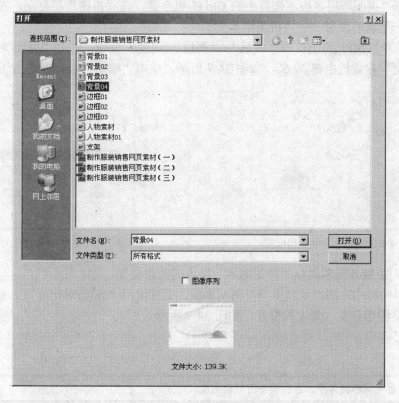

图 34-3 "打开"对话框

③ 在工具箱中单击 ⊹ "移动工具"按钮，将"背景 04.jpg"图像拖动至"制作服装销售网页素材（四）"文档窗口中，这时在"图层"调板中会生成一个新的图层——"图层 1"，将其移动至画布中心位置，如图 34-4 所示。

④ 在工具箱中右击 □ "矩形工具"按钮，在弹出的下拉按钮中选择 ⊘ "自定形状工具"选项，在属性栏中单击"点按可打开'自定形状'拾色器"按钮，这时打开形状调板，然后参照图 34-5 所示选择"拼图 4"缩览图。

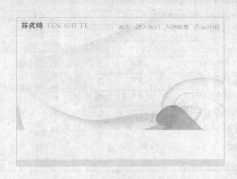

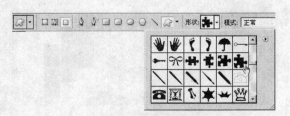

图 34-4　调整图像位置　　　　　　图 34-5　选择"拼图 4"选项

⑤ 创建一个新图层——"图层 2"，将新创建的图层命名为"拼图"。将前景色设置为灰色（R：171、G：171、B：171），然后在属性栏中激活 □ "填充像素"按钮，在画布中绘制一个"拼图"图形，使用"自由变换"工具调整图形角度和位置，如图 34-6 所示。

⑥ 选择"拼图"层，按下键盘上的 Ctrl+J 组合键，将"拼图"层复制，在"图层"调板中会生成一个新的图层——"拼图副本"。

⑦ 在菜单栏执行"图像"/"调整"/"亮度/对比度"命令，打开"亮度/对比度"对话框。在"亮度"参数栏中键入-60，如图 34-7 所示，单击"确定"按钮，退出该对话框。

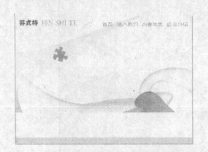

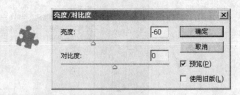

图 34-6　调整图形角度和位置　　　　图 34-7　"亮度/对比度"对话框

⑧ 参照图 34-8 所示调整"拼图副本"层内的图像位置。

⑨ 使用同样的方法，复制多个拼图副本层，通过使用"亮度/对比度"工具和"自由变换"工具调整图形亮度、角度和位置，如图 34-9 所示。

读者可以根据需要，自由调整图形的亮度。

提示

图 34-8 调整图像位置　　　　　　　图 34-9 调整图形亮度、角度和位置

10 在"图层"调板中单击 🔲 "创建新图层"按钮，创建一个新图层——"图层 2"，将新创建的图层命名为"白块"，将该图层的"不透明度"值设置为 70%，然后将前景色设置为白色。

11 在工具箱中右击 🔲 "自定形状工具"按钮，在弹出的下拉按钮中选择 🔲 "圆角矩形工具"选项，在属性栏中激活 🔲 "填充像素"按钮，在"半径"参数栏中键入 20 px，然后参照图 34-10 所示绘制一个圆角矩形。

提示 为了使读者看清绘制的圆角矩形，在显示图 34-10 时，圆角矩形边框以虚线显示。

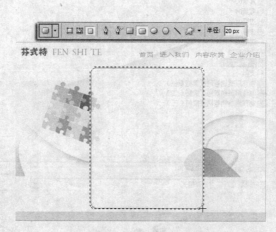

图 34-10 绘制圆角矩形

12 选择"白块"层，在"图层"调板底部单击 *fx* "添加图层样式"按钮，在弹出的快捷菜单中选择"投影"选项，打开"图层样式"对话框。在"不透明度"参数栏中键入 20，在"角度"参数栏中键入 120，在"距离"参数栏中键入 15，在"扩展"参数栏中键入 20，在"大小"参数栏中键入 50，如图 34-11 所示，然后单击"确定"按钮，退出该对话框。

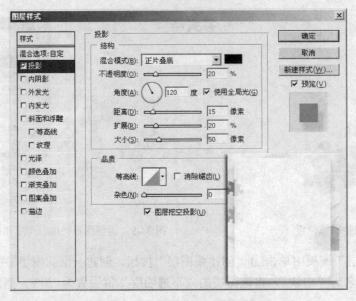

图 34-11　"图层样式"对话框

13　在菜单栏执行"文件"/"打开"命令，打开"打开"对话框。从该对话框中选择本书附带光盘中的"销售网站/实例 31~40：制作服装销售网/制作服装销售网页素材/人物素材01.tif"文件，如图 34-12 所示，单击"打开"按钮，退出该对话框。

图 34-12　"打开"对话框

14 在工具箱中单击 ![移动工具图标]「⊕」"移动工具"按钮，将"人物素材 01.tif"图像拖动至"制作服装销售网页素材（四）"文档窗口中，这时在"图层"调板中会生成一个新的图层——"人物素材01"，将其移动至如图 34-13 所示的位置。

15 按住键盘上的 Ctrl 键，单击"人物素材 01"的图层缩览图，加载该图层选区，单击工具箱中的 ![渐变工具图标]「▭」"渐变工具"按钮，在属性栏中激活 ![线性渐变图标]「▭」"线性渐变"按钮，然后双击"点按可编辑渐变"显示窗，打开"渐变编辑器"对话框。在该对话框中设置渐变颜色为由粉色（R：255、G：0、B：240）、浅粉色（R：255、G：110、B：200）和粉色（R：247、G：37、B：255）组成，如图 34-14 所示，单击"确定"按钮，退出该对话框。

图 34-13　调整图像位置

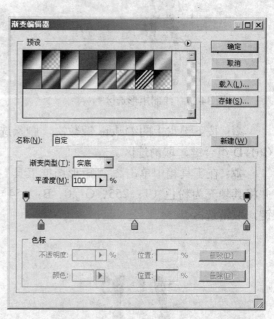

图 34-14　"渐变编辑器"对话框

16 参照图 34-15 所示由上向下拖动鼠标左键，按下键盘上的 Ctrl+D 组合键，取消选区。

17 按下键盘上的 Ctrl+J 组合键，将"人物素材 01"层复制，在"图层"调板中会生成一个新的图层——"人物素材 01 副本"。

18 确定"人物素材 01 副本"处于可编辑状态，在菜单栏执行"编辑"/"变换"/"垂直翻转"命令，使图像垂直翻转，然后垂直移动该图像到如图 34-16 所示的位置。

图 34-15　设置渐变填充效果

图 34-16　垂直移动图像

19 在工具箱中单击 ▫ "矩形选框工具" 按钮，在如图 34-17 所示的位置绘制一个矩形选区。

20 确定新绘制的选区仍处于被选择状态，按下键盘上的 Shift+F6 组合键，打开 "羽化选区" 对话框，在 "羽化半径" 参数栏中键入 50，如图 34-18 所示。单击 "确定" 按钮，退出该对话框。

图 34-17　绘制矩形选区　　　　　　　　图 34-18　　"羽化选区" 对话框

21 按下键盘上的 Delete 键数次，删除选区内的图像，如图 34-19 所示，按下键盘上的 Ctrl+D 组合键，取消选区。

22 在工具箱中单击 ▫ "矩形选框工具" 按钮，在画布上绘制 3 个大小相同的矩形选区，并将其填充为粉色（T：255、G：0、B：154），如图 34-20 所示，按下键盘上的 Ctrl+D 组合键，取消选区。

图 34-19　删除选区内图像　　　　　　　图 34-20　绘制并填充选区

23 在工具箱中右击 ▫ "圆角矩形工具" 按钮，在弹出的下拉按钮中选择 ⌂ "自定形状工具" 选项，在属性栏中单击 "点按可打开'自定形状'拾色器" 按钮，这时打开形状调板，然后参照图 34-21 所示选择 "花 1" 缩览图。

24 在 "图层" 调板中单击 ◰ "创建新图层" 按钮，创建一个新图层——"图层 2"，并将新创建的图层命名为 "心"。将前景色设置为灰色（R：179、G：179、B：179），然后在属性栏中激活 ▫ "填充像素" 按钮，按住键盘上的 Shift 键，并参照图 34-22 所示绘制多个 "花 1" 图形。

25 将前景色设置为灰色（R：209、G：209、B：209），绘制其他大小不同的 "花 1" 图形，如图 34-23 所示。

26 在工具箱中单击 **T** "横排文字工具" 按钮，在属性栏中的 "设置字体系列" 下拉选项栏中选择 "方正剪纸简体" 选项，在 "设置字体大小" 参数栏中键入 "36 点"，将 "设置文本颜色" 显示窗中的颜色设置为黑色，在如图 34-24 所示的位置键入 "不做别人，只做自己."

文本。

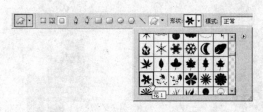

图 34-21 选择"花 1"选项

图 34-22 绘制"花 1"图形

图 34-23 绘制其他"花 1"图形

图 34-24 键入文本

27 确定文本仍处于输入状态，按住键盘上的 **Ctrl** 键，然后参照图 34-25 所示调整文本角度和位置。

28 在工具箱中单击 **T** "横排文字工具"按钮，在属性栏中的"设置字体系列"下拉选项栏中选择 Bickham Script Pro 选项，在"设置字体大小"参数栏中键入"36 点"，将"设置文本颜色"显示窗中的颜色设置为黑色，在如图 34-26 所示的位置键入 buzhuobieren.文本。

图 34-25 调整文本角度和位置

图 34-26 键入文本

28 确定文本仍处于输入状态，按住键盘上的 **Ctrl** 键，然后参照图 34-27 所示调整文本角度和位置。

30 现在服装销售网页"进入我们"的素材就全部完成了，完成后的效果如图 34-28 所示。如果读者在制作过程中遇到了什么问题，可以打开本书附带光盘中的"销售网站/实例 31~40：制作服装销售网/制作服装销售网页素材/制作服装销售网页素材（四）.psd"文件，该文件为本实例完成后的文件。

图 34-27　调整文本角度和位置　　　　　图 34-28　服装销售网页企业介绍背景

实例 35　按钮动画

本实例中，将指导读者使用 Flash CS4 制作按钮动画。通过本实例的学习，使读者了解基本矩形工具、颜色面板和多角星形工具的使用方法。

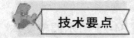

在制作本实例时，首先创建按钮元件，使用基本矩形工具绘制圆角矩形图形，使用颜色面板设置图形线性填充样式，使用文本工具键入相关文本，然后创建影片剪辑元件，使用多角星形工具绘制 5 角星图形，最后将创建的按钮元件和影片剪辑元件拖动至场景内。图 35-1 所示为本实例完成后的效果。

图 35-1　按钮动画

1 运行 Flash CS4，创建一个新的 Flash（ActionScript 2.0）文档。

2 单击"属性"面板中的"属性"卷展栏内的"文档属性"按钮，打开"文档属性"对话框。在"尺寸"右侧的"宽"参数栏中键入"415 像素"，在"高"参数栏中键入"260 像素"，设置背景颜色为白色，设置帧频为 12，标尺单位为"像素"，如图 35-2 所示，单击"确定"按钮，退出该对话框。

3 在菜单栏执行"插入"/"新建元件"命令，打开"创建新元件"对话框。在"名称"文本框中键入"首页"文本，在"类型"下拉选项栏中选择"按钮"选项，如图35-3所示，单击"确定"按钮，退出该对话框。

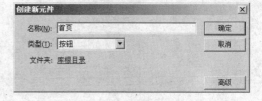

图35-2　"文档属性"对话框　　　　　　　　　图35-3　"创建新元件"对话框

4 退出"创建新元件"对话框后进入"首页"编辑窗，选择"弹起"帧，单击工具箱中的 ⬜ "矩形工具"下拉按钮，在弹出的下拉按钮中选择 ⬜ "基本矩形工具"选项，将"笔触颜色"设置为没有颜色，将"填充颜色"填充设置为任意颜色，在"属性"面板中的"矩形选项"卷展栏内的"矩形边角半径"参数栏中键入20，在编辑窗内任意位置绘制一个基本矩形。

5 选择新绘制的基本矩形，在"属性"面板中的"位置和大小"卷展栏内的X参数栏中键入0，在Y参数栏中键入0，在"宽度"参数栏中键入100，在"高度"参数栏中键入260，如图35-4所示为设置图形大小和位置后的效果。

6 确定新绘制的矩形仍处于可编辑状态，在菜单栏执行"窗口"/"颜色"命令，打开"颜色"面板，在"类型"下拉选项栏中选择"线性"选项，选择色标滑块左侧色标，在"红"参数栏中键入255，在"绿"参数栏中键入51，在"蓝"参数栏中键入204，选择右侧色标，在"红"参数栏中键入255，在"绿"参数栏中键入255，在"蓝"参数栏中键入255，如图35-5所示。

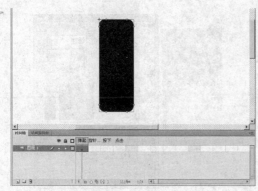

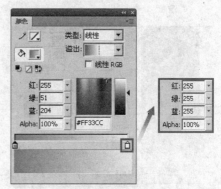

图35-4　设置图形的大小和位置　　　　　　　图35-5　设置色标颜色

7 单击工具箱中的 ⬚ "任意变形工具"下拉按钮下的 ⬚ "渐变变形工具"按钮，将矩形的渐变色设置为如图35-6所示的形态。

8 选择工具箱中的 **T** "文本工具"，在"属性"面板中的"字符"卷展栏内的"系列"

下拉选项栏中选择"综艺体"选项，在"大小"参数栏中键入38，将"文本填充颜色"设置为白色，在如图35-7所示的位置键入"首页"文本。

图35-6　设置渐变填充

图35-7　键入文本

9 按下键盘上的F6键两次，将"弹起"帧内的图形和文本复制到"指针"帧和"按下"帧内，时间轴显示效果如图35-8所示。

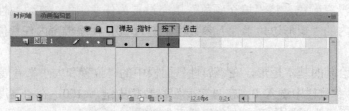

图35-8　时间轴显示效果

10 选择"指针"帧内的矩形图形，进入"颜色"面板，选择色标滑块左侧色标，在"红"参数栏中键入153，在"绿"参数栏中键入57，在"蓝"参数栏中键入249，如图35-9所示。

11 选择"按下"帧内的矩形图形，进入"颜色"面板，选择色标滑块左侧色标，在"红"参数栏中键入241，在"绿"参数栏中键入99，在"蓝"参数栏中键入227，如图35-10所示。

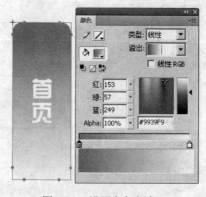

图35-9　设置色标颜色

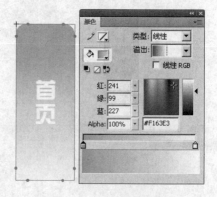

图35-10　设置色标颜色

12 执行菜单栏中"文件"/"导入"/"导入到库"命令，打开"导入到库"对话框，选择本书附带光盘中的"销售网站/实例 31~40：制作服装销售网/制作服装销售网页动画/"音乐 01.mp3"文件，如图35-11所示，单击"打开"按钮，导入文件。

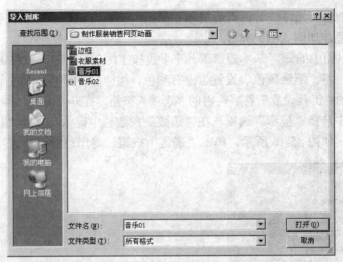

图 35-11　"导入到库"对话框

13　选择"指针"帧，从"库"面板中将"音乐 01.mp3"文件拖动至"首页"编辑窗内，时间轴显示如图 35-12 所示。

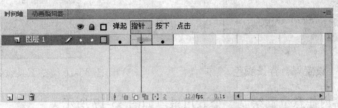

图 35-12　时间轴显示效果

14　使用同样的方法，创建"进入我们"、"内容欣赏"和"企业介绍"按钮元件，"库"面板显示如图 35-13 所示。

15　在菜单栏执行"插入" / "新建元件"命令，打开"创建新元件"对话框。在"名称"文本框中键入"星星"文本，在"类型"下拉选项栏中选择"影片剪辑"选项，如图 35-14 所示，单击"确定"按钮，退出该对话框。

图 35-13　"库"面板显示效果

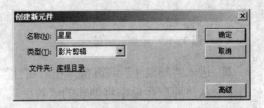

图 35-14　"创建新元件"对话框

16 退出"创建新元件"对话框后进入"星星"编辑窗，进入"属性"面板，将舞台背景颜色设置为黑色，如图 35-15 所示。

17 单击工具箱中的 □ "基本矩形工具"下拉按钮，在弹出的下拉按钮内选择 ○ "多角星形工具"选项，将"笔触颜色"设置为没有颜色，将"填充颜色"填充设置为白色，单击"属性"面板中的"工具设置"卷展栏内的"选项"按钮，打开"工具设置"对话框。在"样式"下拉选项栏中选择"星形"选项，在"边数"参数栏中键入 5，在"星形顶点大小"参数栏中键入 0.50，如图 35-16 所示，单击"确定"按钮，退出该对话框。

图 35-15　设置舞台背景颜色

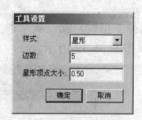

图 35-16　"工具设置"对话框

18 在编辑窗内任意位置绘制一个五角星，如图 35-17 所示。

19 按下键盘上的 F6 键，在第 2 帧内插入关键帧，按下键盘上的 Ctrl 键，加选第 3 帧和第 4 帧，右击鼠标，在弹出的快捷菜单中选择"转换为空白关键帧"选项，时间轴面板显示如图 35-18 所示。

图 35-17　绘制五角星

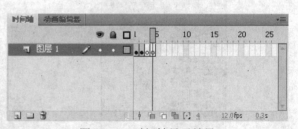

图 35-18　时间轴显示效果

20 进入"场景 1"编辑窗，在"属性"面板中将舞台背景颜色设置为白色。

21 从"库"面板中将创建的"首页"、"企业介绍"、"内容欣赏"和"进入我们"元件拖动至场景内，然后参照图 35-19 所示调整元件位置。

22 选择"图层 1"的第 15 帧，按下键盘上的 F5 键插入帧，使该层的元件在第 1～15

帧之间显示。

23 在"时间轴"面板中单击 ◻ "新建图层"按钮，创建一个新图层——"图层 2"。

24 从"库"面板中将创建的"星星"元件拖动至场景内，然后参照图 35-20 所示调整元件的大小和位置。

图 35-19　调整元件位置

图 35-20　调整元件大小和位置

25 使用同样的方法，多次从"库"面板中将创建的"星星"元件拖动至场景内，然后参照图 35-21 所示来调整元件的大小和位置。

26 现在本实例就全部完成了，按下键盘上的 **Ctrl+Enter** 组合键，测试影片效果，如图 35-22 所示为本实例在按下帧的显示效果。如果读者在制作过程中遇到了什么问题，可以打开本书附带光盘中的"销售网站/制作服装销售网/制作服装销售网页动画/按钮动画.fla"文件，该实例为完成后的文件。

图 35-21 调整元件大小和位置

图 35-22　按钮动画

实例 36　衣服展示动画

本实例中，将指导读者使用 Flash CS4 制作衣服展示动画。通过本实例的学习，使读者了解转换为元件工具、Alpha 工具和创建传统补间动画的使用方法。

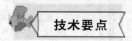

在制作本实例时，首先导入素材图像，然后创建按钮元件，使用转换为元件工具将图像转换为图形元件，使用 Alpha 工具设置元件透明度，最后使用自由变形工具水平翻转元件，使用创建传统补间工具创建传统补间动画。图 36-1 所示为本实例完成后的效果。

图 36-1　衣服展示动画

1 运行 Flash CS4，创建一个新的 Flash（ActionScript 2.0）文档。

2 单击"属性"面板中的"属性"卷展栏内的"文档属性"按钮，打开"文档属性"对话框，在"尺寸"右侧的"宽"参数栏中键入"992 像素"，在"高"参数栏中键入"133像素"，设置背景颜色为白色，设置帧频为 12，标尺单位为"像素"，如图 36-2 所示，单击"确定"按钮，退出该对话框。

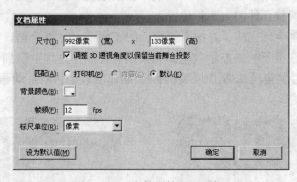

图 36-2　"文档属性"对话框

3 执行"文件"/"导入"/"导入到舞台"命令，打开"导入"对话框，选择本书附带光盘中的"销售网站/实例 31~40：制作服装销售网/制作服装销售网页动画/边框.psd"文件，如图 36-3 所示。然后单击"打开"按钮，退出该对话框。

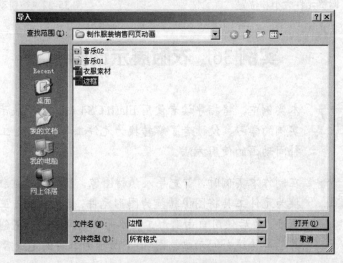

图 36-3　"导入"对话框

4　退出"导入"对话框后，打开"将'边框.psd'导入到舞台"对话框，如图 36-4 所示，单击"确定"按钮，退出该对话框。

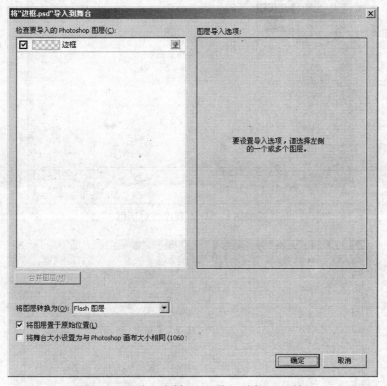

图 36-4　"将'素材.psd'导入到库"对话框

5　退出"将'边框.psd'导入到舞台"对话框后，导入的文件将会出现在舞台内，选择"边框"层内的图像，在"属性"面板中的"位置和大小"卷展栏内的 X 参数栏中键入 0，在 Y 参数栏中键入 0，设置图像位置，如图 36-5 所示。

图 36-5　设置图像位置

6　选择"边框"层内的第 60 帧，按下键盘上的 F5 键插入帧，使该层的图像在第 1～60 帧之间显示。

7　执行"文件"/"导入"/"导入到库"命令，打开"导入到库"对话框，选择本书附带光盘中的"销售网站/实例 31~40：制作服装销售网/制作服装销售网页动画/衣服素材.psd"文件，如图 36-6 所示。

8　单击"导入到库"对话框中的"打开"按钮，退出"导入到库"对话框，打开"将'衣服素材.psd'导入到库"对话框，如图 36-7 所示，单击"确定"按钮，退出该对话框。

8　退出"将'衣服素材.psd'导入到库"对话框后，导入的文件将会出现在"库"面板中。

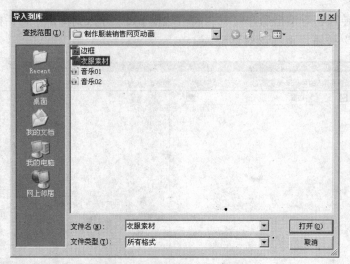

图 36-6　"导入到库"对话框

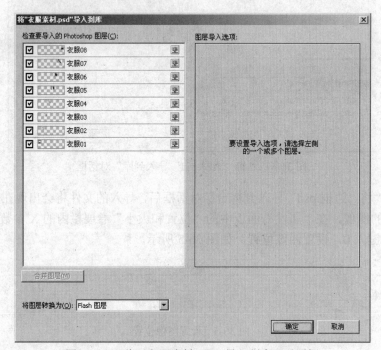

图 36-7　"将'衣服素材.psd'导入到库"对话框

10 在菜单栏执行"插入"/"新建元件"命令，打开"创建新元件"对话框，在"名称"文本框中键入"衣服 01"文本，在"类型"下拉选项栏中选择"按钮"选项，如图 36-8 所示，单击"确定"按钮，退出该对话框。

11 选择"弹起"帧，将"库"面板中的"衣服素材.psd 资源"文件夹中的"衣服 01"图像拖动至"衣服 01"编辑窗内，进入"属性"面板，在"位置和大小"卷展栏内的 X 参数栏中键入 0，在 Y 参数栏中键入 0，设置图像位置，如图 36-9 所示。

12 按下键盘上的 F6 键两次，将"弹起"帧内的图形复制到"指针"帧和"按下"帧内。

13 选择"指针"帧内的图像，在菜单栏执行"修改"/"转换为元件"命令，打开"转换为元件"对话框。在"名称"文本框中键入"衣服 01 透明"文本，在"类型"下拉选项栏中。

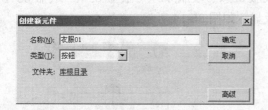

图 36-8　"创建新元件"对话框　　　　　　图 36-9　设置图像位置

选择"图形"选项，如图 36-10 所示，单击"确定"按钮，退出该对话框。

14　选择"衣服 01 透明"元件，进入"属性"面板，在"位置和大小"卷展栏内的 X 参数栏中键入 15，在 Y 参数栏中键入 15，在"宽度"参数栏中键入 60，在"高度"参数栏中键入 60，设置图像位置和大小，在"色彩效果"卷展栏内的"样式"下拉选项栏中选择 Alpha 选项，在 Alpha 参数栏中键入 30，如图 36-11 所示。

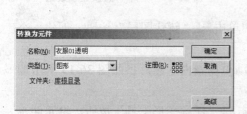

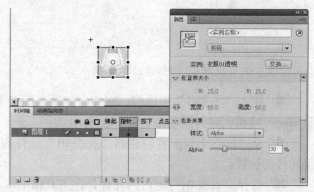

图 36-10　"转换为元件"对话框　　　　　图 36-11　设置元件 Alpha

15　执行菜单栏"文件"/"导入"/"导入到库"命令，打开"导入到库"对话框，选择本书附带光盘中的"销售网站/实例 31~40：制作服装销售网/制作服装销售网页动画/"音乐 02.mp3"文件，如图 36-12 所示，单击"打开"按钮，退出该对话框。

图 36-12　"导入到库"对话框

16 选择"指针"帧，从"库"面板中将"音乐 02.mp3"文件拖动至"衣服 01"编辑窗内，时间轴显示如图 36-13 所示。

17 使用同样的方法，创建"衣服 02"、"衣服 03"、"衣服 04"、"衣服 05"、"衣服 06"、"衣服 07"和"衣服 08"按钮元件，"库"面板显示如图 36-14 所示。

图 36-13　时间轴显示效果　　　　　　　　　图 36-14　"库"面板显示效果

18 进入"场景 1"编辑窗，在"时间轴"面板中单击 ▣ "新建图层"按钮，创建一个新图层，将新创建的图层命名为"衣服 01"。

19 从"库"面板中将创建的"衣服 01"元件拖动至场景内，然后参照图 36-15 所示调整元件的位置。

20 选择"衣服 01"层内的元件，在工具箱中单击 ▩ "任意变形工具"按钮，将元件左上角的中心点移动至元件中心位置，如图 36-16 所示。

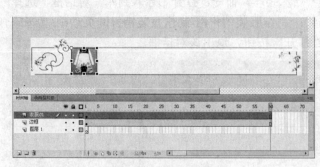

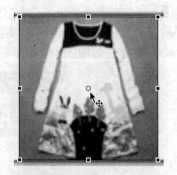

图 36-15　调整元件位置　　　　　　　　　图 36-16　调整中心点位置

21 选择"衣服 01"层内的第 60 帧，按下键盘上的 F6 键，将第 60 帧转换为关键帧，使用 ▩ "任意变形工具"将第 60 帧内的元件水平翻转。

22 在"时间轴"面板中右击"衣服 01"层内的第 1 帧，在弹出的快捷菜单中选择"创建传统补间"选项，确定在第 1~60 帧之间创建传统补间动画，时间轴面板显示如图 36-17 所示。

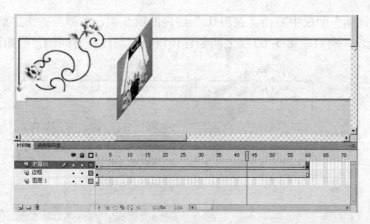

图 36-17 时间轴显示效果

23 在"时间轴"面板中单击 口 "新建图层"按钮,创建一个新图层,将新创建的图层命名为"衣服 02"。

24 从"库"面板中将创建的"衣服 02"元件拖动至场景内,然后参照图 36-18 所示调整元件的位置。

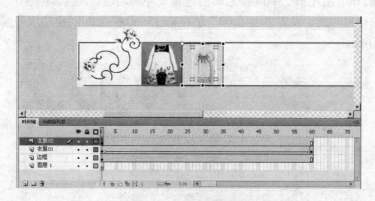

图 36-18 调整元件位置

25 选择"衣服 01"层内的元件,在工具箱中单击 鐾 "任意变形工具"按钮,将元件左上角的中心点移动至元件中心位置,如图 36-19 所示。

图 36-19 调整中心点位置

26 按住键盘上的 Ctrl+Alt 组合键,加选"衣服 02"层内的第 5 帧和第 60 帧,按下键盘上的 F6 键,将选择的帧转换为关键帧,使用 鐾 "任意变形工具"将第 60 帧内的元件水平翻转。

27 在"时间轴"面板中右击"衣服 02"层内的第 5 帧，在弹出的快捷菜单中选择"创建传统补间"选项，确定在第 5~60 帧之间创建传统补间动画，时间轴显示如图 36-20 所示。

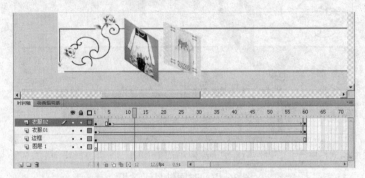

图 36-20　时间轴显示效果

28 使用同样的方法，创建"衣服 03"、"衣服 04"、"衣服 05"、"衣服 06"、"衣服 07"和"衣服 08"层，设置"衣服 03"层在第 10~60 帧之间创建传统补间动画，设置"衣服 04"层在第 15~60 帧之间创建传统补间动画、设置"衣服 05"层在第 20~60 帧之间创建传统补间动画、设置"衣服 06"层在第 25~60 帧之间创建传统补间动画、设置"衣服 07"层在第 30~60帧之间创建传统补间动画、设置"衣服 08"层在第 35~60 帧之间创建传统补间动画，时间轴显示如图 36-21 所示。

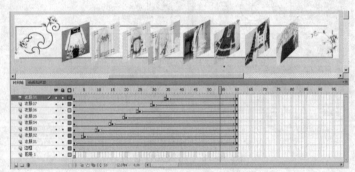

图 36-21　时间轴显示效果

29 现在本实例就全部完成了，按下键盘上的 **Ctrl+Enter** 组合键，测试影片效果，如图 36-22 所示为本实例在不同帧中的显示效果。如果读者在制作过程中遇到了什么问题，可以打开本书附带光盘中的"销售网站/制作服装销售网/制作服装销售网页动画/衣服展示动画.fla"文件，该实例为完成后的文件。

图 36-22　衣服展示动画

实例 37 制作服装销售网页（一）

在本实例中，将指导读者使用 Dreamweaver CS4 制作服装销售网页首页。通过本实例的学习，使读者了解如何使用矩形热点工具、圆形热点工具、导入 SWF 格式文件和 PSD 格式文件的方法。

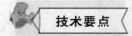

在本实例中，首先导入背景图像，使用矩形热点工具绘制矩形热点区域，使用圆形热点工具绘制圆形热点区域并设置圆形热点区域的网页链接，然后使用媒体工具导入 SWF 格式文件，使用图像工具导入 PSD 格式文件，最后按下 F12 键，预览设置的网页效果。图 37-1 所示为本实例完成后的效果。

图 37-1 服装销售网页首页

1 运行 Dreamweaver CS4，单击起始页面的 HTML 选项，创建一个新的 HTML 格式文件，将该文件保存在本地站点路径内，然后将其命名为"制作服装销售网页（一）"。

2 设置网页的大小和边距。单击"属性"面板中的"页面属性"按钮，打开"页面属性"对话框，在"分类"显示窗中选择"外观（CSS）"选项，在"页面属性"对话框中会显示"外观（CSS）"编辑窗，在"外观（CSS）"编辑窗内的"左边距"、"右边距"、"上边距"和"下边距"参数栏中均键入 0，确定页面边距，如图 37-2 所示，单击"确定"按钮，退出该对话框。

3 在"常用"工具栏中单击 ▣ ·"图像"按钮，打开"选择图像源文件"对话框，从该对话框中选择复制的"销售网站/实例 31~40：制作服装销售网/制作服装销售网页素材/制作服装销售网页素材（一）.psd"文件，如图 37-3 所示。

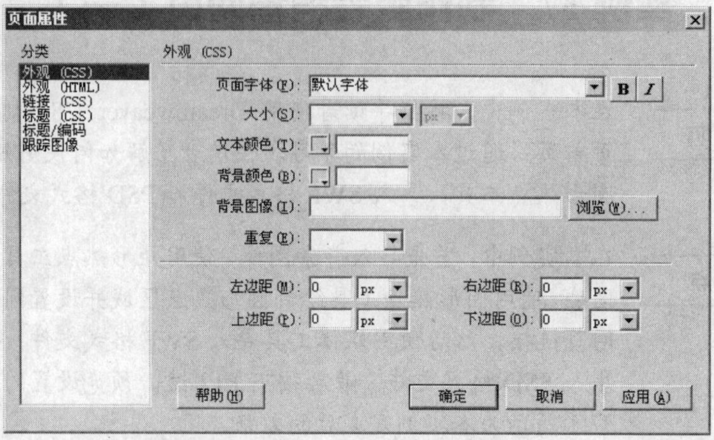

图 37-2　"页面属性"对话框

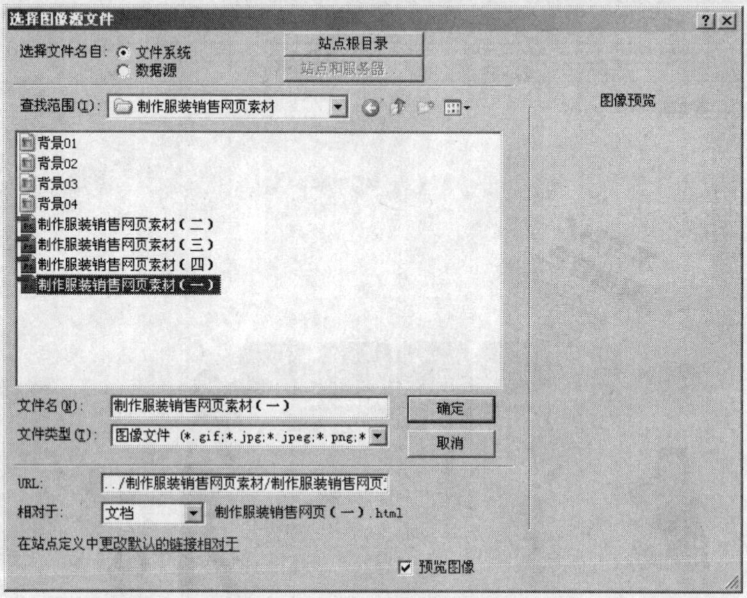

图 37-3　"选择图像源文件"对话框

4 单击"选择图像源文件"对话框中的"确定"按钮，退出"选择图像源文件"对话框后打开"图像预览"对话框，使用默认设置，如图 37-4 所示，单击"确定"按钮，退出该对话框。

5 退出"图像预览"对话框后，打开"保存 Web 图像"对话框。将其保存在复制的"销售网站/实例 31~40：制作服装销售网/制作服装销售网页"文件夹中，在"文件名"文本框中键入"制作服装销售网页素材（一）"文本，如图 37-5 所示，单击"保存"按钮，退出该对话框。

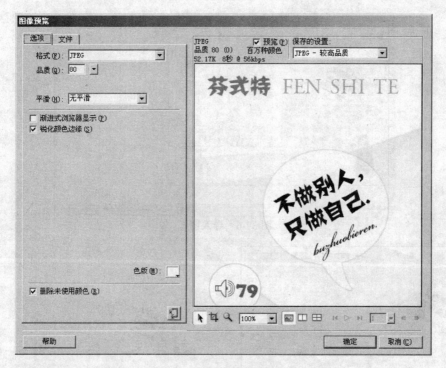

图 37-4　"图像预览"对话框

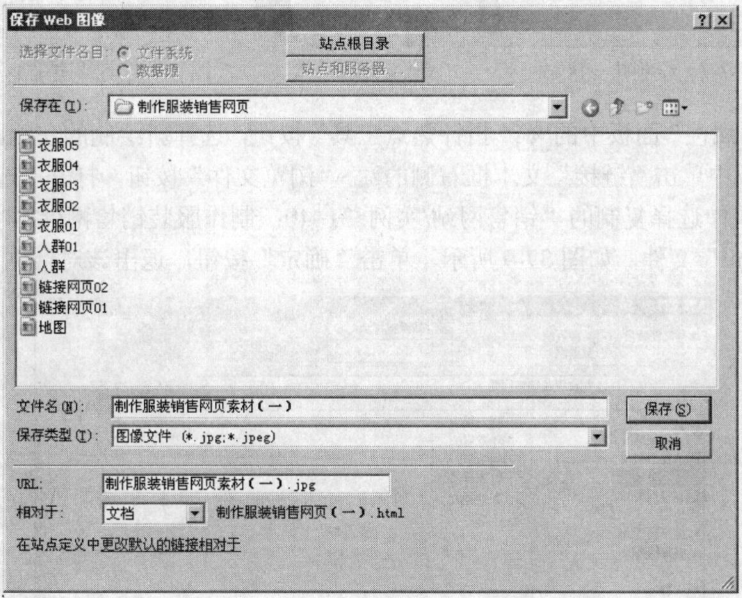

图 37-5　"保存 Web 图像"对话框

6　图像导入后的效果如图 37-6 所示。

7　在页面中选择"制作服装销售网页素材（一）.jpg"图像，单击"属性"面板中的⬛
"矩形热点工具"按钮，然后参照图 37-7 所示来绘制 3 个矩形热点区域。

8　单击"属性"面板中的◯"圆形热点工具"按钮，然后参照图 37-8 所示绘制两个圆
形热点区域。

图 37-6　导入图像

图 37-7　绘制热点区域

图 37-8　绘制热点区域

　　9　单击"属性"面板中的 ↖ "指针热点工具"按钮，选择新绘制的左侧圆形热点区域，在"属性"面板中单击"链接"文本框右侧的 □ "浏览文件"按钮，打开"选择文件"对话框。从该对话框中选择复制的"销售网站/实例 31~40：制作服装销售网/制作服装销售网页/链接网页 01.html"文件，如图 37-9 所示，单击"确定"按钮，退出该对话框。

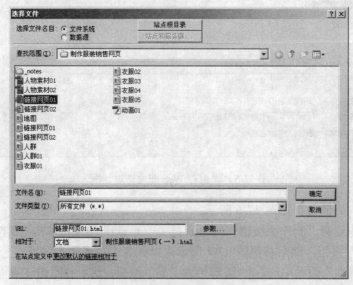

图 37-9　"选择文件"对话框

10 退出"选择文件"对话框后，在"链接"文本框中会显示选择的网页文件，如图 37-10 所示。

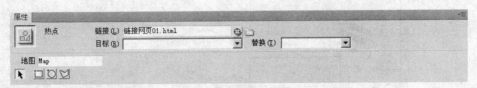

图 37-10 显示文件名称

11 选择新绘制的右侧圆形热点区域，在"属性"面板中单击"链接"文本框右侧的 🗀 "浏览文件"按钮，打开"选择文件"对话框。从该对话框中选择复制的"销售网站/实例 31~40：制作服装销售网/制作服装销售网页/链接网页 02.html"文件，如图 37-11 所示，单击 "确定"按钮，退出该对话框。

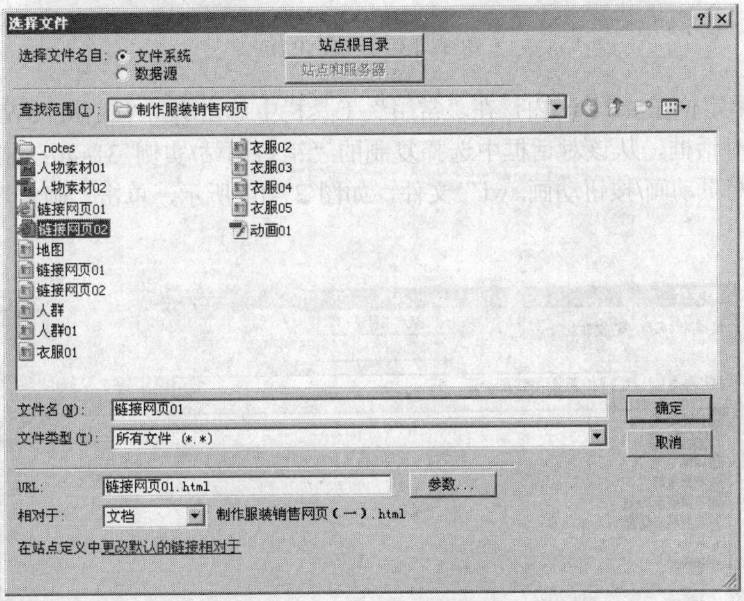

图 37-11 "选择文件"对话框

12 退出"选择文件"对话框后，在"链接"文本框中会显示选择的网页文件，如图 37-12 所示。

图 37-12 显示文件名称

13 在"布局"工具栏中单击 🗒 "绘制 AP Div"按钮，在页面中绘制一个任意 AP Div，选择新绘制的 AP Div，在"属性"面板中的"左"参数栏中键入 275 px，在"上"参数栏中键入 337 px，在"宽"参数栏中键入 415 px，在"高"参数栏中键入 260 px，如图 37-13 所示。

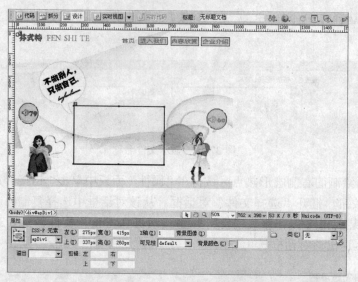

图 37-13　绘制 AP Div

14 将光标定位在 AP Div 内，在"常用"工具栏中单击 **⬚** ▼ "媒体：SWF"按钮，打开
"选择文件"对话框，从该对话框中选择复制的"销售网站/实例 31~40：制作服装销售网/
制作服装销售网页动画/按钮动画.swf"文件，如图 37-14 所示，单击"确定"按钮，退出该
对话框。

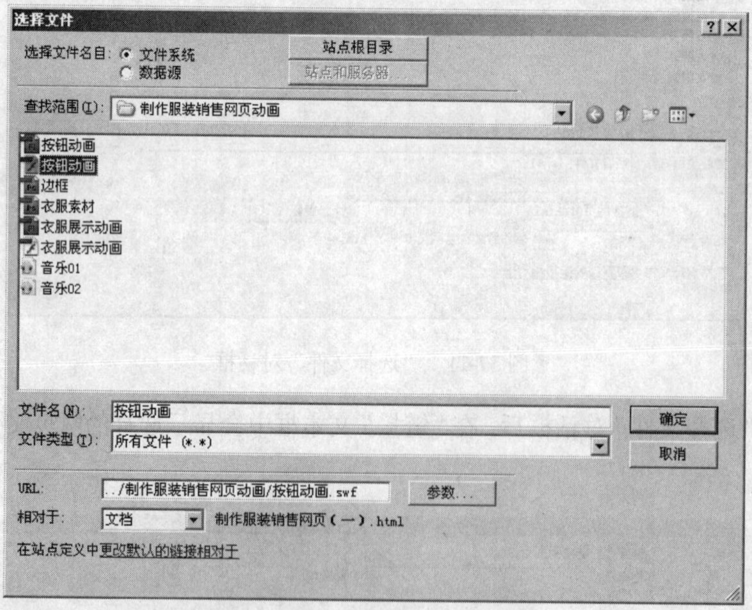

图 37-14　"选择文件"对话框

15 退出"选择文件"对话框后，打开"对象标签辅助功能属性"对话框，单击"确定"
按钮，退出该对话框，素材导入后的效果如图 37-15 所示。

图 37-15 导入素材

16 在"布局"工具栏中单击 "绘制 AP Div"按钮，在页面中绘制一个任意 AP Div，选择新绘制的 AP Div，在"属性"面板中的"左"参数栏中键入 259 px，在"上"参数栏中键入 459 px，在"宽"参数栏中键入 60 px，在"高"参数栏中键入 225 px，如图 37-16 所示。

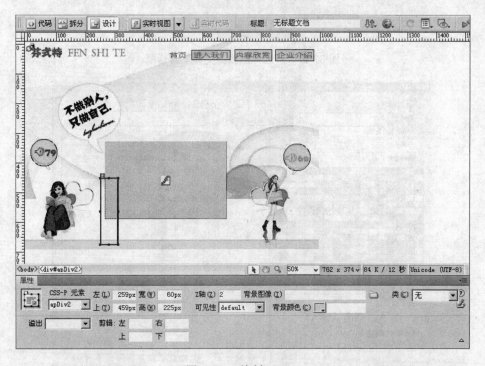

图 37-16 绘制 AP Div

17 将光标定位在新绘制的 AP Div 内，在"常用"工具栏中单击 "图像"按钮，打开"选择图像源文件"对话框。从该对话框中选择复制的"销售网站/实例 31~40：制作服装销售网/制作服装销售网页/人物素材 01.psd"文件，如图 37-17 所示，单击"确定"按钮，退出该对话框。

18 退出"选择图像源文件"对话框后，打开"图像预览"对话框，在"格式"下拉选项栏中选择 GIF 选项，其他参数使用默认设置，如图 37-18 所示，单击"确定"按钮，退出该对话框。

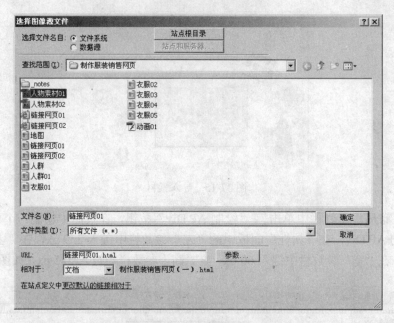

图 37-17　"选择图像源文件"对话框

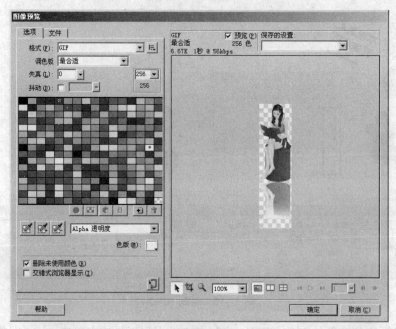

图 37-18　"图像预览"对话框

19 退出"图像预览"对话框后，打开"保存 Web 图像"对话框，将其保存在复制的"销售网站/实例 31~40：制作服装销售网/制作服装销售网页"文件夹中，在"文件名"文本框中键入"人物素材 01"文本，如图 37-19 所示，单击"保存"按钮，退出该对话框。

20 图像导入后的效果如图 37-20 所示。

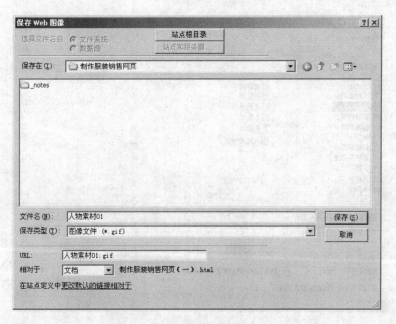

图 37-19 "保存 Web 图像"对话框

21 在"布局"工具栏中单击 ▤ "绘制 AP Div"按钮，在页面中绘制一个任意 AP Div，选择新绘制的 AP Div，在"属性"面板中的"左"参数栏中键入 654 px，在"上"参数栏中键入 372 px，在"宽"参数栏中键入 186 px，在"高"参数栏中键入 252 px，如图 37-21 所示。

图 37-20 导入素材

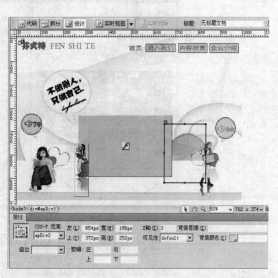

图 37-21 绘制 AP Div

22 将光标定位在新绘制的 AP Div 内，在"常用"工具栏中单击 ▣ ▾ "图像"按钮，打开"选择图像源文件"对话框。从该对话框中选择复制的"销售网站/实例 31~40：制作服装销售网/制作服装销售网页/人物素材 02.psd"文件，如图 37-22 所示，单击"确定"按钮，退出该对话框。

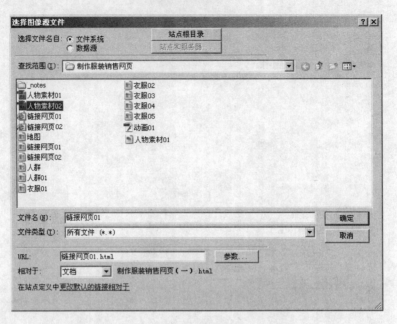

图 37-22　"选择图像源文件"对话框

23 退出"选择图像源文件"对话框后，打开"图像预览"对话框，在"格式"下拉选项栏中选择 GIF 选项，其他参数使用默认设置，如图 37-23 所示，单击"确定"按钮，退出该对话框。

图 37-23　"图像预览"对话框

24 退出"图像预览"对话框后，打开"保存 Web 图像"对话框，将其保存在复制的"销售网站/实例 31~40：制作服装销售网/制作服装销售网页"文件夹中，在"文件名"文本框中键入"人物素材 02"文本，如图 37-24 所示，单击"保存"按钮，退出该对话框。

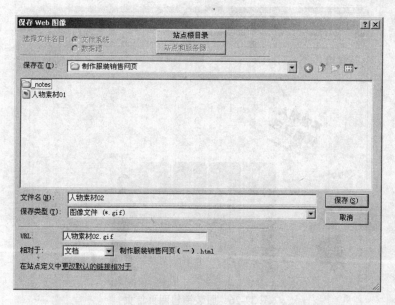

图 37-24 "保存 Web 图像"对话框

25 图像导入后的效果如图 37-25 所示。

图 37-25 导入素材

26 按下键盘上的 F12 键，预览网页，读者可以通过单击按钮导入的 SWF 文件实现按钮互动效果，单击热点区域链接文件。

27 现在本实例就全部完成了，如图 37-26 所示为本实例完成后的效果。如果读者在制作过程中遇到了什么问题，可以打开本书附带光盘中的"销售网站/实例 31~40：制作服装销售网/制作服装销售网页/制作服装销售网页（一）.html"文件，该文件为本实例完成后的文件。

图 37-26　服装销售网页首页

实例 38　制作服装销售网页（二）

在本实例中，将指导读者使用 Dreamweaver CS4 制作服装销售网页首页。通过本实例的学习，使读者了解表单工具、文本字段工具、复选框工具、图像域工具和行为工具的使用方法。

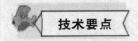

在本实例中，首先导入背景图像，使用表单工具绘制表单，使用文本字段工具创建文本区域，使用复选框工具添加复选框，使用图像域工具添加图像，然后使用行为工具添加晃动效果，最后按下 F12键，预览设置的网页效果。图 38-1 所示为本实例完成后的效果。

图 38-1　服装销售网页进入我们分页

[1] 运行 Dreamweaver CS4，单击起始页面的 HTML 选项，创建一个新的 HTML 格式文件，将该文件保存在本地站点路径内，然后将其命名为"制作服装销售网页（二）"。

[2] 设置网页的大小和边距。单击"属性"面板中的"页面属性"按钮，打开"页面属性"对话框，在"分类"显示窗中选择"外观（CSS）"选项，在"页面属性"对话框中会显示"外观（CSS）"编辑窗，在"外观（CSS）"编辑窗内的"左边距"、"右边距"、"上边距"和"下边距"参数栏中均键入 0，确定页面边距，如图 38-2 所示，单击"确定"按钮，退出该对话框。

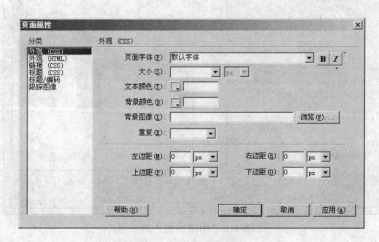

图 38-2　"页面属性"对话框

[3] 在"常用"工具栏中单击 📷 ▾"图像"按钮，打开"选择图像源文件"对话框，从该对话框中选择复制的"销售网站/实例 31~40：制作服装销售网/制作服装销售网页素材/制作服装销售网页素材（二）.psd"文件，如图 38-3 所示，单击"确定"按钮，退出该对话框。

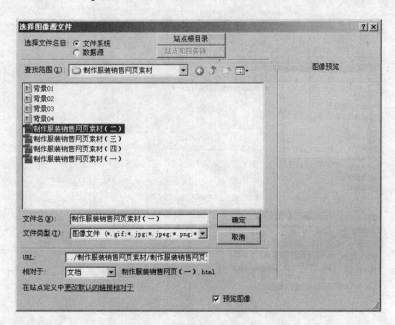

图 38-3　"选择图像源文件"对话框

4 退出"选择图像源文件"对话框后，打开"图像预览"对话框，使用默认设置，如图 38-4 所示，单击"确定"按钮，退出该对话框。

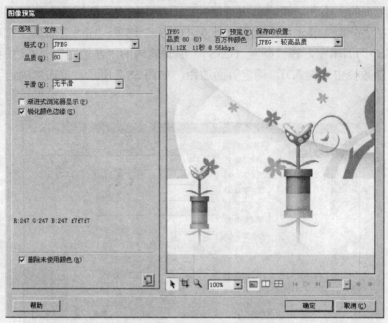

图 38-4　"图像预览"对话框

5 退出"图像预览"对话框后，打开"保存 Web 图像"对话框，将其保存在复制的"销售网站/实例 31~40：制作服装销售网/制作服装销售网页"文件夹中，在"文件名"文本框中键入"制作服装销售网页素材（二）"文本，如图 38-5 所示，单击"保存"按钮，退出该对话框。

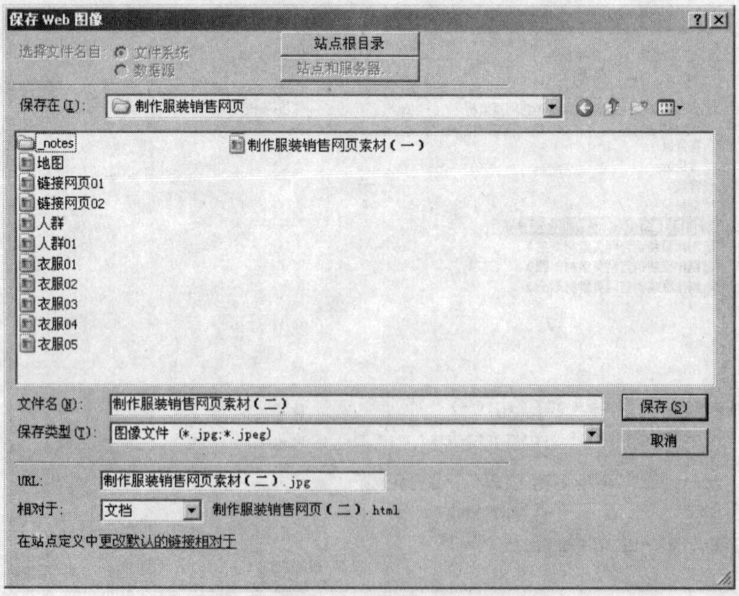

图 38-5　"保存 Web 图像"对话框

6 图像导入后的效果如图 38-6 所示。

图 38-6 导入图像

7 在"布局"工具栏中单击 "绘制 AP Div"按钮，在页面中绘制一个任意 AP Div，选择新绘制的 AP Div，在"属性"面板中的"左"参数栏中键入 520 px，在"上"参数栏中键入 300 px，在"宽"参数栏中键入 350 px，在"高"参数栏中键入 300 px，如图 38-7 所示。

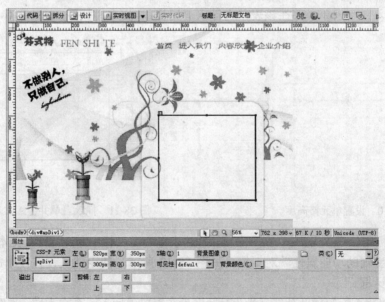

图 38-7 绘制 AP Div

8 将光标定位在新绘制的 AP Div 内，在菜单栏执行"插入"/"表格"命令，打开"表格"对话框。在"行数"参数栏中键入 4，在"列"参数栏中键入 1，在"表格宽度"参数栏中键入 350，在"边框粗细"、"单元格边距"、"单元格间距"参数栏中均键入 0，如图 38-8 所示，单击"确定"按钮，退出"表格"对话框。

8 退出"表格"对话框后，在文档窗口中会出现一个表格，如图 38-9 所示。

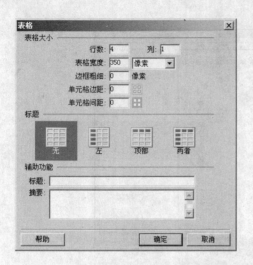

图 38-8　"表格"对话框

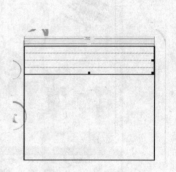

图 38-9　插入表格

10 将光标定位在第一行单元格内,在"属性"面板中的"高"参数栏中键入 50,将光标定位在第二行单元格内,在"属性"面板中的"高"参数栏中键入 50,将光标定位在第三行单元格内,在"属性"面板中的"高"参数栏中键入 120,将光标定位在第四行单元格内,在"属性"面板中的"高"参数栏中键入 80,设置单元格高度,如图 38-10 所示。

11 将光标定位在第一行单元格内,在"表单"工具栏中单击 □ "表单"按钮,在第一行单元格内插入一个表单,并在该表单内键入"用户:"文本,如图 38-11 所示。

图 38-10　设置单元格高度

图 38-11　插入表单并键入文本

12 将光标定位在"用户:"文本右侧,在"表单"工具栏中单击 Ⅰ "文本字段"按钮,打开"输入标签辅助功能属性"对话框,如图 38-12 所示,使用默认设置,单击"确定"按钮,退出该对话框。

13 退出"输入标签辅助功能属性"对话框后在表单内插入一个文本域,如图 38-13 所示。

14 在表单内右击鼠标,在弹出的快捷菜单中选择"对齐"/"居中对齐"选项,使用文本与文本域居中对齐于表单,如图 38-14 所示。

15 使用同样的方法,在第二行单元格内键入"密码:"文本并插入文本域,如图 38-15 所示。

16 选择第二行文本域,在"属性"面板中的"类型"选项组中选择"密码"单选按钮,如图 38-16 所示。

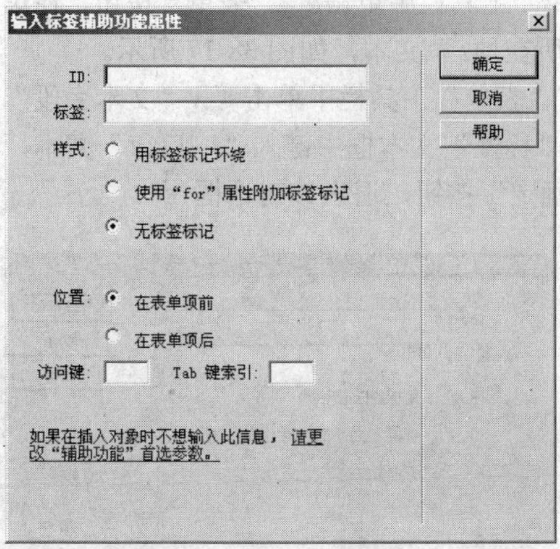

图 38-12 "输入标签辅助功能属性"对话框

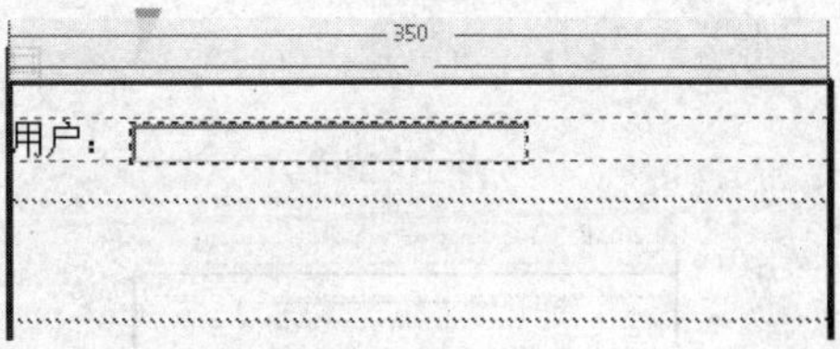

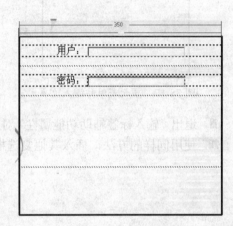

图 38-13 插入文本域

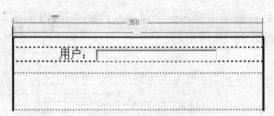

图 38-14 居中对齐

图 38-15 插入文本域

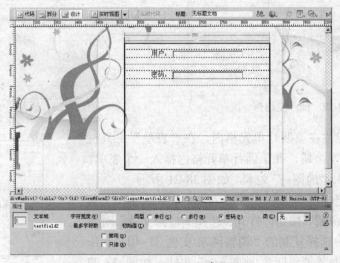

图 38-16 设置文本域类型

17 将光标定位在第三行单元格内，在"表单"工具栏中单击 ▣ "表单"按钮，在第三行单元格内插入一个表单，并在该表单内键入"所在地："文本，如图 38-17 所示。

18 将光标定位在"所在地："文本右侧，在"表单"工具栏中单击 Ⅰ▢ "文本字段"按钮，打开"输入标签辅助功能属性"对话框，在"标签"文本框中键入"广口市"文本，其他参数使用默认设置，如图 38-18 所示，单击"确定"按钮，退出该对话框。

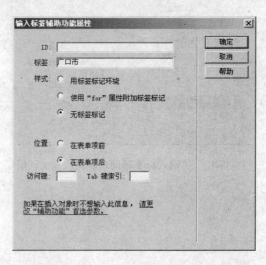

图 38-17　插入表单并键入文本　　　　　　图 38-18　"输入标签辅助功能属性"对话框

19 退出"输入标签辅助功能属性"对话框后在表单内插入一个复选框，如图 38-19 所示。

20 使用同样的方法，插入其他复选框，如图 38-20 所示。

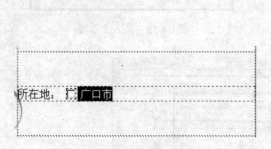

图 38-19　插入复选框　　　　　　　　　　图 38-20　插入其他复选框

21 将光标定位在第四行单元格内，在"表单"工具栏中单击 ▣ "表单"按钮，在第四行单元格内插入一个表单，并在该表单内键入"地图："文本，如图 38-21 所示。

22 将光标定位在"地图："文本右侧，在"表单"工具栏中单击 ▨ "图像域"按钮，打开"选择图像源文件"对话框，从该对话框中选择复制的"销售网站/实例 31~40：制作服装销售网/制作服装销售网页/地图.jpg"文件，如图 38-22 所示，单击"确定"按钮，退出该对话框。

图 38-21　插入表单并键入文本

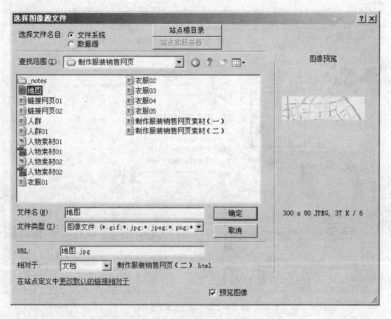

图 38-22 "选择图像源文件"对话框

23 退出"选择图像源文件"对话框后，打开"输入标签辅助功能属性"对话框，如图 38-23 所示，使用默认设置，单击"确定"按钮，退出该对话框。

24 退出"输入标签辅助功能属性"对话框后在表单内导入素材图像，如图 38-24 所示。

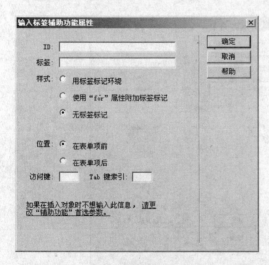

图 38-23 "输入标签辅助功能属性"对话框　　　　图 38-24 导入素材图像

25 设置图像晃动效果。在"布局"工具栏中单击 "绘制 AP Div"按钮，在页面中绘制一个任意 AP Div，选择新绘制的 AP Div，在"属性"面板中的"左"参数栏中键入 250 px，在"上"参数栏中键入 236 px，在"宽"参数栏中键入 192 px，在"高"参数栏中键入 192 px，如图 38-25 所示。

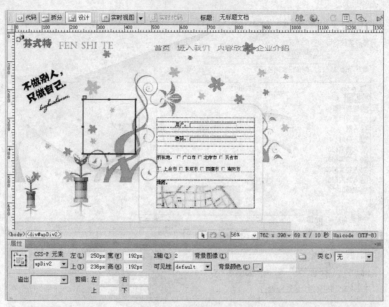

图 38-25　绘制 AP Div

26 将光标定位在新绘制的 AP Div 内，在"常用"工具栏中单击 ■ ▾"图像"按钮，打开"选择图像源文件"对话框，从该对话框中选择复制的"销售网站/实例 31~40：制作服装销售网/制作服装销售网页/衣服 01.jpg"文件，如图 38-26 所示，单击"确定"按钮，退出该对话框。

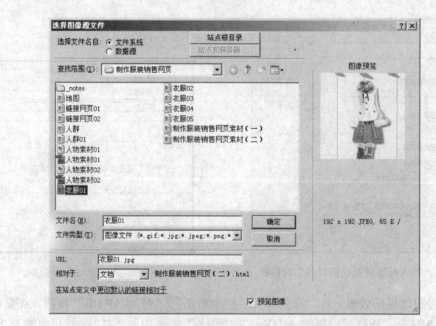

图 38-26　"选择图像源文件"对话框

27 图像导入后的效果如图 38-27 所示。

28 选择导入的素材图像，进入"标签"检查器面板下的"行为"选项卡，在该选项卡中单击 ✚▾"添加行为"按钮，在弹出的快捷菜单中选择"效果"/"晃动"选项，打开"晃动"对话框,如图 38-28 所示,单击"确定"按钮,退出该对话框。

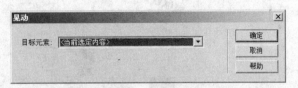

图 38-27 导入图像   图 38-28 "晃动"对话框

29 使用同样的方法,绘制一个"左"位置为 71 px,"上"位置为 430 px,"宽"为 86 px, "高"为 86 px 的 AP Div,在 AP Div 内导入复制的"销售网站/实例 31~40:制作服装销售 网/制作服装销售网页/衣服 02.jpg"文件,并设置该文件"晃动"效果,如图 38-29 所示。

图 38-29 设置图像晃动效果

30 按下键盘上的 F12 键,预览网页,读者可以在文本域内键入文本和密码,单击衣服 图像时图像出现晃动效果。

31 现在本实例就全部完成了,如图 38-30 所示为本实例完成后的效果。如果读者在制 作过程中遇到了什么问题,可以打开本书附带光盘中的"销售网站/实例 31~40:制作服装销 售网/制作服装销售网页/制作服装销售网页(二).html"文件,该文件为本实例完成后的文 件。

图 38-30　服装销售网页进入我们分页

实例 39　制作服装销售网页（三）

在本实例中，将指导读者使用 Dreamweaver CS4 制作服装销售网页首页。通过本实例的学习，使读者了解如何导入 SWF 格式文件、按钮工具和电子邮件链接的使用方法。

在本实例中，首先导入背景图像，使用媒体工具导入 SWF 格式文件，然后使用按钮工具添加重播按钮，使用电子邮件链接工具设置电子邮件链接，最后按下 F12 键，预览设置的网页效果。图 39-1 所示为本实例完成后的效果。

图 39-1　服装销售网页内容欣赏分页

1 运行 Dreamweaver CS4，单击起始页面的 HTML 选项，创建一个新的 HTML 格式文件，将该文件保存在本地站点路径内，然后将其命名为"制作服装销售网页（三）"。

2 设置网页的大小和边距。单击"属性"面板中的"页面属性"按钮，打开"页面属性"对话框，在"分类"显示窗中选择"外观（CSS）"选项，在"页面属性"对话框中会显示"外观（CSS）"编辑窗，在"外观（CSS）"编辑窗内的"左边距"、"右边距"、"上边距"和"下边距"参数栏中均键入 0，确定页面边距，如图 39-2 所示，单击"确定"按钮，退出该对话框。

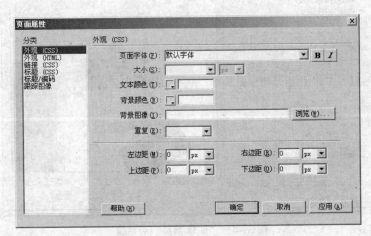

图 39-2 "页面属性"对话框

3 在"常用"工具栏中单击 ▣ ·"图像"按钮，打开"选择图像源文件"对话框，从该对话框中选择复制的"销售网站/实例 31~40：制作服装销售网/制作服装销售网页素材/制作服装销售网页素材（三）.psd"文件，如图 39-3 所示，单击"确定"按钮，退出该对话框。

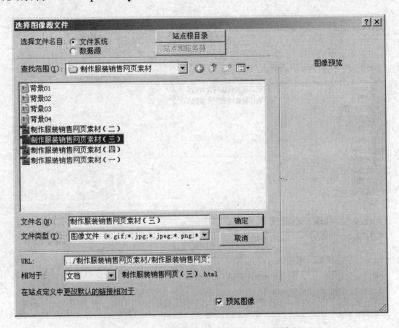

图 39-3 "选择图像源文件"对话框

4 退出"选择图像源文件"对话框后,打开"图像预览"对话框,使用默认设置,如图 39-4 所示,单击"确定"按钮,退出该对话框。

图 39-4　"图像预览"对话框

5 退出"图像预览"对话框后,打开"保存 Web 图像"对话框,将其保存在复制的"销售网站/实例 31~40:制作服装销售网/制作服装销售网页"文件夹中,在"文件名"文本框中键入"制作服装销售网页素材(三)"文本,如图 39-5 所示,单击"保存"按钮,退出该对话框。

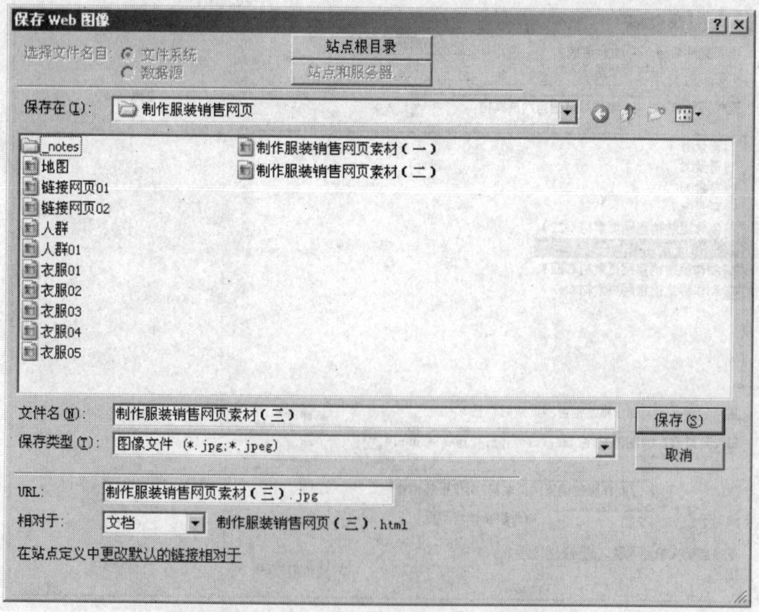

图 39-5　"保存 Web 图像"对话框

6 图像导入后的效果如图 39-6 所示。

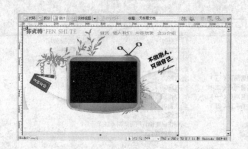

图 39-6 导入图像

7 在"布局"工具栏中单击 ▤ "绘制 AP Div"按钮，在页面中绘制一个任意 AP Div，选择新绘制的 AP Div，在"属性"面板中的"左"参数栏中键入 306 px，在"上"参数栏中键入 225 px，在"宽"参数栏中键入 426 px，在"高"参数栏中键入 265 px，如图 39-7 所示。

图 39-7 绘制 AP Div

8 将光标定位在新绘制的 AP Div 内，在"常用"工具栏中单击 ☑ ▾ "媒体：SWF"按钮，打开"选择文件"对话框，从该对话框中选择复制的"销售网站/实例 31~40：制作服装销售网/制作服装销售网页动画/按钮动画.swf"文件，如图 39-8 所示，单击"确定"按钮，退出该对话框。

9 退出"选择文件"对话框后，打开"对象标签辅助功能属性"对话框，单击"确定"按钮，退出该对话框，素材导入后的效果如图 39-9 所示。

10 选择导入的素材文件，在"属性"面板中清除"循环"复选框，如图 39-10 所示。

11 在"布局"工具栏中单击 ▤ "绘制 AP Div"按钮，在页面中绘制一个任意 AP Div，选择新绘制的 AP Div，在"属性"面板中的"左"参数栏中键入 496 px，在"上"参数栏中键入 501 px，在"宽"参数栏中键入 45 px，在"高"参数栏中键入 24 px，如图 39-11 所示。

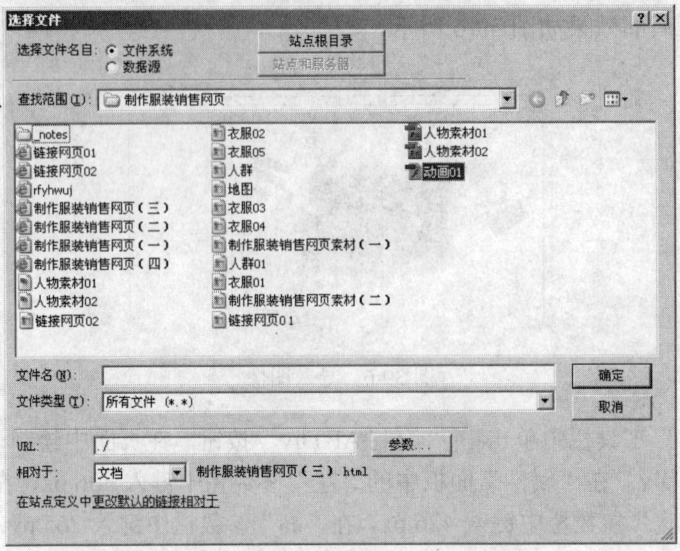

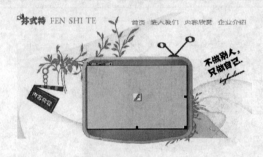

图 39-8　"选择文件"对话框

图 39-9　导入素材

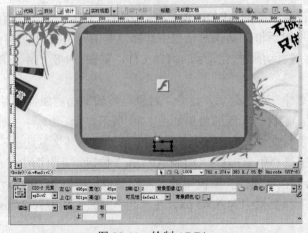

图 39-10　清除"循环"复选框

图 39-11　绘制 AP Div

12 将光标定位在新绘制的 AP Div 内,在"表单"工具栏中单击□"按钮"按钮,打开"输入标签辅助功能属性"对话框,如图 39-12 所示,使用默认设置,单击"确定"按钮,退出该对话框。

13 退出"输入标签辅助功能属性"对话框后在 AP Div 内插入一个按钮,选择插入的按钮,在"属性"面板中的"值"文本框中键入"重播"文本,如图 39-13 所示。

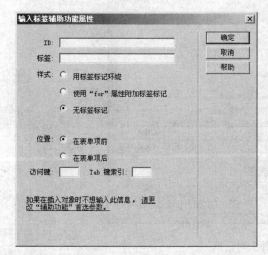

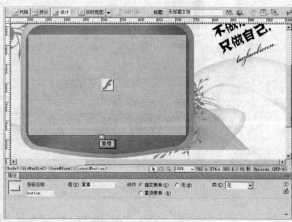

图 39-12　"输入标签辅助功能属性"对话框　　　　　　图 39-13　键入文本

14 在"布局"工具栏中单击目"绘制 AP Div"按钮,在页面中绘制一个任意 AP Div,选择新绘制的 AP Div,在"属性"面板中的"左"参数栏中键入 5 px,在"上"参数栏中键入 565 px,在"宽"参数栏中键入 992 px,在"高"参数栏中键入 133 px,如图 39-14 所示。

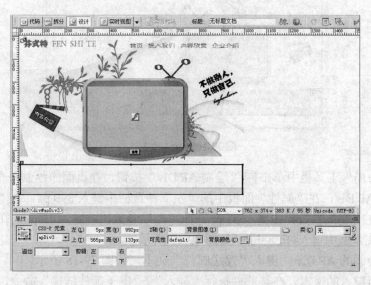

图 39-14　绘制 AP Div

15 将光标定位在新绘制的 AP Div 内,在"常用"工具栏中单击▓▼"媒体:SWF"按钮,打开"选择文件"对话框,从该对话框中选择复制的"销售网站/实例 31~40:制作服装销售网/制作服装销售网页动画/衣服展示动画.swf"文件,如图 39-15 所示,单击"确定"按钮，退出该对话框。

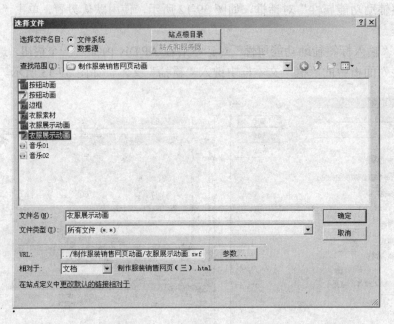

图 39-15　"选择文件"对话框

16 退出"选择文件"对话框后，打开"对象标签辅助功能属性"对话框，单击"确定"按钮，退出该对话框，素材导入后的效果如图 39-16 所示。

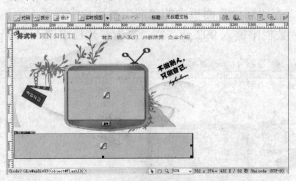

图 39-16　导入素材

17 在"布局"工具栏中单击 "绘制 AP Div"按钮，在页面中绘制一个任意 AP Div，选择新绘制的 AP Div，在"属性"面板中的"左"参数栏中键入 899 px，在"上"参数栏中键入 537 px，在"宽"参数栏中键入 85 px，在"高"参数栏中键入 18 px，在"背景颜色"显示窗右侧的文本框中键入#FE88FF，如图 39-17 所示。

18 在新绘制的 AP Div 内键入"发送邮件"文本，如图 39-18 所示。

19 选择新键入的文本，在菜单栏执行"插入"/"电子邮件链接"命令，打开"电子邮件链接"对话框，在 E-Mail 文本框中键入 mingjing_liu 文本，如图 39-19 所示，单击"确定"按钮，退出该对话框。

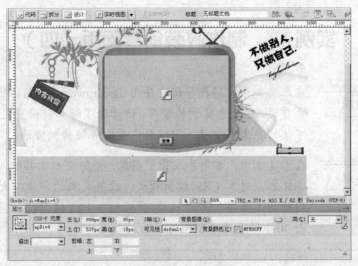

图 39-17　绘制 AP Div

图 39-18　键入文本

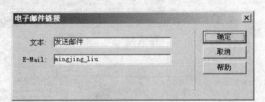

图 39-19　"电子邮件链接"对话框

20 按下键盘上的 F12 键，预览网页，读者可以观看 SWF 格式视频，单击"发送邮件"文本时进行电子邮件链接。

21 现在本实例就全部完成了，如图 39-20 所示为本实例完成后的效果。如果读者在制作过程中遇到了什么问题，可以打开本书附带光盘中的"销售网站/实例 31~40：制作服装销售网/制作服装销售网页/制作服装销售网页（三）.html"文件，该文件为本实例完成后的文件。

图 39-20　服装销售网页内容欣赏分页

实例 40　制作服装销售网页（四）

在本实例中，将指导读者使用 Dreamweaver CS4 制作服装销售网页首页。通过本实例的学习，使读者了解如何设置文本大小、颜色、字体、在文本中插入图像和设置图像链接的方法。

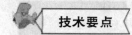

在本实例中，首先导入背景图像，使用文本工具键入相关文本，选择文本，进入 CSS 编辑模式，设置文本的字体、大小及颜色，使用行为工具添加滑动效果，最后按下 F12 键，预览设置的网页效果。图 40-1 所示为本实例完成后的效果。

图 40-1　服装销售网页企业介绍分页

1 运行 Dreamweaver CS4，单击起始页面的 HTML 选项，创建一个新的 HTML 格式文件，将该文件保存在本地站点路径内，然后将其命名为"制作服装销售网页（四）"。

2 设置网页的大小和边距。单击"属性"面板中的"页面属性"按钮，打开"页面属性"对话框，在"分类"显示窗中选择"外观（CSS）"选项，在"页面属性"对话框中会显示"外观（CSS）"编辑窗，在"外观（CSS）"编辑窗内的"左边距"、"右边距"、"上边距"和"下边距"参数栏中均键入 0，确定页面边距，如图 40-2 所示，单击"确定"按钮，退出该对话框。

3 在"常用"工具栏中单击 📷 ·"图像"按钮，打开"选择图像源文件"对话框，从该对话框中选择复制的"销售网站/实例 31~40：制作服装销售网/制作服装销售网页素材/制作服装销售网页素材（四）.psd"文件，如图 40-3 所示。

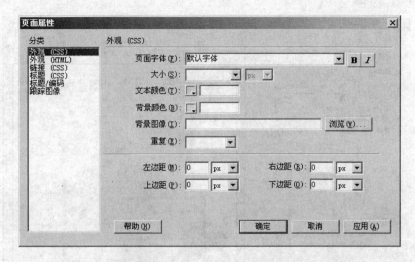

图 40-2　"页面属性"对话框

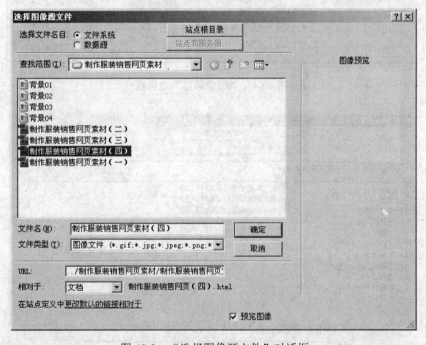

图 40-3　"选择图像源文件"对话框

4　单击"选择图像源文件"对话框中的"确定"按钮，退出"选择图像源文件"对话框后打开"图像预览"对话框，使用默认设置，如图 40-4 所示。

5　单击"图像预览"对话框中的"确定"按钮，退出"图像预览"对话框后打开"保存 Web 图像"对话框，将其保存在复制的"销售网站/实例 31~40：制作服装销售网/制作服装销售网页"文件夹中，在"文件名"文本框中键入"制作服装销售网页素材（四）"文本，如图 40-5 所示，单击"保存"按钮，退出该对话框。

图 40-4　"图像预览"对话框

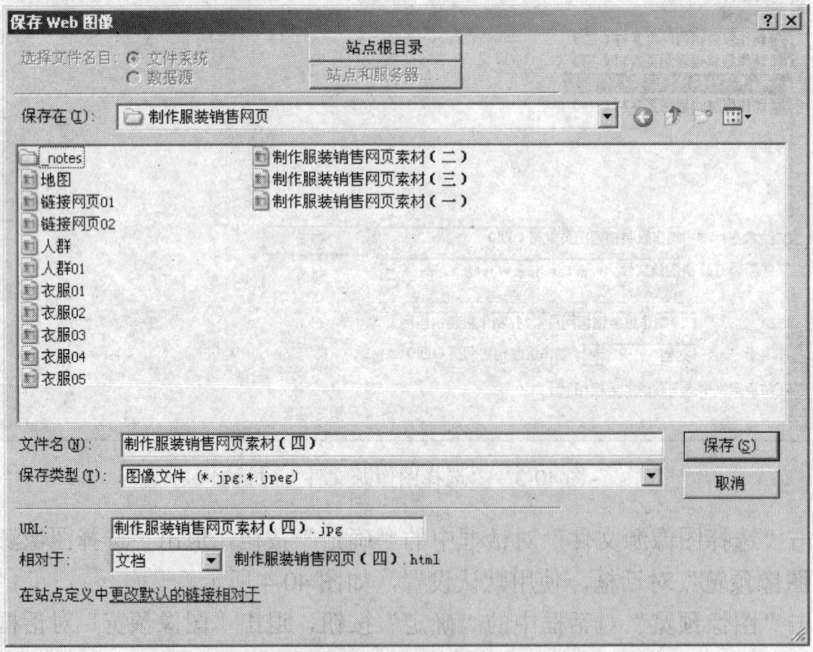

图 40-5　"保存 Web 图像"对话框

6　图像导入后的效果如图 40-6 所示。

图 40-6　导入图像

7 在"布局"工具栏中单击 ⬚ "绘制 AP Div"按钮，在页面中绘制一个任意 AP Div，选择新绘制的 AP Div，在"属性"面板中的"左"参数栏中键入 304 px，在"上"参数栏中键入 105 px，在"宽"参数栏中键入 445 px，在"高"参数栏中键入 80 px，如图 40-7 所示。

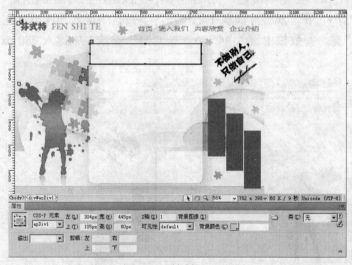

图 40-7　绘制 AP Div

8 将光标定位在新绘制的 AP Div 内，然后参照图 40-8 所示键入相关文本。

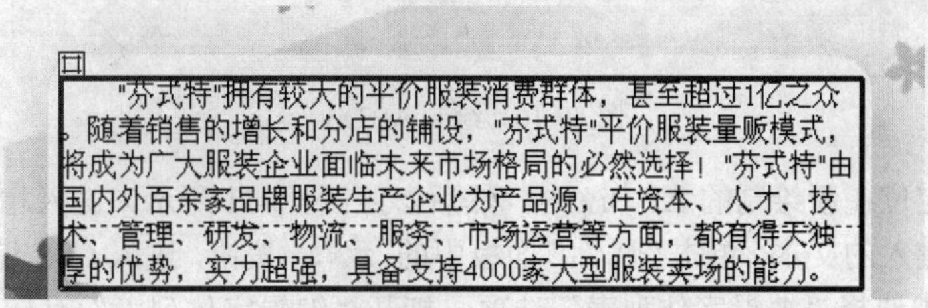

> "芬式特"拥有较大的平价服装消费群体，甚至超过1亿之众。随着销售的增长和分店的铺设，"芬式特"平价服装量贩模式，将成为广大服装企业面临未来市场格局的必然选择！"芬式特"由国内外百余家品牌服装生产企业为产品源，在资本、人才、技术、管理、研发、物流、服务、市场运营等方面，都有得天独厚的优势，实力超强，具备支持4000家大型服装卖场的能力。

图 40-8　键入文本

⑨ 选择键入的文本，单击"属性"面板中的 CSS 按钮，进入 CSS 编辑模式，在"字体"下拉选项栏中选择 Georgia, Times New Roman, Time 选项，在"大小"参数栏中键入 12，将文本颜色设置为粉色（#F6F），如图 40-9 所示。

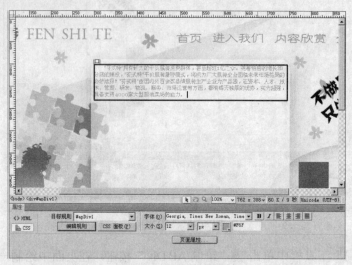

图 40-9　设置文本属性

⑩ 在"布局"工具栏中单击 "绘制 AP Div"按钮，在页面中绘制一个任意 AP Div，选择新绘制的 AP Div，在"属性"面板中的"左"参数栏中键入 304 px，在"上"参数栏中键入 190 px，在"宽"参数栏中键入 445 px，在"高"参数栏中键入 280 px，如图 40-10 所示。

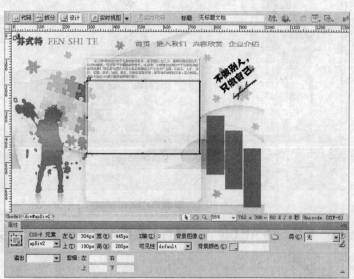

图 40-10　绘制 AP Div

⑪ 将光标定位在新绘制的 AP Div 内，然后参照图 40-11 所示来键入相关文本。

⑫ 选择新键入的文本，单击"属性"面板中的 CSS 按钮，进入 CSS 编辑模式，在"字体"下拉选项栏中选择"编辑字体列表"选项，打开"编辑字体列表"对话框，在"可用字体"下拉选项栏中选择"方正剪纸简体"选项，单击其右侧的 按钮，在"选择的字体"显

示窗和"字体列表"下拉选项栏中会显示选择的字体，如图 40-12 所示，单击"确定"按钮，
退出该对话框。

提示

> 如果读者的机器上没有"方正剪纸简体"字体选项，可以使用其他字体替代。

图 40-11　键入文本　　　　　　　　　　　　　　　图 40-12　"编辑字体列表"对话框

13 在"字体"下拉选项栏中选择新添加的"方正剪纸简体"选项，在"大小"参数栏
中键入 18，将文本颜色设置为绿色（#6EC694），如图 40-13 所示。

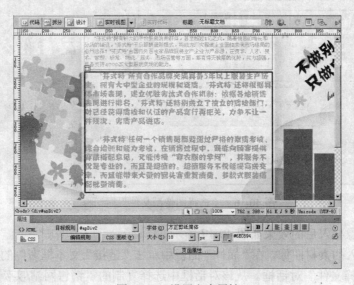

图 40-13　设置文本属性

14 在"布局"工具栏中单击 "绘制 AP Div"按钮，在页面中绘制一个任意 AP Div，
选择新绘制的 AP Div，在"属性"面板中的"左"参数栏中键入 304 px，在"上"参数栏中

键入 482 px，在"宽"参数栏中键入 445 px，在"高"参数栏中键入 160 px，如图 40-14 所示。

15 将光标定位在新绘制的 AP Div 内，然后参照图 40-15 所示来键入相关文本。

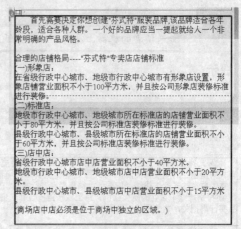

图 40-14　绘制 AP Div　　　　　　　　　　　　　　　图 40-15　键入文本

16 将光标定位在"一个好的品牌应当一提起就给人一个非常明确的产品风格。"文本末端，在"常用"工具栏中单击 ▣ ▾ "图像"按钮，打开"选择图像源文件"对话框，从该对话框中选择复制的"销售网站/实例 31~40：制作服装销售网/制作服装销售网页/人群.jpg"文件，如图 40-16 所示，单击"确定"按钮，退出该对话框。

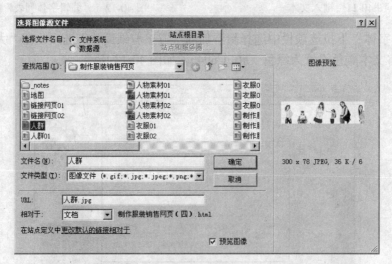

图 40-16　"选择图像源文件"对话框

17 素材图像导入后的效果如图 40-17 所示。

18 选择导入的素材图像，在"属性"面板中单击"链接"文本框右侧的 🗀 "浏览文件"按钮，打开"选择文件"对话框。从该对话框中选择复制的"销售网站/实例 31~40：制作服装销售网/制作服装销售网页/人群.jpg"文件，如图 40-18 所示，单击"确定"按钮，退出该对话框。

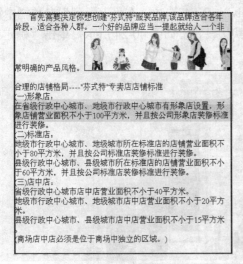

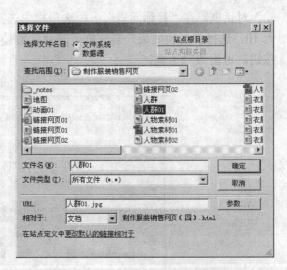

图 40-17　导入素材图像　　　　　　图 40-18　"选择文件"对话框

19 退出"选择文件"对话框后，在"链接"文本框中会显示选择的网页文件，如图 40-19 所示。

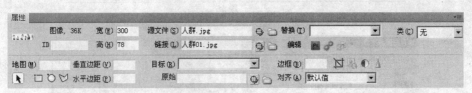

图 40-19　显示文件名称

20 选择最底部 AP Div，在"属性"面板中的"溢出"下拉选项栏中选择 auto 选项，如图 40-20 所示。

图 40-20　选择 auto 选项

21 在"布局"工具栏中单击　"绘制 AP Div"按钮，在页面中绘制一个任意 AP Div，选择新绘制的 AP Div，在"属性"面板中的"左"参数栏中键入 776 px，在"上"参数栏中键入 323 px，在"宽"参数栏中键入 69 px，在"高"参数栏中键入 250 px，如图 40-21 所示。

22 将光标定位在新绘制的 AP Div 内，在"常用"工具栏中单击　▼"图像"按钮，打开"选择图像源文件"对话框，从该对话框中选择复制的"销售网站/实例 31~40：制作服装销售网/制作服装销售网页/衣服 03.jpg"文件，如图 40-22 所示，单击"确定"按钮，退出该对话框。

23 素材图像导入后的效果如图 40-23 所示。

24 选择导入的素材图像，进入"标签"检查器面板下的"行为"选项卡，在该选项卡中单击　"添加行为"按钮，在弹出的快捷菜单中选择"效果"/"滑动"选项，打开"滑动"对话框，在"目标元素"下拉选项栏中选择 div"apDiv4"选项，在"上滑到"参数栏中键入 10，选择"切换效果"复选框，其他参数使用默认设置，如图 40-24 所示，单击"确定"按钮，退出该对话框。

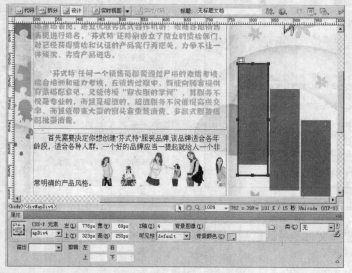

图 40-21 绘制 AP Div

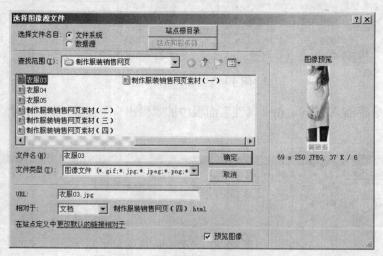

图 40-22 "选择图像源文件"对话框

图 40-23 导入素材图像

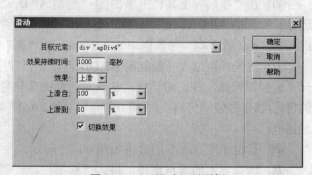

图 40-24 "滑动"对话框

25 使用同样的方法，分别导入"衣服 04"和"衣服 05"素材图像，并设置滑动效果，如图 40-25 所示。

26 按下键盘上的 F12 键，预览网页，读者可以看到键入的文本，单击文本内图像链接到完整图像，单击衣服图像，图像进行滑动效果。

27 现在本实例就全部制作完成了，如图 40-26 所示为本实例完成后的效果。将本实例保存，以便在实例 41 中使用。

图 40-25 设置图像滑动效果

图 40-26 服装销售网页企业介绍分页

28 设置网页的链接。打开制作的"制作服装销售网页（一）"，然后将其命名为"制作服装销售网页完成"。

28 选择页面顶部的进入我们热区，如图 40-27 所示。

30 确定选择的热区仍处于被选择状态，在"属性"面板中单击 "浏览"按钮，打开"选择文件"对话框，从该对话框中选择制作的"制作服装销售网页（二）.html"文件，如图 40-28 所示。

31 单击"选择文件"对话框中的"确定"按钮，退出"选择文件"对话框，设置网页链接。

图 40-27 选择热区

32 使用同样的方法，分别设置内容欣赏热区的链接文件为"制作服装销售网页（三）.html"、设置企业介绍热区的链接文件为"制作服装销售网页（四）.html"。

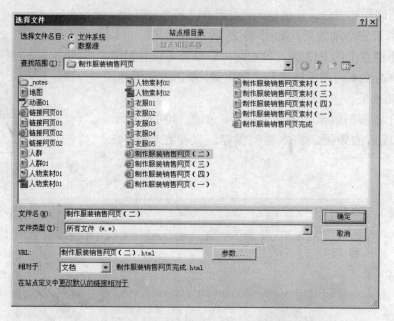

图 40-28　"选择文件"对话框

33　现在本实例就全部完成了，如图 40-29 所示。如果读者在制作过程中遇到了什么问题，可以打开本书附带光盘中的"销售网站/实例 31~40：制作服装销售网/制作服装销售网页/制作服装销售网页完成.html"文件，该文件为本实例完成后的文件。

图 40-29　服装销售网页

第5篇
主流网站

　　本部分实例为本书最后部分的实例，对前面讲解的知识点进行了整体的讲解与巩固，对素材制作、视频添加、特效实现以及网页制作等知识均进行了全面深入的讲解。通过本实例的学习，使读者巩固前面实例中讲解的知识，了解相关工具的使用，并能够独立制作各种类型的网页。

一、凯尼恩灯具网

凯尼恩灯具网为一个灯具销售网站，该网站主色调为白色，左侧为 4 种常用灯具的风格分类，客户可以通过单击分类名称直观地选择不同灯具类型，顶部具有两个卡通助手，不但增加了网页的趣味性，而且快捷地为客户解决各种问题。网页的制作分为 3 个实例来完成，在实例 41 中，使用了 Photoshop CS4 制作助手的会话框；在实例 42 中，使用 Dreamweaver CS4 设置网页的文本超链接功能；在实例 43 中，使用 Dreamweaver CS4 设置网页中的图片进行编辑，完成网页的制作。通过这部分实例，可以使读者进一步了解 gif 动画的制作方法，并能够通过显示-隐藏行为设置复杂的网页效果。下图为凯尼恩灯具网完成后的效果。

凯尼恩灯具网完成效果

实例 41　制作凯尼恩灯具网助手动画

在本实例中，将指导读者使用 Photoshop CS4 制作凯尼恩灯具网的妮妮和凯凯动画。通过本实例的学习，使读者能够使用动画时间轴面板设置动画，并将其以 gif 格式输出。

在本实例中，首先需要打开素材文件，并将人物图像复制到背景素材窗口中；通过 Ctrl+J 组合键，复制人物图像的副本，并使用自由变换工具调整人物在跳动时的不同状态；使用"动画（帧）"调板创建帧，并设置图层的隐藏，以达到跳动的需要；最后将文件输出为 gif 动画格式。图 41-1 所示为本实例完成后的效果。

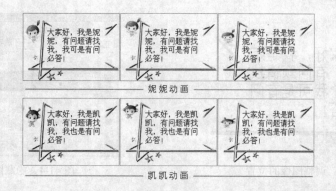

图 41-1　妮妮动画和凯凯动画

1 在菜单栏执行"文件"/"打开"命令，打开"打开"对话框，从该对话框中选择本书附带光盘中的"主流网站/实例 41~43：凯尼恩灯具网/妮妮.tif、妮妮背景.jpg"文件，如图 41-2 所示，单击"打开"按钮，退出该对话框。

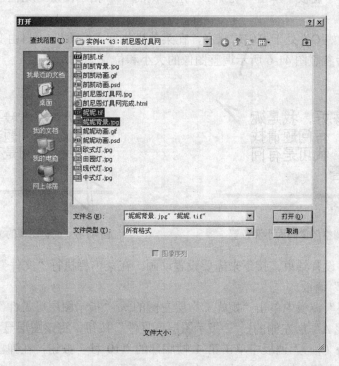

图 41-2　"打开"对话框

2 在工具箱中单击 "移动工具"按钮，将"妮妮.tif"图像拖动至"妮妮背景.jpg"文档窗口中，这时在"图层"调板中会出现一个新的图层——"妮妮"，将其命名为"妮妮 A"，然后将其移动至如图 41-3 所示的位置。

3 确定"妮妮 A"仍处于可编辑状态，按下键盘上的 Ctrl+J 组合键，创建"妮妮 A 副本"，并将其命名为"妮妮 B"。

4 在"图层"调板中单击"妮妮 A"层左侧的 "指示图层可见性"按钮，将该图层隐藏，如图 41-4 所示。

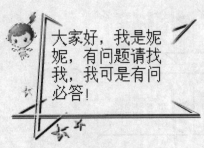

图 41-3　调整图像的位置

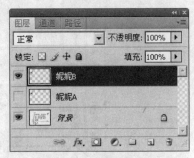

图 41-4　隐藏图层

5 确定"妮妮 B"处于可编辑状态，在菜单栏执行"编辑"/"自由变换"命令，打开自由变换框，然后参照图 41-5 所示来调整图像的大小和位置。

6 确定"妮妮 B"仍处于可编辑状态，按下键盘上的 Ctrl+J 组合键，创建"妮妮 B 副本"，并将其命名为"妮妮 C"。

7 在"图层"调板中单击"妮妮 B"层左侧的 👁 "指示图层可见性"按钮，将该图层隐藏。

8 确定"妮妮 C"处于可编辑状态，在菜单栏执行"编辑"/"自由变换"命令，打开自由变换框，然后参照图 41-6 所示调整图像的大小和位置。

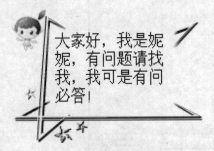

图 41-5　调整图像的大小和位置

图 41-6　调整图像的大小和位置

9 素材文件设置结束，接下来需要设置动画。在菜单栏执行"文件"/"窗口"命令，打开"动画（帧）"调板。

10 在"图层"调板中单击"妮妮 C"层左侧的 👁 "指示图层可见性"按钮，将该图层隐藏，单击"妮妮 A"层左侧的 □ "指示图层可见性"按钮，将该图层显示。

11 在"动画（帧）"调板中单击第 1 帧底部的"10 秒"按钮，在弹出的快捷菜单中选择 0.5 选项，以确定第 1 帧的延迟时间，如图 41-7 所示。

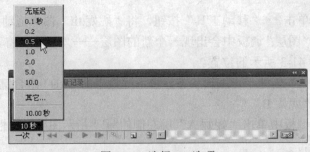

图 41-7　选择 0.5 选项

12　在"动画（帧）"调板中单击底部的　☑　"复制所选帧"按钮，创建第 2 帧。

13　确定第 2 帧处于选择状态，在"图层"调板中单击"妮妮 A"层左侧的 ◉ "指示图层可见性"按钮，将该图层隐藏，单击"妮妮 B"层左侧的 ▢ "指示图层可见性"按钮，将该图层显示。

14　在"动画（帧）"调板中单击第 1 帧底部的"0.5 秒"按钮，在弹出的快捷菜单中选择 0.2 选项，以确定第 2 帧的延迟时间，如图 41-8 所示。

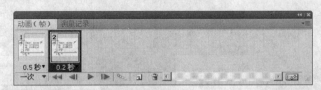

图 41-8　选择 0.2 选项

15　在"动画（帧）"调板中单击底部的　☑　"复制所选帧"按钮，创建第 3 帧。

16　确定第 3 帧处于选择状态，在"图层"调板中单击"妮妮 B"层左侧的 ◉ "指示图层可见性"按钮，将该图层隐藏，单击"妮妮 C"层左侧的 ▢ "指示图层可见性"按钮，将该图层显示。

17　在"动画（帧）"调板中单击第 3 帧底部的"0.2 秒"按钮，在弹出的快捷菜单中选择"0.1 秒"选项，以确定第 3 帧的延迟时间，如图 41-9 所示。

图 41-9　选择"0.1 秒"选项

18　在"动画（帧）"调板中选择第 1 帧，在"动画（帧）"调板中单击底部的　☑　"复制所选帧"按钮，创建第 2 帧。

19　在"动画（帧）"调板中将第 2 帧移动到第 4 帧的右侧，如图 41-10 所示，调整帧的位置。

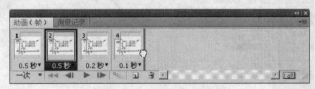

图 41-10　调整帧的位置

20　在"动画（帧）"调板中选择第 2~4 帧，在"动画（帧）"调板中单击底部的　☑　"复制所选帧"按钮，复选所选帧，复制的帧将自动放置在原先结束帧的右侧，如图 41-11 所示。

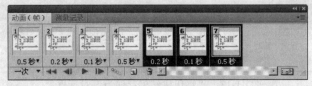

图 41-11　复制帧

21 妮妮动画设置结束，在菜单栏执行"文件"/"存储为 Web 和设备所用格式"命令，打开"存储为 Web 和设备所用格式"对话框，如图 41-12 所示，然后单击"存储"按钮，退出该对话框。

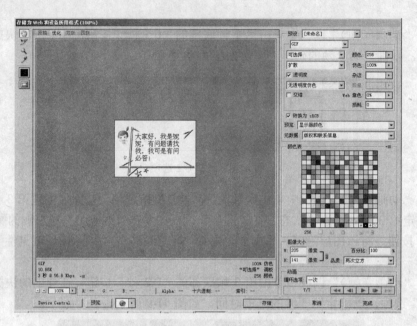

图 41-12   "存储为 Web 和设备所用格式"对话框

22 退出"存储为 Web 和设备所用格式"对话框后，打开"将优化结果存储为"对话框。在该对话框的"保存类型"下拉选项栏中选择"仅限图像（*.gif）"选项，然后设置文件的名称和保存路径，如图 41-13 所示，最后单击"保存"按钮，退出该对话框。

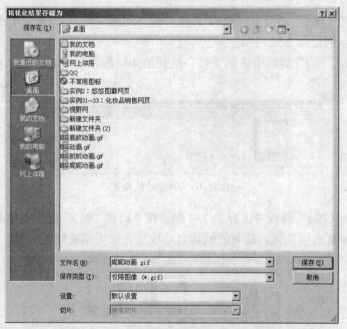

图 41-13   "将优化结果存储为"对话框

23 在菜单栏执行"文件"/"打开"命令,打开"打开"对话框,从该对话框中选择本书附带光盘中的"主流网站/实例 41~43:凯尼恩灯具网/凯凯.tif、凯凯背景.jpg"文件,如图41-14 所示,单击"打开"按钮,退出该对话框。

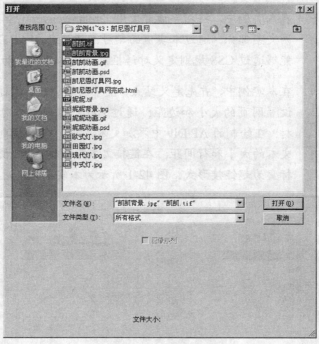

图 41-14 "打开"对话框

24 在工具箱中单击 "移动工具"按钮,将"凯凯.tif"图像拖动至"凯凯背景.jpg"文档窗口中,这时在"图层"调板中会生成一个新的图层——"凯凯",将其命名为"凯凯 A",然后将其移动至如图 41-15 所示的位置。

25 使用设置妮妮动画的方法,设置凯凯的跳动动画,并将其以 gif 格式输出。

26 现在妮妮和凯凯跳动动画制作就全部完成了,完成后的效果如图 41-16 所示。如果读者在制作过程中遇到了什么问题,可以打开本书附带光盘中的"主流网站/实例 41-43:凯尼恩灯具网/妮妮动画.gif、凯凯动画.gif"文件,该文件为本实例完成后的文件。

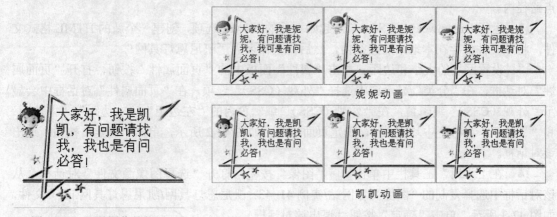

图 41-15 调整图像的位置

图 41-16 妮妮动画和凯凯动画

实例 42　制作凯尼恩灯具网页（一）

在本实例中，将指导读者使用 Dreamweaver CS4 设置凯尼恩灯具网文字部分。通过本实例的学习，使读者在 AP Div 中键入文本，能够通过 CSS 规则定义对话框设置文本的大小和行间距。

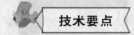

在本实例中，首先定义站点，便于网页管理；通过页面属性对话框设置网页的大小和边距；通过选择图像源文件对话框导入背景素材；在绘制的 AP Div 中添加文本，并在 CSS 规则定义对话框设置文本的大小和行间距；在链接文本框中键入#，使网页在发布后鼠标变为超链接形式。图 42-1 所示为本实例完成后的效果。

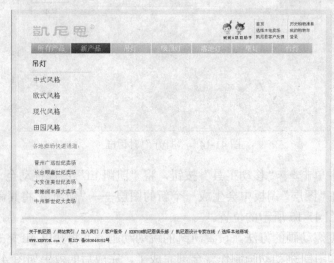

图 42-1　凯尼恩灯具网文字

1 将本书附带光盘中的"主流网站/实例 41-43：凯尼恩灯具网"文件夹复制到本地站点路径内。

2 运行 Dreamweaver CS4，单击起始页面的 HTML 选项，创建一个新的 HTML 格式文件，将该文件保存在本地站点路径内，然后将其命名为"凯尼恩灯具网"。

3 设置网页的大小和边距。单击"属性"面板中的"页面属性"按钮，打开"页面属性"对话框，在"分类"显示窗中选择"外观（CSS）"选项，在"页面属性"对话框中会显示"外观（CSS）"编辑窗，在"外观（CSS）"编辑窗内的"左边距"、"右边距"、"上边距"和"下边距"参数栏中均键入 0，确定页面边距，如图 42-2 所示，单击"确定"按钮，退出该对话框。

4 在"常用"工具栏中单击 ▣ ▾"图像"按钮，打开"选择图像源文件"对话框，从该对话框中选择复制的"图像浏览网站/实例 41~43：凯尼恩灯具网/凯尼恩灯具网.jpg"文件，如图 42-3 所示，单击"确定"按钮，退出该对话框。

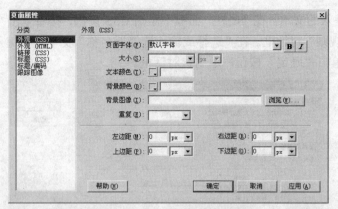

图 42-2　"页面属性"对话框

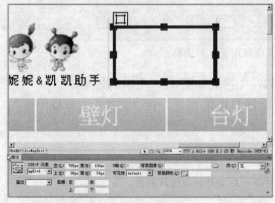

图 42-3　"选择图像源文件"对话框

5　在"布局"工具栏中单击 "绘制 AP Div"按钮，在页面中绘制一个任意 AP Div，选择新绘制的 AP Div，在"属性"面板中的"左"参数栏中键入 785 px，在"上"参数栏中键入 38 px，在"宽"参数栏中键入 100 px，在"高"参数栏中键入 54 px，如图 42-4 所示。

6　在 AP Div 内键入"首页 选择本地卖场 凯尼恩客户反馈"文本，如图 42-5 所示。

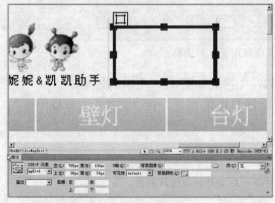

图 42-4　绘制 AP Div

图 42-5　键入文本

7 选择新键入的文本，在"属性"面板中激活 CSS 按钮，接着单击"编辑规则"按钮，打开"新建 CSS 规则"对话框。在"选择或输入选择器名称"文本框中键入 A01 文本，如图42-6 所示，然后单击"确定"按钮，退出该对话框。

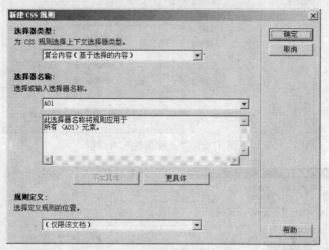

图 42-6　"新建 CSS 规则"对话框

8 退出"新建 CSS 规则"对话框后，打开".A01 的 CSS 规则定义"对话框，在"分类"显示窗中选择"类型"选项，在 Font-size 参数栏中键入 13，在 Line-height 参数栏中键入 20，如图 42-7 所示，然后单击"确定"按钮，退出该对话框。

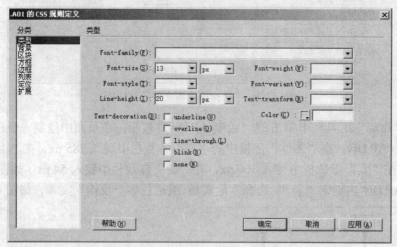

图 42-7　".A01 的 CSS 规则定义"对话框

9 退出".A01 的 CSS 规则定义"对话框后，文字呈如图 42-8 所示的效果。

10 选择"首页"文本，在"属性"面板中激活 HTML 按钮，在"链接"文本框中键入 #文本，如图 42-9 所示。

在链接文本框中键入#后，发布后的网页中将会出现鼠标的超链接形式。

提示

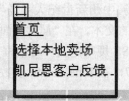

妮妮 & 凯凯助手

图 42-8 设置 Line-height 参数后的文字效果 　　　　图 42-9 键入#文本

11 使用同样的方法，在"选择本地卖场"和"凯尼恩客户反馈"文本的"链接"文本框中均键入#文本。

12 在"布局"工具栏中单击 　"绘制 AP Div"按钮，在页面中绘制一个任意 AP Div，选择新绘制的 AP Div，在"属性"面板中的"左"参数栏中键入 893 px，在"上"参数栏中键入 38 px，在"宽"参数栏中键入 92 px，在"高"参数栏中键入 72 px，如图 42-10 所示。

13 在新绘制的 AP Div 内键入"历史购物清单 我的购物车 登录"文本，使用前面设置文本大小和行间距的方法，设置新添加文本的行间距，如图 42-11 所示。

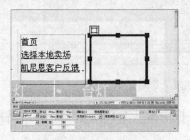
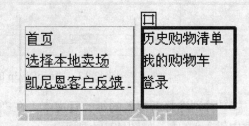

图 42-10 绘制 AP Div 　　　　　　图 42-11 设置新添加文本的行间距

14 分别选择新键入的 3 行文本，在"属性"面板中激活 HTML 按钮，在"链接"文本框中键入#文本。

15 在"布局"工具栏中单击 　"绘制 AP Div"按钮，在页面中绘制一个任意 AP Div，选择新绘制的 AP Div，在"属性"面板中的"左"参数栏中键入 74 px，在"上"参数栏中键入 467 px，在"宽"参数栏中键入 162 px，在"高"参数栏中键入 193 px，如图 42-12 所示。

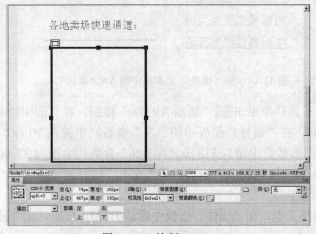

图 42-12 绘制 AP Div

16 在新绘制的 AP Div 内键入"晋州广远世纪卖场 长台顺鑫世纪卖场 大安佳美世纪卖场 南德润丰原大卖场 中州新世纪大卖场"文本。

17 选择新键入的文本，在"属性"面板中激活 CSS 按钮，接着单击"编辑规则"按钮，打开"#apDiv3p 的 CSS 规则定义"对话框，在"分类"显示窗中选择"类型"选项，在 Font -size 参数栏中键入 17，在 Line-height 参数栏中键入 30，如图 42-13 所示，然后单击"确定"按钮，退出该对话框。

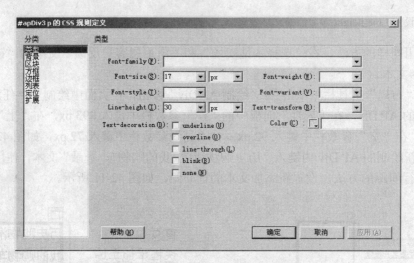

图 42-13　"#apDiv3p 的 CSS 规则定义"对话框

18 分别选择新键入的每一行文本，在"属性"面板中激活 HTML 按钮，在"链接"文本框中键入#文本，如图 42-14 所示。

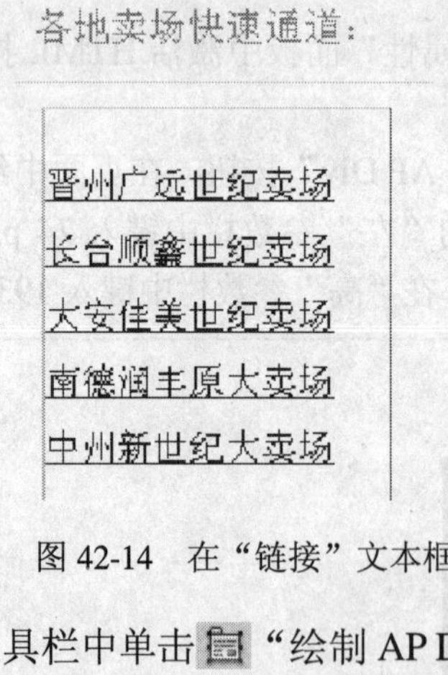

各地卖场快速通道：

晋州广远世纪卖场
长台顺鑫世纪卖场
大安佳美世纪卖场
南德润丰原大卖场
中州新世纪大卖场

图 42-14　在"链接"文本框中键入#文本后的效果

19 在"布局"工具栏中单击 "绘制 AP Div"按钮，在页面中绘制一个任意 AP Div，选择新绘制的 AP Div，在"属性"面板中的"左"参数栏中键入 70 px，在"上"参数栏中键入 210 px，在"宽"参数栏中键入 118 px，在"高"参数栏中键入 27 px，如图 42-15 所示。

20 在新绘制的 AP Div 内键入"中式风格"文本，选择该文本，在"大小"参数栏中键入 22，如图 42-16 所示。

21 选择新添加的文本，在"属性"面板中激活 HTML 按钮，在"链接"文本框中键入#文本。

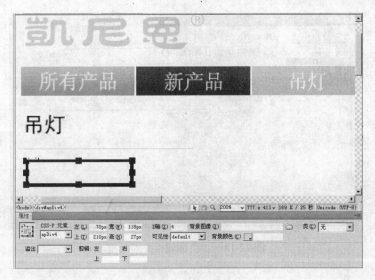

图 42-15 绘制 AP Div

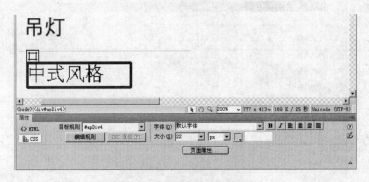

图 42-16 设置"大小"参数

22 使用同样的方法,然后参照图 42-17 所示按从上向下的顺序绘制 3 个 AP Div,并在 AP Div 内键入相应的文本,设置超链接。

23 文本输入结束后,下面需要设置链接文本在各种状态下的颜色。在页面中选择任意一个文本,并在"属性"面板中激活 CSS 按钮,接着单击"页面属性"按钮,打开"页面属性"对话框。

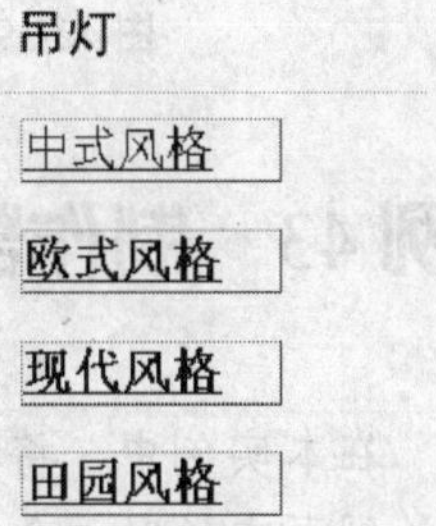

吊灯

中式风格

欧式风格

现代风格

田园风格

图 42-17 绘制 AP Div 并键入文本

24 在"分类"显示窗中选择"链接 (CSS)"选项,在"变换图像链接"显示窗右侧的文本框中键入#00F,在"活动链接"显示窗右侧的文本框中键入#300,在"下画线样式"下拉选项栏中选择"始终无下画线"选项,如图 42-18 所示,然后单击"确定"按钮,退出该对话框。

25 现在本实例就全部制作完成了,完成后的效果如图 42-19 所示。将本实例保存,以便在实例 43 中使用。

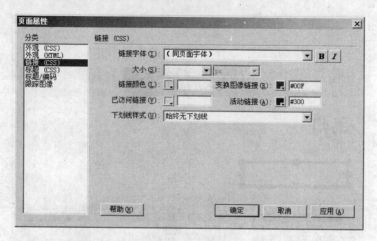

图 42-18　"页面属性"对话框

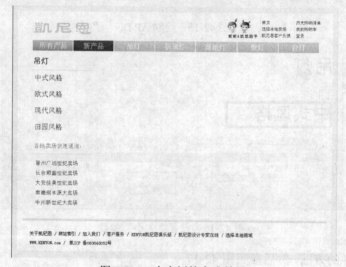

图 42-19　本实例的完成效果

实例 43　制作凯尼恩灯具网页（二）

在本实例中，将指导读者使用 Dreamweaver CS4 设置凯尼恩灯具网页中的助手会话框显示和隐藏动画，设置不同风格灯具图片切换操作。通过本实例的学习，使读者了解显示-隐藏元素行为的使用方法。

在本实例中，首先打开实例 42 保存的文件；在 AP Div 中导入相应的图片，为左侧的 AP Div 添加显示-隐藏行为，使其控制图片的显示和隐藏；绘制助手热点区域，并将其控制助手会话框的显示和隐藏。最后按下键盘上的 F12 键，预览设置的网页效果。图 43-1 所示为本实例完成后的效果。

图 43-1 凯尼恩灯具网

1 运行 Dreamweaver CS4，打开实例 42 中保存的文件。

2 在"布局"工具栏中单击 🔲 "绘制 AP Div"按钮，在页面中绘制一个任意 AP Div，选择新绘制的 AP Div，在"属性"面板中的"左"参数栏中键入 265 px，在"上"参数栏中键入 155 px，在"宽"参数栏中键入 699 px，在"高"参数栏中键入 478 px，如图 43-2 所示。

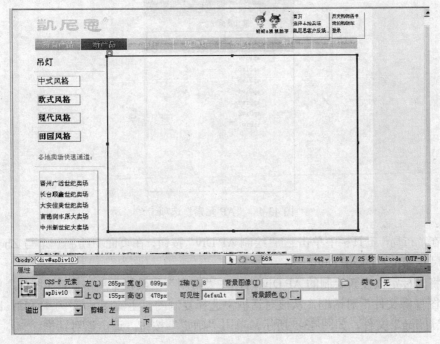

图 43-2 绘制 AP Div

3 将光标定位在 AP Div 内，在"常用"工具栏中单击 🖼 ▾ "图像"按钮，打开"选择图像源文件"对话框，从该对话框中选择复制的"主流网站/实例 41~43：凯尼恩灯具网/中式灯.jpg"文件，如图 43-3 所示，单击"确定"按钮，退出该对话框。

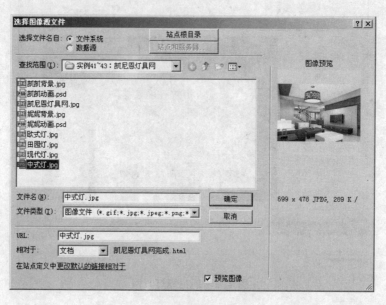

图 43-3　"选择图像源文件"对话框

4 选择新绘制的 AP Div，进入 CSS 面板下的"AP 元素"选项卡，将处于选择状态的 AP Div 命名为 Zhongshi，如图 43-4 所示。

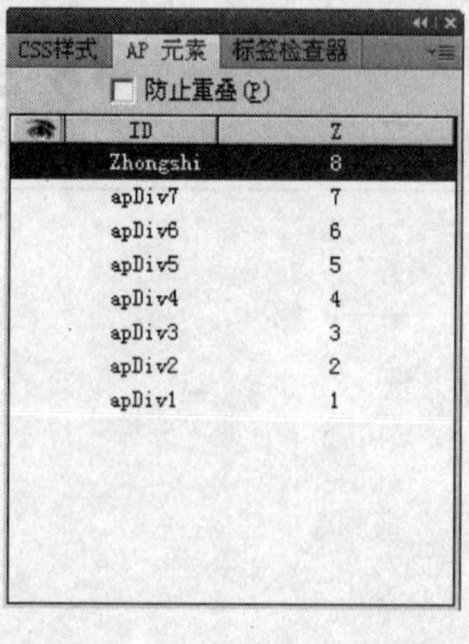

图 43-4　"AP 元素"选项卡

5 在"布局"工具栏中单击 🖽 "绘制 AP Div"按钮，在页面中绘制一个与 Zhongshi AP Div 相同尺寸和位置的 AP Div。

6 将光标定位在新绘制的 AP Div 内，在"常用"工具栏中单击 🖼 ▾ "图像"按钮，打开"选择图像源文件"对话框，从该对话框中选择复制的"主流网站/实例 41~43：凯尼恩灯具网/欧式灯.jpg"文件，如图 43-5 所示，单击"确定"按钮，退出该对话框。

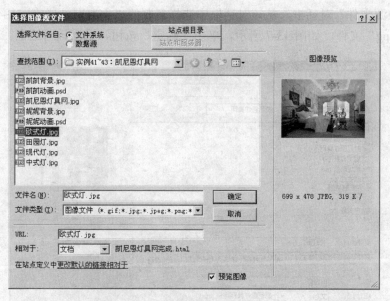

图 43-5 "选择图像源文件"对话框

7 选择新绘制的 AP Div,进入 CSS 面板下的"AP 元素"选项卡,将处于选择状态的 AP Div 命名为 Oushi。

8 使用同样的方法,在页面中绘制两个大小和位置与步骤 2 相同的 AP Div,并将其分别命名为 Xiandai、Tianyuan。

9 将光标定位在 Xiandai AP Div 内,在"常用"工具栏中单击 ▣ ▾"图像"按钮,打开"选择图像源文件"对话框,从该对话框中选择复制的"主流网站/实例 41~43:凯尼恩灯具网/现代灯.jpg"文件,如图 43-6 所示,单击"确定"按钮,退出该对话框。

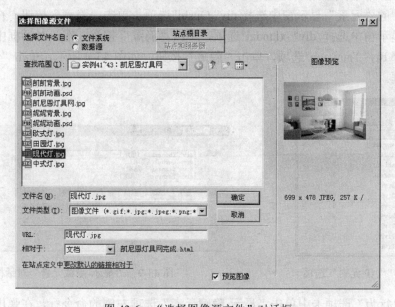

图 43-6 "选择图像源文件"对话框

10 将光标定位在 Tianyuan AP Div 内,在"常用"工具栏中单击 ▣ ▾"图像"按钮,打开"选择图像源文件"对话框,从该对话框中选择复制的"主流网站/实例41~43:凯尼恩灯具网/田园灯.jpg"文件,如图43-7所示,单击"确定"按钮,退出该对话框。

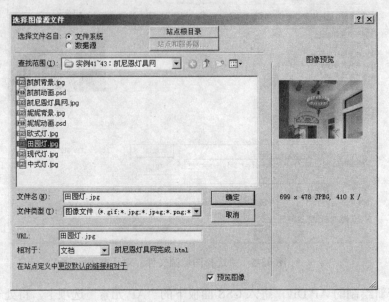

图43-7　"选择图像源文件"对话框

　　11 进入 CSS 面板下的"AP 元素"选项卡,将 Zhongshi 显示,将 Oushi、Xiandai、Tianyuan 隐藏,如图43-8所示。

　　12 选择 apDiv4,进入"标签检查器"面板下的"行为"选项卡,在该选项卡内单击 **+.** "添加行为"按钮,在弹出的快捷菜单中选择"显示-隐藏元素"选项,打开"显示-隐藏元素"对话框。在该对话框中的"元素"显示窗中选择 div" Zhongshi"选项,单击"显示"按钮,在该对话框中的"元素"显示窗中选择 div" Oushi"选项,单击"隐藏"按钮,在该对话框中的"元素"显示窗中选择 div" xiandai"选项,单击"隐藏"按钮,在该对话框中的"元素"显示窗中选择 div" Tianyaun"选项,单击"隐藏"按钮,如图43-9所示,单击"确定"按钮,退出该对话框。

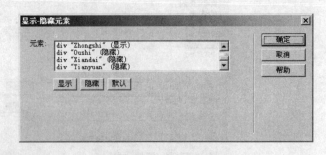

图43-8　"AP 元素"选项卡　　　　　图43-9　"显示-隐藏元素"对话框

　　13 在"行为"选项卡中单击"显示-隐藏元素"选项左侧的命令行,在弹出的下拉选项栏中选择 onClick 选项,这时单击 apDiv4 时可以触发该事件,如图43-10所示。

　　14 选择 apDiv5,进入"标签检查器"面板下的"行为"选项卡,在该选项卡内单击 **+.**

"添加行为"按钮，在弹出的快捷菜单中选择"显示-隐藏元素"选项，打开"显示-隐藏元素"对话框。在该对话框中的"元素"显示窗中选择 div" Zhongshi"选项，单击"隐藏"按钮，在该对话框中的"元素"显示窗中选择 div" Oushi"选项，单击"显示"按钮，在该对话框中的"元素"显示窗中选择 div" xiandai"选项，单击"隐藏"按钮，在该对话框中的"元素"显示窗中选择 div" Tianyaun"选项，单击"隐藏"按钮，如图 43-11 所示，单击"确定"按钮，退出该对话框。

图 43-10　　"行为"选项卡

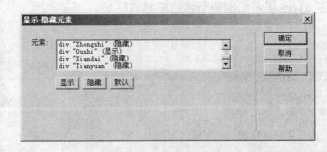

图 43-11　　"显示-隐藏元素"对话框

15　在"行为"选项卡单击"显示-隐藏元素"选项左侧的命令行，在弹出的下拉选项栏中选择 onClick 选项，这时单击 apDiv5 时可以触发该事件，如图 43-12 所示。

16　选择 apDiv6，进入"标签检查器"面板下的"行为"选项卡，在该选项卡内单击 ＋, "添加行为"按钮，在弹出的快捷菜单中选择"显示-隐藏元素"选项，打开"显示-隐藏元素"对话框。在该对话框中的"元素"显示窗中选择 div" Zhongshi"选项，单击"隐藏"按钮，在该对话框中的"元素"显示窗中选择 div" Oushi"选项，单击"隐藏"按钮，在该对话框中的"元素"显示窗中选择 div" xiandai"选项，单击"显示"按钮，在该对话框中的"元素"显示窗中选择 div" Tianyaun"选项，单击"隐藏"按钮，如图 43-13 所示，单击"确定"按钮，退出该对话框。

图 43-12　　"行为"选项卡

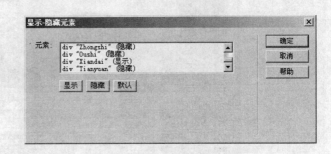

图 43-13　　"显示-隐藏元素"对话框

17　在"行为"选项卡中单击"显示-隐藏元素"选项左侧的命令行，在弹出的下拉选项栏中选择 onClick 选项，这时单击 apDiv6 时可以触发该事件。

18　选择 apDiv7，进入"标签检查器"面板下的"行为"选项卡，在该选项卡内单击 ＋, "添加行为"按钮，在弹出的快捷菜单中选择"显示-隐藏元素"选项，打开"显示-隐藏元素"对话框。在该对话框中的"元素"显示窗中选择 div" Zhongshi"选项，单击"隐藏"按钮，在该对话框中的"元素"显示窗中选择 div" Oushi"选项，单击"隐藏"按钮，在该对话框中的"元素"显示窗中选择 div" xiandai"选项，单击"隐藏"按钮，在该对话框中的"元素"显示窗中选择 div" Tianyaun"选项，单击"显示"按钮，如图 43-14 所示，单击"确定"按钮，退出该对话框。

19 在"行为"选项卡中单击"显示-隐藏元素"选项左侧的命令行，在弹出的下拉选项栏中选择 onClick 选项，这时单击 apDiv7 时可以触发该事件。

20 进入"属性"面板，单击"属性"面板中的 ☑ "多边形热点工具"按钮，然后参照图 43-15 所示绘制两个多边形热点区域。

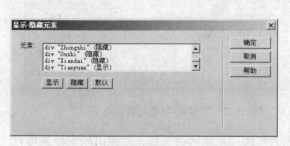

图 43-14　"显示-隐藏元素"对话框　　　　　图 43-15　绘制热点区域

21 在"布局"工具栏中单击 🔲 "绘制 AP Div"按钮，在页面中绘制一个任意 AP Div，选择新绘制的 AP Div，在"属性"面板中的"左"参数栏中键入 709 px，在"上"参数栏中键入 46 px，在"宽"参数栏中键入 205 px，在"高"参数栏中键入 141 px，如图 43-16 所示。

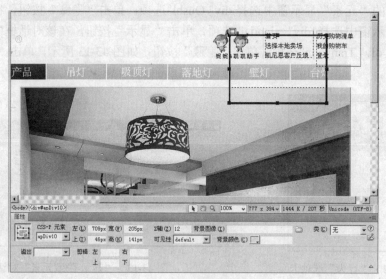

图 43-16　绘制 AP Div

22 将光标定位在新绘制的 AP Div 内，在"常用"工具栏中单击 🖻 ▾ "图像"按钮，打开"选择图像源文件"对话框。从该对话框中选择复制的"主流网站/实例 41~43：凯尼恩灯具网/妮妮动画.gif"文件，如图 43-17 所示，单击"确定"按钮，退出该对话框。

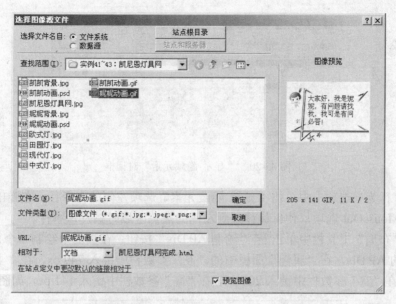

图 43-17 "选择图像源文件"对话框

23 进入 CSS 面板下的"AP 元素"选项卡，将 apDiv10 隐藏，如图 43-18 所示。

24 选择左侧的热区，进入"标签检查器"面板下的"行为"选项卡，在该选项卡中单击 **+.** "添加行为"按钮，在弹出的快捷菜单中选择"显示-隐藏元素"选项，打开"显示-隐藏元素"对话框。在该对话框中的"元素"显示窗中选择 div" apDiv10"选项，单击"显示"按钮，如图 43-19 所示，单击"确定"按钮，退出该对话框。

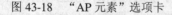

图 43-18 "AP 元素"选项卡

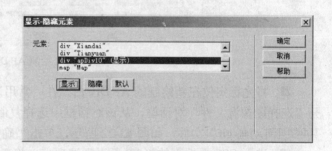

图 43-19 "显示-隐藏元素"对话框

25 在"行为"选项卡单击"显示-隐藏元素"选项左侧的命令行，在弹出的下拉选项栏中选择 onMouseMove 选项，使鼠标移动到左侧的热点区域时触发该事件。

26 选择左侧的热区，进入"标签检查器"面板下的"行为"选项卡，在该选项卡中单击 **+.** "添加行为"按钮，在弹出的快捷菜单中选择"显示-隐藏元素"选项，打开"显示-隐藏元素"对话框。在该对话框中的"元素"显示窗中选择 div" apDiv10"选项，单击"隐藏"按钮，如图 43-20 所示，单击"确定"按钮，退出该对话框。

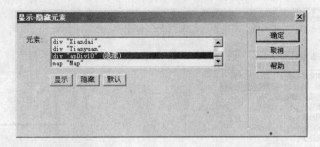

图 43-20　"显示-隐藏元素"对话框

27 在"行为"选项卡中单击"显示-隐藏元素"选项左侧的命令行，在弹出的下拉选项栏中选择 onMouseOut 选项，使鼠标移开到左侧的热点区域时触发该事件。

28 在"布局"工具栏中单击 "绘制 AP Div"按钮，在页面中绘制一个任意 AP Div，选择新绘制的 AP Div，在"属性"面板中的"左"参数栏中键入 749 px，在"上"参数栏中键入 52 px，在"宽"参数栏中键入 205 px，在"高"参数栏中键入 141 px，如图 43-21 所示。

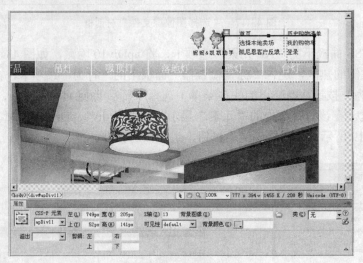

图 43-21　绘制 AP Div

28 将光标定位在新绘制的 AP Div 内，在"常用"工具栏中单击 "图像"按钮，打开"选择图像源文件"对话框，从该对话框中选择复制的"主流网站/实例 41~43：凯尼恩灯具网/凯凯动画.gif"文件，如图 43-22 所示，单击"确定"按钮，退出该对话框。

30 进入 CSS 面板下的"AP 元素"选项卡，将 apDiv11 隐藏，如图 43-23 所示。

31 选择右侧的热区，进入"标签检查器"面板下的"行为"选项卡，在该选项卡中单击 "添加行为"按钮，在弹出的快捷菜单中选择"显示-隐藏元素"选项，打开"显示-隐藏元素"对话框。在该对话框中的"元素"显示窗中选择 div" apDiv11"选项，单击"显示"按钮，如图 43-24 所示，单击"确定"按钮，退出该对话框。

32 在"行为"选项卡中单击"显示-隐藏元素"选项左侧的命令行，在弹出的下拉选项栏中选择 onMouseMove 选项，使鼠标移动到右侧的热点区域时触发该事件。

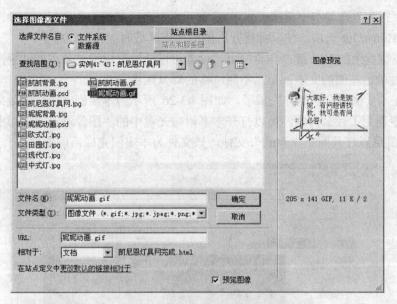

图 43-22 "选择图像源文件"对话框

图 43-23 "AP 元素"选项卡

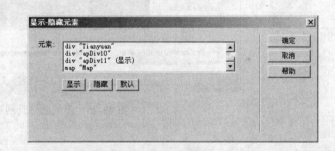

图 43-24 "显示-隐藏元素"对话框

33 选择右侧的热区，进入"标签检查器"面板下的"行为"选项卡，在该选项卡中单击 **+.** "添加行为"按钮，在弹出的快捷菜单中选择"显示-隐藏元素"选项，打开"显示-隐藏元素"对话框。在该对话框中的"元素"显示窗中选择 div" apDiv11"选项，单击"隐藏"按钮，如图 43-25 所示，单击"确定"按钮，退出该对话框。

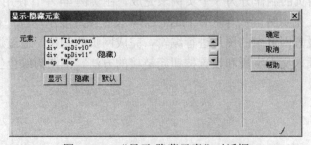

图 43-25 "显示-隐藏元素"对话框

34 在"行为"选项卡中单击"显示-隐藏元素"选项左侧的命令行，在弹出的下拉选项栏中选择 onMouseOut 选项，使鼠标移开右侧的热点区域时触发该事件。

35 按下键盘上的 F12 键，预览网页，读者可以通过鼠标滑过顶部的助手图像观看助手会话框，通过单击左侧的文本，显示不同风格的灯具图像。

36 现在本实例就全部制作完成了，如图 43-26 所示为本实例完成后的效果。如果读者在制作过程中遇到了什么问题，可以打开本书附带光盘中的"图像浏览网站/实例 41-43：凯尼恩灯具网/凯尼恩灯具网完成.html"文件，该文件为本实例完成后的文件。

图 43-26　凯尼恩灯具网页

二、绿色生活旅游网

绿色生活旅游网为一个展示旅游景点的图片展示网站，该网站主色调为绿色，背景为一个绿色的树叶，加深了网页的主题，在右侧的文本框中可以键入相关文本，客户可以快捷地打开相关的网页。网页的制作分为 3 个实例来完成，在实例 44 中，使用了 Photoshop CS4 制作网页的背景素材；在实例 45 中使用 Flash CS4 设置图片显示动画；在实例 46 中，使用 Dreamweaver CS4 设置网页中的图片进行编辑，完成网页的制作。通过这部分实例的学习，使读者进一步了解插入文本字段和设置按钮超链接的方法。下图为绿色生活旅游网完成后的效果。

绿色生活旅游网完成效果

实例 44　制作绿色生活旅游网素材

在本实例中，将指导读者使用 Photoshop CS4 制作绿色生活旅游网的背景素材。通过本实例的学习，使读者能够通过橡皮擦工具设置素材图像的虚化效果，并通过描边工具设置图像的描边效果。

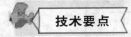
在本实例中，首先需要创建一个宽为 1024 像素，高为 768 像素的标准网页文件，通过自由变换工具调整素材图像的大小和位置，使用橡皮擦工具擦拭素材图像；使用文字工具为网页添加相关文本，并导入位图图像在网页上添加图像的缩览图，使用描边工具为图像添加描边效果，完成本实例的制作。图 44-1 所示为本实例完成后的效果。

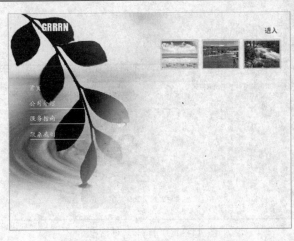

图 44-1　绿色生活旅游网的背景图片

1 运行 Photoshop CS4，在菜单栏执行"文件"/"新建"命令，打开"新建"对话框。在"名称"文本框中键入"绿色生活旅游网"文本，在"宽度"参数栏中键入 1024，在"高度"参数栏中键入 768，单位设置为"像素"，在"分辨率"参数栏中键入 72，在"颜色模式"下拉选项栏中选择"RGB 颜色"选项，在"背景内容"下拉选项栏中选择"白色"选项，如图 44-2 所示，单击"确定"按钮，创建一个新文件。

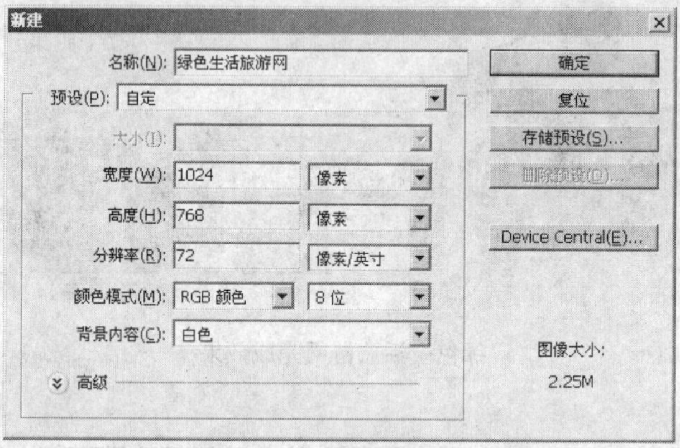

图 44-2　"新建"对话框

2 在菜单栏执行"文件"/"打开"命令，打开"打开"对话框，从该对话框中选择本书附带光盘中的"主流网站/实例 44~46：绿色生活旅游网/背景.jpg"文件，如图 44-3 所示，单击"打开"按钮，退出该对话框。

图 44-3　"打开"对话框

3 使用工具箱中的 ⊹ "移动工具"，将选区内的图像拖动至 "绿色生活旅游网" 文档窗口中，并自动生成新图层——"图层 1"。

4 选择 "图层 1" 的图像，在菜单栏执行 "编辑" / "变换" / "水平翻转" 命令，将图像进行水平翻转，参照图 44-4 所示调整图像的大小和位置。

图 44-4　调整图像的大小和位置

5 在工具箱中单击 ⌦ "橡皮擦工具" 按钮，在属性栏中单击 "点按可打开'画笔预设'选取器" 按钮，在打开的的画笔调板中选择 "柔角 300 像素" 选项，并参照图 44-5 所示在图像上擦拭。

图 44-5　擦拭图像

6 在工具箱中单击 T "横排文字工具" 按钮，在属性栏中的 "设置字体系列" 下拉选项栏中选择 Impact 选项，在 "设置字体大小" 参数栏中键入 "36 点"，将 "设置文本颜色" 显示窗中的颜色设置为白色，在如图 44-6 所示的位置键入 "GRRRN" 文本。

图 44-6　键入文本

7 使用工具箱中的 T "横排文字工具"，在属性栏中的 "设置字体系列" 下拉选项栏中选择"Adobe 楷体 Std"选项，在"设置字体大小"参数栏中键入 24，将"文本填充颜色"设置为白色，在如图 44-7 所示的位置键入"首页"文本。

图 44-7　键入文本

8　再次使用工具箱中的 **T**"横排文字工具"，使用步骤 7 设置文本的属性，然后参照图 44-8 所示分别键入"公司介绍"、"服务指南"、"联系我们"文本。

9　创建一个新图层——"图层 2"，将前景色设置为白色，在工具箱中单击 **/**"画笔工具"按钮，在属性栏中单击"点按可打开'画笔预设'选取器"按钮，在弹出的画笔调板中选择"尖角 1 像素"选项，按住键盘上的 Shift 键拖动鼠标，然后参照图 44-9 所示绘制一条横线。

图 44-8　键入其他文本

图 44-9　绘制一条横线

10　按下键盘上的 Alt 键，拖动"图层 2"，生成"图层 2 副本"，参照图 44-10 所示来调整副本图层的位置。

11　使用同样的方法，复制另外两条横线，参照图 44-11 所示调整副本图层的位置。

图 44-10　调整副本图层的位置

图 44-11　调整其他副本图层位置

12　在菜单栏执行"文件"/"打开"命令，打开"打开"对话框，从该对话框中选择本书附带光盘中的"主流网站/实例 44~46：绿色生活旅游网/风景 01.jpg"文件，如图 44-12 所示，单击"打开"按钮，退出该对话框。

图 44-12 "打开"对话框

13 使用工具箱中的 ▶✛ "移动工具"，将"风景 01.jpg"图像拖动至"绿色生活旅游网"文档窗口中，这时会自动生成新图层——"图层 3"。

14 选择"图层 3"的图像，按下键盘上的 Ctrl+T 组合键，打开自由变换框，然后参照图 44-13 所示调整图像的大小和位置。

15 按下键盘上的 Enter 键，结束"自由变换"操作。

16 选择"图层 3"，在菜单栏执行"编辑"/"描边"命令，打开"描边"对话框，在"宽度"参数栏中键入 5 px，将"颜色"显示窗中的颜色设置为绿色（R：195、G：250、B：170），在"位置"选项组中选择"居外"单选按钮，如图 44-14 所示，单击"确定"按钮，退出该对话框。

图 44-13 调整图像的大小和位置

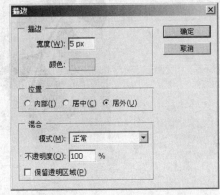

图 44-14 "描边"对话框

17 接下来使用同样的方法，导入本书附带光盘中的"主流网站/"实例 44~46：绿色生活旅游网/风景 02.jpg、风景 03.jpg"文件，将图像依次拖动至"绿色生活旅游网"文档窗口中，并参照图 44-15 所示来调整图像的大小、位置和描边效果。

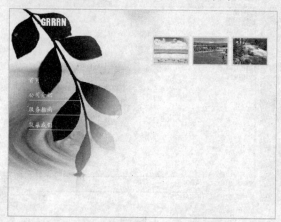

图 44-15　调整图像的大小、位置和描边效果

18 使用工具箱中的 T "横排文字工具"，在属性栏中的"设置字体系列"下拉选项栏中选择"粗黑体"选项，在"设置字体大小"参数栏中键入"24 点"，将"文本填充颜色"设置为绿色（R：44、G：158、B：0），在如图 44-16 所示的位置键入"进入"文本。

图 44-16　键入文本

19 现在本实例就全部制作完成了，完成后的效果如图 44-17 所示。将本实例保存，以便在实例 45 中使用。

图 44-17　本次实例的完成效果

实例 45 制作绿色生活旅游网图片显示动画

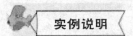

本实例中，将指导读者制作绿色生活旅游网图片显示动画。通过本实例的学习，使读者了解亮度工具的使用方法，并能够通过设置元件在关键帧的不同位置的显示动画。

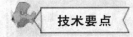

在制作本实例时，首先创建影片剪辑元件，导入素材图像，并将素材图像转换为图形元件，通过亮度工具设置元件的亮度，并创建传统补间动画，使用关键帧动画设置元件在不同帧的显示效果。图 45-1 所示为动画完成后的截图。

图 45-1 图片显示动画

1 运行 Flash CS4，在菜单栏执行"文件"/"新建"命令，打开"新建文档"对话框。在该对话框中的"常规"面板中，选择"Flash 文件（ActionScript 2.0）"选项，如图 45-2 所示，单击"确定"按钮，退出该对话框，创建一个新的 Flash 文档。

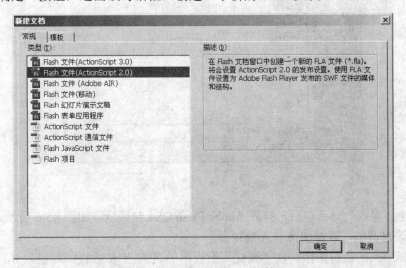

图 45-2 "新建文档"对话框

2 单击"属性"面板中的"属性"卷展栏内的"文档属性"按钮，打开"文档属性"对话框，在"尺寸"右侧的"宽"参数栏中键入"636 像素"，在"高"参数栏中键入"380 像素"，设置背景颜色为白色，设置帧频为 12，标尺单位为"像素"，如图 45-3 所示，单击"确定"按钮，退出该对话框。

3 在菜单栏执行"插入"/"新建元件"命令，打开"创建新元件"对话框，在"名称"文本框中键入"图片 01"文本，在"类型"下拉选项栏中选择"影片剪辑"选项，如图 45-4 所示，单击"确定"按钮，退出该对话框。

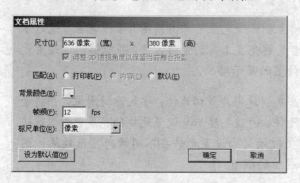

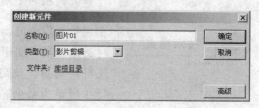

图 45-3　"文档属性"对话框　　　　　　　　图 45-4　"创建新元件"对话框

4 退出"创建新元件"对话框后，进入"图片 01"编辑窗。

5 在菜单栏执行"文件"/"导入"/"导入到舞台"命令，打开"导入"对话框，从该对话框中选择本书附带光盘中的"主流网站/实例 44~46：绿色生活旅游网/图片 01.jpg"文件，如图 45-5 所示，单击"打开"按钮，退出该对话框。

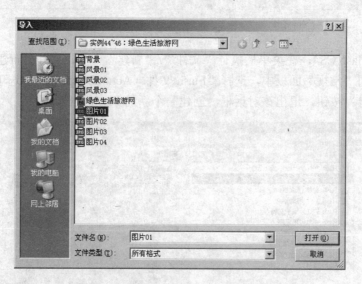

图 45-5　"导入"对话框

6 退出"导入"对话框后，打开 Adobe Flash CS4 对话框，如图 45-6 所示，单击"否"按钮，退出该对话框，素材图像导入到舞台。

7 选择导入的素材图像，在"属性"面板中的 X 和 Y 参数栏中均键入 0，调整图像的位置，如图 45-7 所示。

8 确定导入的素材图像仍处于可编辑状态，在菜单栏执行"修改"/"转换为元件"命令，打开"转换为元件"对话框。在"名称"文本框中键入"元件 1"文本，在"类型"下拉选项栏中选择"图形"选项，如图 45-8 所示，单击"确定"按钮，退出该对话框。

图 45-6　Adobe Flash CS4 对话框　　　　　　　　图 45-7　调整图像的位置

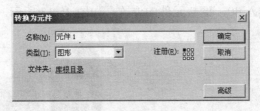

图 45-8　"转换为元件"对话框

9 选择"图层 1"内的第 10 帧,按下键盘上的 F6 键,插入关键帧,如图 45-9 所示。

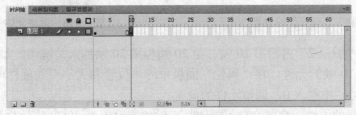

图 45-9　插入关键帧

10 选择第 10 帧内的元件,进入"属性"面板,在"色彩效果"卷展栏内的"样式"下拉选项栏中选择"变亮"选项,在"亮度"参数栏中键入 50,如图 45-10 所示。

11 选择"图层 1"内的第 1 帧,右击鼠标,在弹出的快捷菜单中选择"创建传统补间"选项,确定在第 1~10 帧之间创建传统补间动画,"时间轴"面板显示如图 45-11 所示。

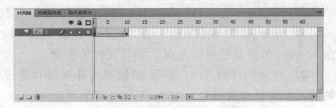

图 45-10　设置元件亮度　　　　　　　　　图 45-11　"时间轴"显示效果

12 参照步骤 3~9,依次创建"图片 02"、"图片 03"、"图片 04"元件。

13　进入"场景1"编辑窗，进入"库"面板，将该面板中的"图片01"元件拖动至"图层1"内。

14　选择"图片01"元件，在"属性"面板中的"位置和大小"卷展栏内的 X 参数栏中键入 0，Y 参数栏中键入 0，调整元件的位置，如图 45-12 所示。

15　选择"图层1"内的第 10 帧，按下键盘上的 F6 键，插入关键帧，使用同样的方法，分别在第 20 帧和第 30 帧插入关键帧。

16　选择第 10 帧的元件，在"属性"面板中的"位置和大小"卷展栏内的 X 参数栏中键入 162，Y 参数栏中键入 40，调整元件的位置。

17　使用同样的方法，将第 20 帧的元件 X 轴位置设置为 324，Y 轴位置设置为 0，将第 30 帧的元件 X 轴位置设置为 486，Y 轴位置设置为 40。

18　创建一个新图层——"图层2"，将"库"面板中的"图片02"元件拖动至"图层2"内。

19　选择"图片02"元件，在"属性"面板中的"位置和大小"卷展栏内的 X 参数栏中键入 162，Y 参数栏中键入 40，调整元件的位置，如图 45-13 所示。

图 45-12　调整元件的位置　　　　　　　　图 45-13　调整元件的位置

20　分别在"图层2"内的第 10 帧、第 20 帧和第 30 帧插入关键帧。

21　选择第 10 帧的元件，在"属性"面板中的"位置和大小"卷展栏内的 X 参数栏中键入 324，Y 参数栏中键入 0，调整元件的位置。

22　使用同样的方法，将第 20 帧的元件 X 轴位置设置为 486，Y 轴位置设置为 40，将第 30 帧的元件 X 轴位置设置为 0，Y 轴位置设置为 0。

23　创建一个新图层——"图层3"，将"库"面板中的"图片03"元件拖动至"图层3"内。

24　选择"图片03"元件，在"属性"面板中的"位置和大小"卷展栏内的 X 参数栏中键入 324，Y 参数栏中键入 0，调整元件的位置，如图 45-14 所示。

25　分别在"图层3"内的第 10 帧、第 20 帧和第 30 帧处插入关键帧。

26　选择第 10 帧的元件，在"属性"面板中的"位置和大小"卷展栏内的 X 参数栏中键入 486，Y 参数栏中键入 40，调整元件的位置。

27　使用同样的方法，将第 20 帧的元件 X 轴位置设置为 0，Y 轴位置设置为 0，将第 30 帧的元件 X 轴位置设置为 162，Y 轴位置设置为 40。

28　创建一个新图层——"图层4"，将"库"面板中的"图片04"元件拖动至"图层4"内。

29　选择"图片04"元件，在"属性"面板中的"位置和大小"卷展栏内的 X 参数栏中键入 486，Y 参数栏中键入 40，调整元件的位置，如图 45-15 所示。

图 45-14 调整元件的位置

图 45-15 调整元件的位置

30 分别在"图层 4"内的第 10 帧、第 20 帧和第 30 帧处插入关键帧。

31 选择第 10 帧的元件，在"属性"面板中的"位置和大小"卷展栏内的 X 参数栏中键入 0，Y 参数栏中键入 0，调整元件的位置。

32 使用同样的方法，将第 20 帧的元件 X 轴位置设置为 162，Y 轴位置设置为 40，将第 30 帧的元件 X 轴位置设置为 324，Y 轴位置设置为 40。

33 现在本实例就全部制作完成了，按下键盘上的 Ctrl+Enter 组合键，测试影片效果，如图 45-16 所示为本实例在不同帧的显示效果。如果读者在制作过程中遇到了什么问题，可以打开本书附带光盘中的"主流网站/实例 44~46：绿色生活旅游网/图片显示动画.fla"文件，该实例为完成后的文件。

图 45-16 图片显示动画

实例 46 制作绿色生活旅游网页

在本实例中，将指导读者使用 Dreamweaver CS4 设置绿色生活旅游网页。通过本实例的学习，使读者能够为绘制的矩形热点区域设置超链接，并能够在网页中插入文本字段的方法。

在本实例中，将文件夹复制到本地站点路径内；通过页面属性对话框设置网页的大小和边距；通过图像工具插入背景图像，通过绘制 AP Div 工具绘制 AP Div，并在 AP Div 中插入文本字段和 SWF 动画；使用矩形热点区域工具绘制矩形热点区域，并设置链接属性；最后按下 F12 键，预览设置的网页效果。图 46-1 所示为本实例完成后的效果。

图 46-1　绿色生活旅游网页

1 将本书附带光盘中的"主流网站/实例 44~46：绿色生活旅游网"文件夹复制到本地站点路径内。

2 运行 Dreamweaver CS4，单击起始页面的 HTML 选项，创建一个新的 HTML 格式文件，将该文件保存在本地站点路径内，然后将其命名为"绿色生活旅游网"。

3 设置网页的大小和边距。单击"属性"面板中的"页面属性"按钮，打开"页面属性"对话框，在"分类"显示窗中选择"外观（CSS）"选项，在"页面属性"对话框中会显示"外观（CSS）"编辑窗，在"外观（CSS）"编辑窗内的"左边距"、"右边距"、"上边距"和"下边距"参数栏中均键入 0，确定页面边距，如图 46-2 所示，单击"确定"按钮，退出该对话框。

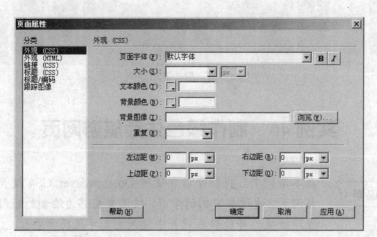

图 46-2　"页面属性"对话框

4 在"常用"工具栏中单击 图 ▼"图像"按钮，打开"选择图像源文件"对话框，从该对话框中选择复制的"主流网站/实例 44~46：绿色生活旅游网/绿色生活旅游网.psd"文件，如图 46-3 所示，单击"确定"按钮，退出该对话框。

5 退出"选择图像源文件"对话框后，打开"图像预览"对话框，如图 46-4 所示，单击"确定"按钮，退出该对话框。

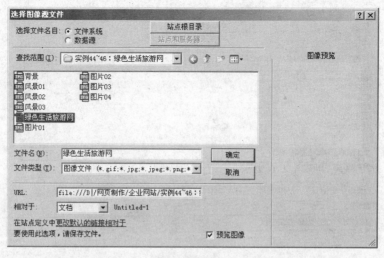

图 46-3　"选择图像源文件"对话框

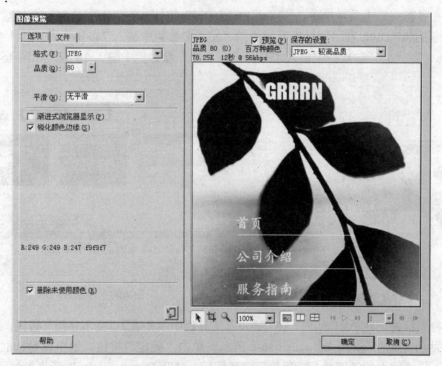

图 46-4　"图像预览"对话框

6 退出"图像预览"对话框后，打开"保存 Web 图像"对话框，如图 46-5 所示，在"保存在"下拉选项栏中选择复制的"主流网站/实例 44~46：绿色生活旅游网"文件夹，在"文件名"文本框中键入"绿色生活旅游网"文本，使用对话框默认的 jpg 格式类型。单击"保存"按钮，退出该对话框。

7 退出"保存 Web 图像"对话框后，打开"图像标签辅助功能属性"对话框，单击"确定"按钮，退出该对话框。

8 图像导入后的效果如图 46-6 所示。

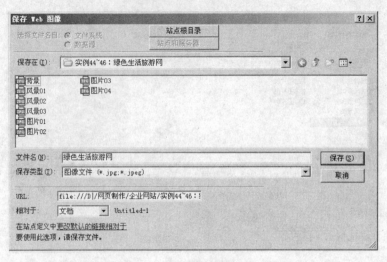

图 46-5　"保存 Web 图像"对话框

9　在"布局"工具栏中单击 🖺 "绘制 AP Div"按钮，在页面中绘制一个任意 AP Div，选择新绘制的 AP Div，在"属性"面板中的"左"参数栏中键入 740 px，在"上"参数栏中键入 55 px，在"宽"参数栏中键入 170 px，在"高"参数栏中键入 18 px，如图 46-7 所示。

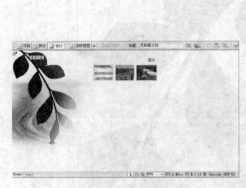

图 46-6　导入图像

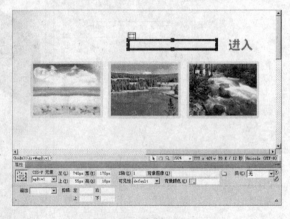

图 46-7　绘制 AP Div

10　将光标定位在 AP Div 内，在"表单"工具栏中单击 🗖 "文本字段"按钮，打开"输入标签辅助功能属性"对话框，如图 46-8 所示，单击"确定"按钮，退出该对话框。

11　退出"输入标签辅助功能属性"对话框后，打开 Dreamweaver 对话框，如图 46-9 所示，单击"确定"按钮，退出该对话框。

12　选择插入后的文本字段，在"属性"面板中的"字符宽度"参数栏中键入 20，如图 46-10 所示。

13　在页面中选择"绿色生活旅游网.jpg"图像，单击"属性"面板中的 🗖 "矩形热点工具"按钮，然后参照图 46-11 所示绘制一个矩形热点区域。

14　单击"属性"面板中的 🔪 "指针热点工具"按钮，选择新绘制的矩形热点区域，在"属性"面板中的"链接"文本框中键入 www.lvseshenghuo.com 文本，如图 46-12 所示。

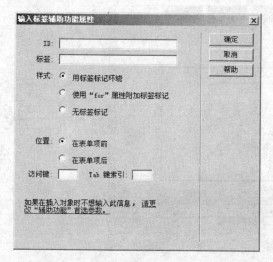

图 46-8 "输入标签辅助功能属性"对话框

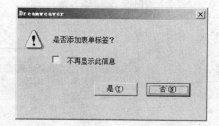

图 46-9 Dreamweaver 对话框

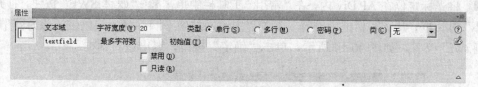

图 46-10 设置文本字段属性

图 46-11 绘制热点区域

图 46-12 设置链接属性

15 在"布局"工具栏中单击 "绘制 AP Div"按钮，在页面中绘制一个任意 AP Div，选择新绘制的 AP Div，在"属性"面板中的"左"参数栏中键入 360 px，在"上"参数栏中键入 360 px，在"宽"参数栏中键入 636 px，在"高"参数栏中键入 380 px，如图 46-13 所示。

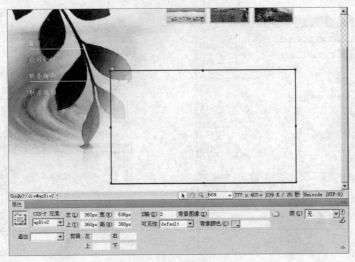

图 46-13　绘制 AP Div

16 将光标定位在 AP Div 内，在"常用"工具栏中单击 — · "媒体:SWF"按钮，打开"选择文件"对话框，从该对话框中选择复制的"主流网站/实例 44~46：绿色生活旅游网/图片显示动画.swf"文件，如图 46-14 所示，单击"确定"按钮，退出该对话框。

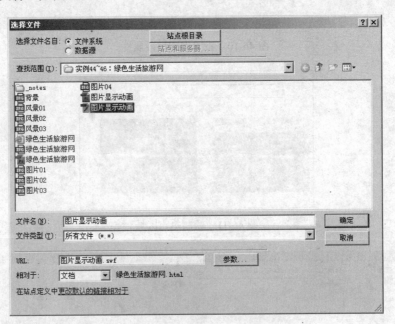

图 46-14　"选择文件"对话框

17 退出"选择文件"对话框后，打开"对象标签辅助功能属性"对话框，单击"确定"按钮，退出该对话框。

18 素材导入后的效果如图 46-15 所示。

19 按下键盘上的 F12 键，预览网页，读者可以通过在文本字段框内键入相关文字，以及观看图片显示动画。

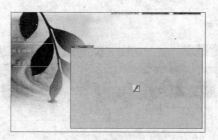

图 46-15 导入素材

20 现在本实例就全部制作完成了，如图 46-16 所示为本实例完成后的效果。如果读者在制作过程中遇到了什么问题，可以打开本书附带光盘中的"主流网站/实例 44~46：绿色生活旅游网/绿色生活旅游网.html"文件，该文件为本实例完成后的文件。

图 46-16 绿色生活旅游网页

三、太阳镜展示网

太阳镜展示网是一个主流风格网页，网页整体色彩鲜艳，内容丰富，网页右上角为图像导航条，中间为 Flash 互动动画，读者可以单击不同色彩的太阳镜，随之显示太阳镜相关介绍说明文本，在页面中设置了图像的自由浮动效果，使整个网页更为精彩。网页的制作包括3 个实例，实例 47 介绍了在 Photoshop CS4 中添加图层样式工具、描边工具、自定形状工具和文本工具的使用方法，实例 48 介绍了在 Flash CS4 中按钮控制颜色动画的制作方法，实例49 介绍了在 Dreamweaver CS4 中图像导航条菜单和图像浮动动画的制作方法。下图为太阳镜展示网页完成后的效果。

太阳镜展示网页

实例 47 太阳镜展示网页素材

实例说明　在本实例中，将指导读者使用 Photoshop CS4 制作太阳镜展示网页素材图片。通过本实例的学习，使读者了解添加图层样式工具、描边工具、自定形状工具和文本工具的使用方法，并使用切片工具将图片导出 HTML 格式的网页。

技术要点　在本实例中，首先导入素材图像，然后通过矩形选框工具绘制出矩形选区，使用设置前景色工具将矩形填充为白色，使用添加图层样式工具设置矩形内阴影效果，使用描边工具设置图像描边效果，使用直线工具绘制线段，绘制箭头图形，最后使用切片工具将图像切成多个小图像。图 47-1 所示为本实例完成后的效果。

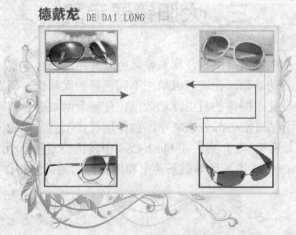

图 47-1 太阳镜展示网页素材

1 运行 Photoshop CS4，在菜单栏执行"文件"/"新建"命令，打开"新建"对话框。在"名称"文本框中键入"太阳镜展示网页素材"文本，在"宽度"参数栏中键入 1024，在"高度"参数栏中键入 768，设置单位为"像素"，在"分辨率"参数栏中键入 72，在"颜色模式"下拉选项栏中选择"RGB 颜色"选项，在"背景内容"下拉选项栏中选择"白色"选项，如图 47-2 所示，单击"确定"按钮，创建一个新文件。

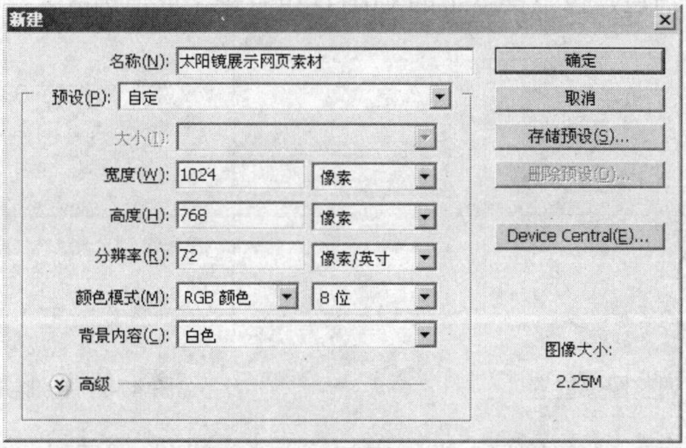

图 47-2　"新建"对话框

2 在菜单栏执行"文件"/"打开"命令，打开"打开"对话框，从该对话框中选择本书附带光盘中的"主流网站/实例 47~49：太阳镜展示网/背景.jpg"文件，如图 47-3 所示，单击"打开"按钮，退出该对话框。

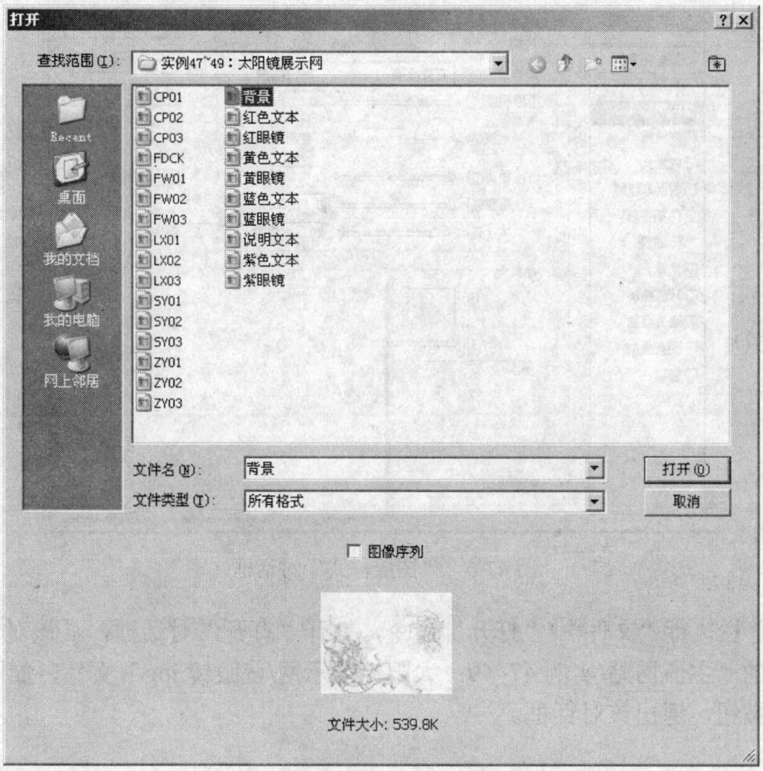

图 47-3　"打开"对话框

3 在工具箱中单击 "移动工具" 按钮，将 "背景.jpg" 图像拖动至 "太阳镜展示网页素材" 文档窗口中，这时在 "图层" 调板中会生成一个新的图层——"图层 1"，将其移动至画布中心位置，如图 47-4 所示。

4 在 "图层" 调板中单击 "创建新图层" 按钮，创建一个新图层——"图层 2"。

5 在工具箱中单击 "矩形选框工具" 按钮，在如图 47-5 所示的位置绘制一个矩形选区，并将其填充为白色，按下键盘上的 Ctrl+D 组合键，取消选区。

图 47-4　调整图像位置

图 47-5　绘制并填充选区

6 选择 "图层 2"，在 "图层" 调板底部单击 "添加图层样式" 按钮，在弹出的快捷菜单中选择 "内阴影" 选项，打开 "图层样式" 对话框。在 "不透明度" 参数栏中键入 30，在 "角度" 参数栏中键入 0，在 "距离" 参数栏中键入 0，在 "阴影" 参数栏中键入 0，在 "大小" 参数栏中键入 20，如图 47-6 所示，然后单击 "确定" 按钮，退出该对话框。

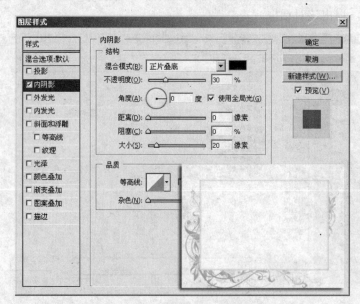

图 47-6　"图层样式" 对话框

7 在菜单栏执行 "文件" / "打开" 命令，打开 "打开" 对话框，从该对话框中选择本书附带光盘中的 "主流网站/实例 47~49：太阳镜展示网/蓝眼镜.jpg" 文件，如图 47-7 所示，单击 "打开" 按钮，退出该对话框。

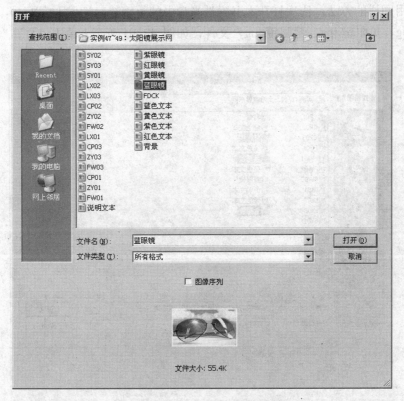

图 47-7 "打开"对话框

 8 在工具箱中单击 "移动工具"按钮,将"蓝眼镜.jpg"图像拖动至"太阳镜展示网页素材"文档窗口中,这时在"图层"调板中会生成一个新的图层——"图层 2",将该图层命名为"蓝眼镜",并参照图 47-8 所示来调整图像位置。

 9 按住键盘上的 Ctrl 键,单击"蓝眼镜"的图层缩览图,加载该图层选区,在菜单栏执行"编辑"/"描边"命令,打开"描边"对话框。在"宽度"参数栏中键入 5,将"颜色"显示窗中的颜色设置为蓝色(R:66、G:213、B:255),在"位置"选项组内选择"内部"单选按钮,如图 47-9 所示,单击"确定"按钮,退出该对话框,按下键盘上的 Ctrl+D 组合键,取消选区。

图 47-8 调整图像位置

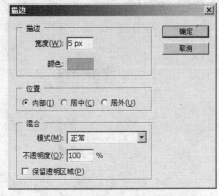

图 47-9 "描边"对话框

⑩　使用同样的方法，依次打开本书附带光盘中的"主流网站/实例 47~49：太阳镜展示网/红眼镜.jpg、黄眼镜.jpg、紫眼镜.jpg"文件，如图 47-10 所示，单击"打开"按钮，退出该对话框。

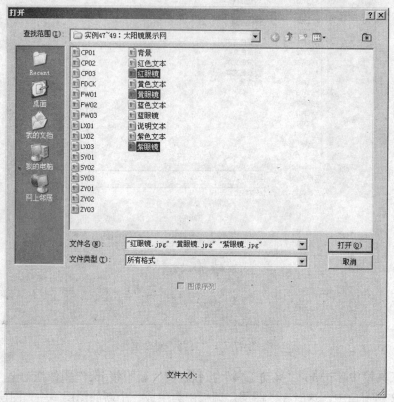

图 47-10　"打开"对话框

⑪　在工具箱中单击 ▶⊕ "移动工具"按钮，依次将"红眼镜.jpg"、"黄眼镜.jpg"、"紫眼镜.jpg"图像拖动至"太阳镜展示网页素材"文档窗口中，此时生成"图层 3"、"图层 4"和"图层 5"，将"图层 3"、"图层 4"和"图层 5"命名为"红眼镜"、"黄眼镜"和"紫眼镜"，然后参照图 47-11 所示来调整图像位置，设置"红眼镜"层描边颜色为红色（R：236、G：22、B：52）、"黄眼镜"层描边颜色为黄色（R：243、G：204、B：68）、"紫眼镜"层描边颜色为紫色（R：151、G：86、B：186）。

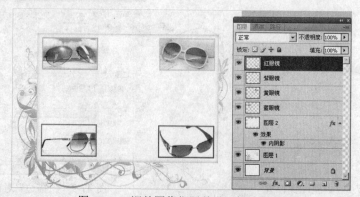

图 47-11　调整图像位置并设置描边颜色

12 在"图层"调板中单击 ⬛ "创建新图层"按钮，创建一个新图层——"图层 3"，并该图层命名为"线段"。

13 在工具箱中右击 🖊 "自定形状工具"按钮，在弹出的下拉按钮中选择 ＼ "直线工具"选项，设置前景色为蓝色（R：66、G：213、B：255），在属性栏中的"粗细"参数栏中键入 39 px，然后参照图 47-12 所示绘制两条线段。

14 使用同样的方法，分别绘制其他线段，线段颜色分别为红色（R：236、G：22、B：52）、黄色（R：243、G：204、B：68）和紫色（R：151、G：86、B：186），如图 47-13 所示。

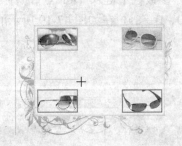 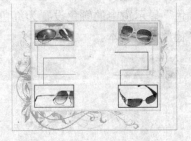

图 47-12　绘制线段　　　　　　　　　　　图 47-13　绘制其他线段

15 在工具箱中右击 ＼ "直线工具"按钮，在弹出的下拉按钮中选择 🖊 "自定形状工具"选项，在属性栏中单击"点按可打开'自定形状'拾色器"按钮，这时打开形状调板，然后参照图 47-14 所示来选择"箭头 6"缩览图。

16 创建一个新图层——"图层 3"，将新创建的图层命名为"蓝箭头"。将前景色设置为蓝色（R：66、G：213、B：255），然后在属性栏中激活 ⬜ "填充像素"按钮，并参照图 47-15 所示绘制一个"箭头 6"图形。

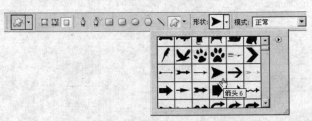 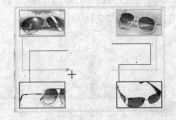

图 47-14　选择"箭头 6"选项　　　　　　图 47-15　绘制"箭头 6"图形

17 创建一个新图层——"图层 3"，将新创建的图层命名为"黄箭头"。将前景色设置为黄色（R：243、G：204、B：68），然后在属性栏中激活 ⬜ "填充像素"按钮，并参照图 47-16 所示来绘制一个"箭头 6"图形

18 确定"黄箭头"层处于可编辑状态，在菜单栏执行"编辑" / "变换" / "水平翻转"命令，使图像水平翻转，然后将该图像移动至如图 47-17 所示的位置。

19 使用同样的方法，分别创建"红箭头"层和"紫箭头"层，在"红箭头"层绘制"箭头 6"图形，图形颜色为红色（R：236、G：22、B：52），在"紫箭头"层绘制"箭头 6"图形，图形颜色为紫色（R：151、G：86、B：186），如图 47-18 所示。

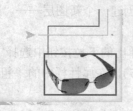

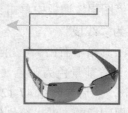

图 47-16　绘制"箭头 6"图形　　　　　　　图 47-17　调整图像位置

20　在工具箱中单击 **T.** "横排文字工具"按钮，在属性栏中的"设置字体系列"下拉选项栏中选择"方正剪纸简体"选项，在"设置字体大小"参数栏中键入"48 点"，将"设置文本颜色"显示窗中的颜色设置为红色（R：255、G：50、B：8），在如图 47-19 所示的位置键入"德戴龙"文本。

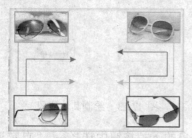

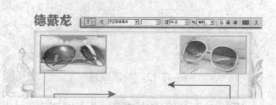

图 47-18　绘制"箭头 6"图形　　　　　　　图 47-19　键入文本

21　在工具箱中单击 **T.** "横排文字工具"按钮，在属性栏中的"设置字体系列"下拉选项栏中选择"综艺体"选项，在"设置字体大小"参数栏中键入 36，将"设置文本颜色"显示窗中的颜色设置为红色（R：255、G：50、B：8），在如图 47-20 所示的位置键入 DE DAI LONG 文本。

22　在工具箱中单击 **过.** "裁剪工具"下拉按钮下的 **♪** "切片工具"按钮，然后参照图 47-21 所示来绘制切片框。

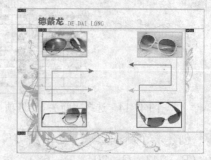

图 47-20　键入其他文本　　　　　　　　　图 47-21　绘制切片框

23　在菜单栏执行"文件"/"存储为 Web 和设备所用格式"命令，打开"存储为 Web 和设备所用格式"对话框，如图 47-22 所示。

24　在"存储为 Web 和设备所用格式（100%）"对话框中单击"存储"按钮，打开"将优化结果存储为"对话框。在"保存在"下拉选项栏中选择文件保存的路径，在"文件名"文本框中键入"太阳镜展示网页素材"文本，使用对话框默认的 HTML 格式类型，如图 47-23所示，然后单击"保存"按钮，退出该对话框。

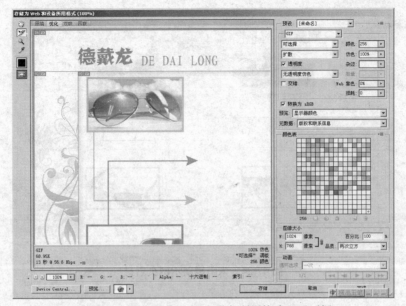

图 47-22 "存储为 Web 和设备所用格式"对话框

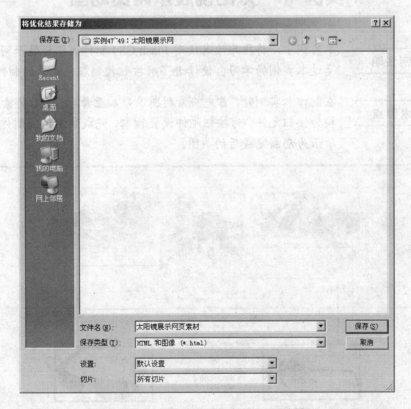

图 47-23 "将优化结果存储为"对话框

25 现在太阳镜展示网页素材制作就全部完成了，完成后的效果如图 47-24 所示。如果读者在制作过程中遇到了什么问题，可以打开本书附带光盘中的"主流网站/实例 47~49：太阳镜展示网/太阳镜展示网页素材.psd"文件，该文件为本实例完成后的文件。

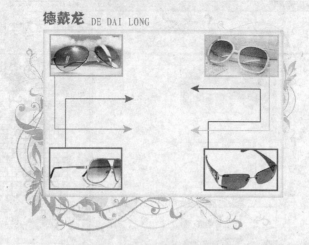

图 47-24　太阳镜展示网页素材

实例 48　太阳镜展示网页动画

本实例中，将指导读者使用 Flash CS4 制作太阳镜展示网页动画。通过本实例的学习，使读者了解按钮控制颜色动画的制作方法。

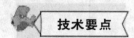
在制作本实例时，首先将素材图像导入至舞台，然后将素材图像转换为按钮元件，为按钮元件设置脚本，完成本实例的制作。图 48-1 所示为动画完成后的截图。

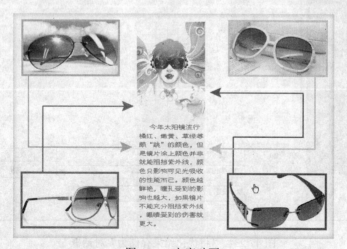

图 48-1　文字动画

1 运行 Flash CS4，创建一个新的 Flash（ActionScript 2.0）文档。

2 单击"属性"面板中的"属性"卷展栏内的"文档属性"按钮，打开"文档属性"对话框。在"尺寸"右侧的"宽"参数栏中键入"810 像素"，在"高"参数栏中键入"552

像素"，设置背景颜色为白色，设置帧频为 12，标尺单位为"像素"，如图 48-2 所示，单击"确定"按钮，退出该对话框。

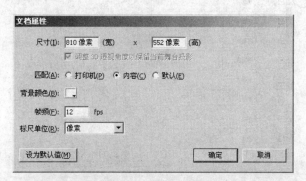

图 48-2 "文档属性"对话框

3 在菜单栏执行"文件"/"导入"/"导入到舞台"命令，打开"导入"对话框，从该对话框中选择本书附带光盘中的"主流网站/实例 47~49：太阳镜展示网/太阳镜展示网页素材.psd"文件，如图 48-3 所示，单击"打开"按钮，退出该对话框。

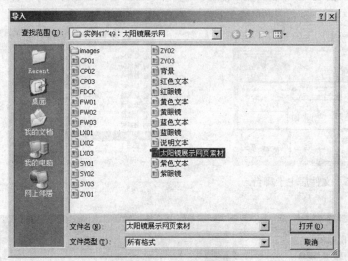

图 48-3 "导入"对话框

4 退出"导入"对话框后，打开"将'太阳镜展示网页素材.psd'导入到舞台"对话框，取消"背景"、"图层 1"、"德戴龙"、"DE DAI LONG"层，如图 48-4 所示，单击"确定"按钮，退出该对话框。

5 确定导入的全部图像仍处于被选择状态，在"属性"面板中的 X 参数栏中键入 0、Y 参数栏中键入 0，使文件居中于舞台，如图 48-5 所示。

6 加选全部图层的第 10 帧，右击鼠标在弹出的快捷菜单中选择"插入帧"选项，使些层的图像在第 1~10 帧之间显示，如图 48-6 所示。

7 选择"图层 1"的第 1 帧，按下键盘上的 F9 键，打开"动作-帧"面板，在该面板中键入 stop();，如图 48-7 所示。

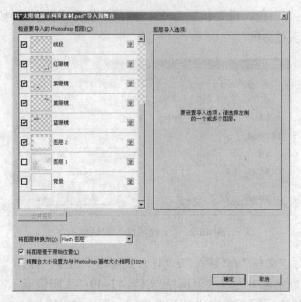

图 48-4　"将'太阳镜展示网页素材.psd'导入到舞台"对话框

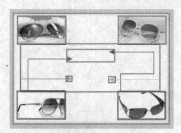

图 48-5　文件居中于舞台

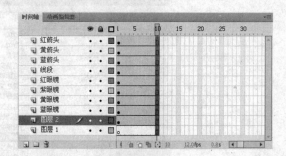

图 48-6　插入帧

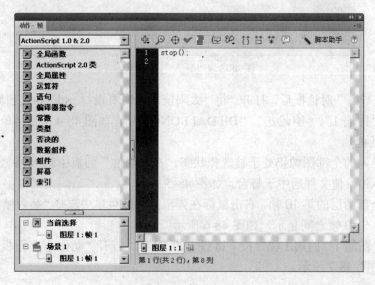

图 48-7　键入代码

8 关闭"动作-帧"面板，时间轴显示如图48-8所示。

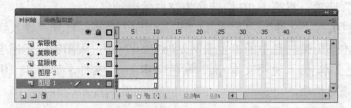

图48-8 时间轴显示效果

9 选择"蓝眼镜"层内的图像，在菜单栏执行"修改"/"转换为元件"命令，打开"转换为元件"对话框，在"名称"文本框中键入"蓝眼镜"文本。在"类型"下拉选项栏中选择"按钮"选项，如图48-9所示，单击"确定"按钮，退出该对话框。

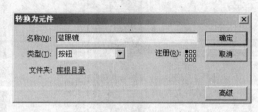

图48-9 "转换为元件"对话框

10 使用同样的方法，将"黄眼镜"层内的图像转换为名为"黄眼镜"的按钮元件；将"紫眼镜"层内的图像转换为名为"紫眼镜"的按钮元件；将"红眼镜"层内的图像转换为名为"红眼镜"的按钮元件。

11 选择"蓝眼镜"层内的元件，按下键盘上的F9键，打开"动作-帧"面板，在该面板中键入如下代码：

```
on(press){
    gotoAndPlay(2);
}
```

12 选择"黄眼镜"层内的元件，按下键盘上的F9键，打开"动作-帧"面板，在该面板中键入如下代码：

```
on(press){
    gotoAndPlay(4);
}
```

13 选择"紫眼镜"层内的元件，按下键盘上的F9键，打开"动作-帧"面板，在该面板中键入如下代码：

```
on(press){
    gotoAndPlay(6);
}
```

14 选择"红眼镜"层内的元件，按下键盘上的F9键，打开"动作-帧"面板，在该面板中键入如下代码：

```
on(press){
    gotoAndPlay(8);
}
```

15 在"时间轴"面板中单击 "新建图层"按钮，创建一个新图层，将新创建的图层命名为"说明文本"，将该图层移动至最顶层。

16 按住键盘上的 Shift 键，加选第 1~10 帧，右击鼠标，在弹出的快捷菜单内选择"转换为空白关键帧"选项，将第 1~10 帧转换为空白关键帧。

17 在菜单栏执行"文件"/"导入"/"导入到库"命令，打开"导入到库"对话框，从该对话框中选择本书附带光盘中的"主流网站/实例 47~49：太阳镜展示网/红色文本.jpg、黄色文本.jpg、蓝色文本.jpg、说明文本.jpg、紫色文本.jpg"文件，如图 48-10 所示，单击"打开"按钮，退出该对话框。

图 48-10　"导入到库"对话框

18 选择"说明文本"层内的第 1 帧，将"库"面板中的"说明文本"图像拖动至场景内，确定场景内的"说明文本"图像仍处于被选择状态，在"属性"面板中的 X 参数栏中键入 315、Y 参数栏中键入 20，设置图像位置，如图 48-11 所示。

19 使用同样的方法，将"库"面板中的"蓝色文本"图像拖动至第 2 帧、第 3 帧内，将"库"面板中的"黄色文本"图像拖动至第 4 帧、第 5 帧内，将"库"面板中的"紫色文本"图像拖动至第 6 帧、第 7 帧内，将"库"面板中的"红色文本"图像拖动至第 8 帧、第 9 帧内，设置图像 X 轴位置为 315、Y 轴位置为 20，如图 48-12 所示。

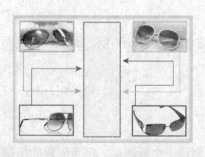

图 48-11　设置图像位置

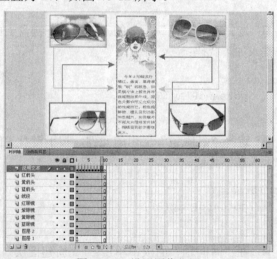

图 48-12　设置图像位置

20 选择第 2 帧，按下键盘上的 F9 键，打开"动作-帧"面板，在该面板中键入如下代码：

```
stop();
```

21 使用同样的方法，分别在第 4、6、8 帧内添加脚本。

22 现在本实例就全部完成了，按下键盘上的 Ctrl+Enter 组合键，测试影片效果，如图 48-13 所示为本实例在不同帧的显示效果。如果读者在制作过程中遇到了什么问题，可以打开本书附带光盘中的"主流网站/实例 47~49：太阳镜展示网/太阳镜展示网页动画.fla"文件，该实例为完成后的文件。

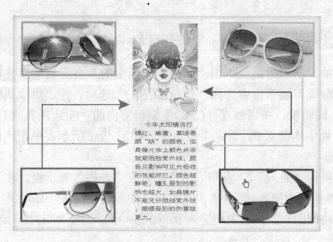

图 48-13　太阳镜展示网页动画

实例 49　太阳镜展示网页

在本实例中，将指导读者使用 Dreamweaver CS4 设置太阳镜展示网页。通过本实例的学习，使读者了解设置图像导航条菜单和图像浮动动画的制作方法。

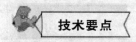

在本实例中，首先插入表格，使用合并所选单元格，使用跨度工具合并单元格，然后导入图像，使用绘制 AP Div 工具绘制 AP Div，确定要进行设置导航条菜单位置，通过状态图像、鼠标经过图像、按下图像完成该网页的制作。图 49-1 所示为本实例完成后的效果。

1 将本书附带光盘中的"主流网站/实例 47~49：太阳镜展示网"文件夹复制到本地站点路径内。

2 运行 Dreamweaver CS4，单击起始页面的 HTML 选项，创建一个新的 HTML 格式文件，将该文件保存在本地站点路径内，然后将其命名为"太阳镜展示网页"。

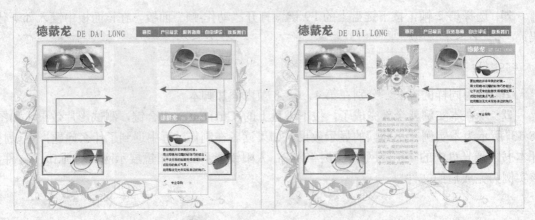

图 49-1　太阳镜展示网页

3　设置网页的大小和边距。单击"属性"面板中的"页面属性"按钮，打开"页面属性"对话框，在"分类"显示窗中选择"外观（CSS）"选项，在"页面属性"对话框中会显示"外观（CSS）"编辑窗，在"外观（CSS）"编辑窗内的"左边距"、"右边距"、"上边距"和"下边距"参数栏中均键入 0，确定页面边距，如图 49-2 所示，单击"确定"按钮，退出该对话框。

4　在菜单栏执行"插入" / "表格"命令，打开"表格"对话框。在"行数"参数栏中键入 3，在"列"参数栏中键入 3，在"表格宽度"参数栏中键入 1024，在"边框粗细"、"单元格边距"、"单元格间距"参数栏中均键入 0，如图 49-3 所示，单击"确定"按钮，退出"表格"对话框。

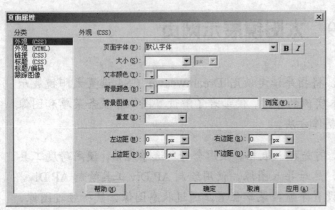

图 49-2　"页面属性"对话框

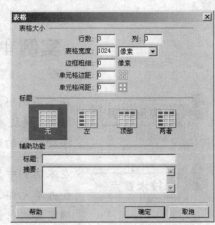

图 49-3　"表格"对话框

5　退出"表格"对话框后，在文档窗口中会出现一个表格，如图 49-4 所示。

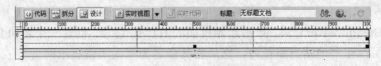

图 49-4　插入表格

6　按住 Shift 键依次单击新插入的表格第一行的 3 个单元格，选择这 3 个单元格。然后进入"属性"面板，单击该面板中的 □ "合并所选单元格，使用跨度"按钮，将所选单元格合并，如图 49-5 所示。

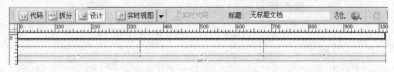

图 49-5　合并第 1 行单元格

7　使用同样的方法，将第三行的 3 个单元格合并，如图 49-6 所示。

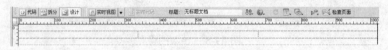

图 49-6　合并第 3 行单元格

8　将光标定位在第一行单元格内，在菜单栏执行"插入" / "图像"命令，打开"选择图像源文件"对话框。从该对话框中选择复制的"主流网站/实例 47~49：太阳镜展示网/images/太阳镜展示网页素材_01.gif"文件，如图 49-7 所示，单击"确定"按钮，退出该对话框。

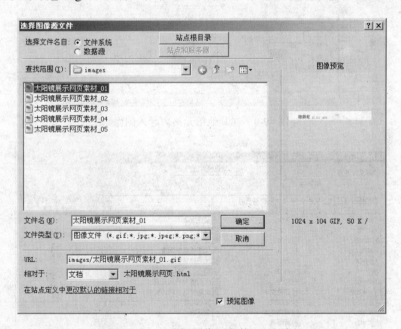

图 49-7　"选择图像源文件"对话框

9　退出"选择图像源文件"对话框后，图像导入到页面中，图像导入后的效果如图 49-8 所示。

10　使用同样的方法，在其他单元格内导入图像，完成效果如图 49-9 所示。

11　选择第二行第二列单元格内的图像，按下键盘上的 Delete 键，删除图像。

12　将光标定位在第二行第二列单元格内，在"常用"工具栏中单击 🔖 "媒体：SWF"按钮，打开"选择文件"对话框。从该对话框中打开本书附带光盘中的"主流网站/实例 47~49：太阳镜展示网/太阳镜展示网页动画.swf"文件，如图 49-10 所示，然后单击"确定"按钮，退出该对话框。

图 49-8　导入图像

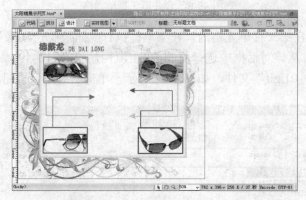

图 49-9　在其他单元格内导入图像

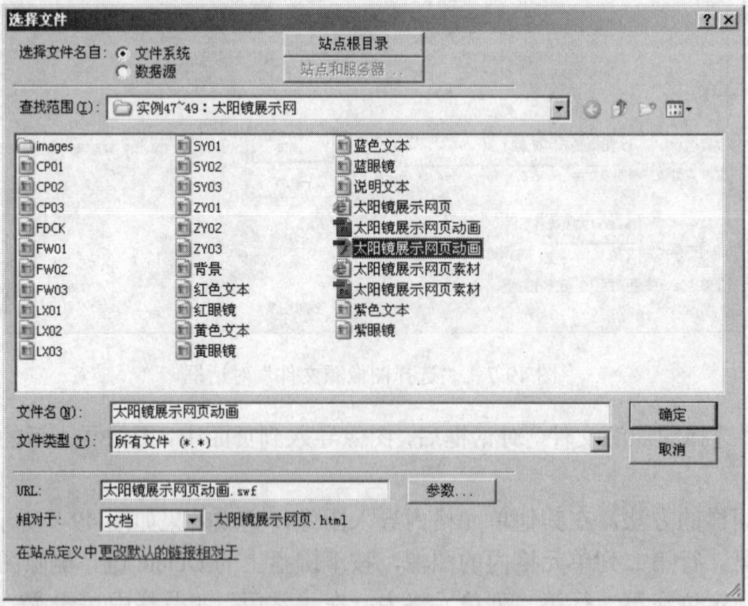

图 49-10　"选择文件"对话框

13　退出"选择文件"对话框后，打开"对象标签辅助功能属性"对话框，如图 49-11

所示。使用默认设置，单击"确定"按钮，退出该对话框，将文件导入到页面中。

14 在"布局"工具栏中单击 "绘制 AP Div"按钮，在页面中绘制一个任意 AP Div，选择新绘制 AP Div，在"属性"面板中的"左"参数栏中键入 520 px，在"上"参数栏中键入 50 px，在"宽"参数栏中键入 450 px，在"高"参数栏中键入 41 px，如图 49-12 所示。

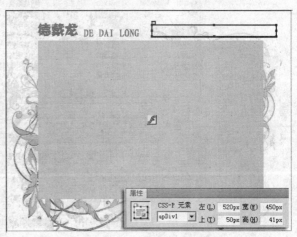

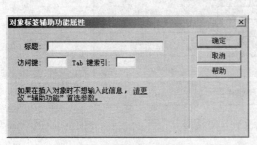

图 49-11 "对象标签辅助功能属性"对话框   图 49-12 设置 AP Div 位置

15 将光标定位在页面中的 AP Div 内，单击"常用"工具栏中的 "图像"按钮右侧的 ，在弹出的下拉按钮中选择 "导航条"选项，打开"插入导航条"对话框，如图 49-13 所示。

图 49-13 "插入导航条"对话框

16 单击"插入导航条"对话框中的"状态图像"文本框右侧的 浏览… 按钮，打开"选择图像源文件"对话框。从该对话框中选择复制的"实例 47~49：太阳镜展示网/SY01.jpg"文件，如图 49-14 所示，单击"确定"按钮，退出该对话框。

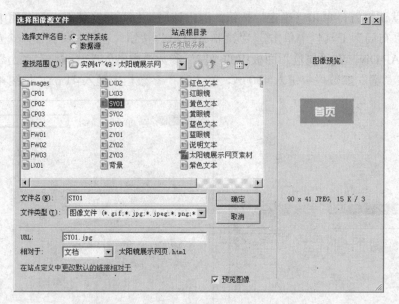

图 49-14 "选择图像源文件"对话框

17 退出"选择图像源文"对话框后，在"插入导航条"对话框的"状态图像"文本框中显示新图像的文件名，单击"鼠标经过图像"文本框右侧的 浏览… 按钮，打开"选择图像源文件"对话框。从该对话框中选择复制的"实例 47~49：太阳镜展示网/SY02.jpg"文件，如图 49-15 所示，单击"确定"按钮，退出该对话框。

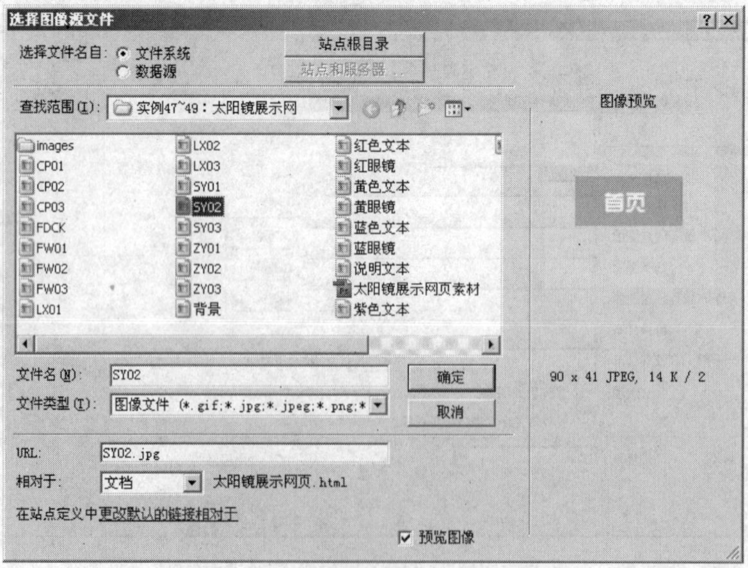

图 49-15 "选择图像源文件"对话框

18 退出"选择图像源文"对话框后，在"插入导航条"对话框的"鼠标经过图像"文本框中显示新图像的文件名，单击"按下图像"文本框右侧的 浏览… 按钮，打开"选择图像源文件"对话框。从该对话框中选择复制的"实例 47~49：太阳镜展示网/SY03.jpg"文件，如图 49-16 所示，单击"确定"按钮，退出该对话框。

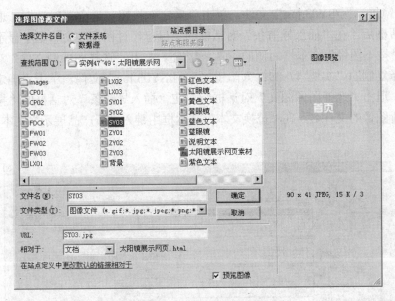

图 49-16 "选择图像源文件"对话框

18 退出"选择图像源文"对话框后，在"插入导航条"对话框的"按下图像"文本框中显示新图像的文件名，在"替换文本"文本框中键入"首页"文本，如图 49-17 所示。

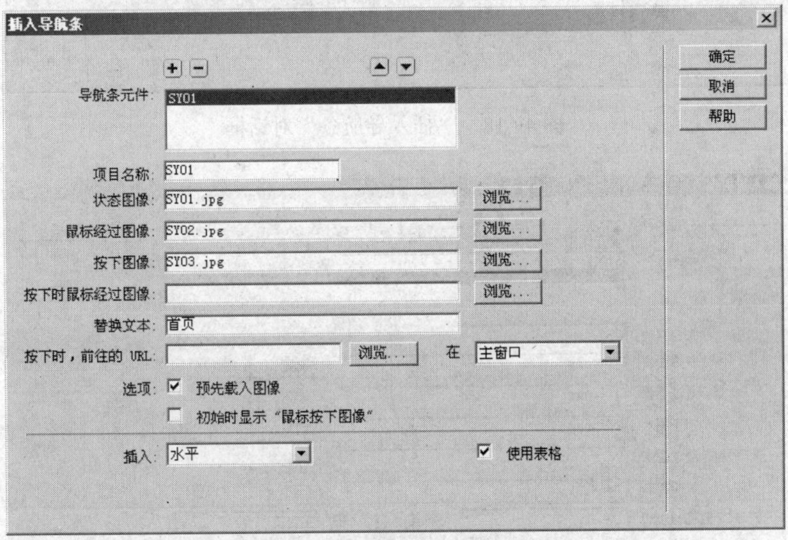

图 49-17 "插入导航条"对话框

20 单击"插入导航条"对话框顶部的 **+** "添加项"按钮，添加一个新的项，如图 49-18 所示。

21 单击"插入导航条"对话框中的"状态图像"文本框右则的 浏览… 按钮，打开"选择图像源文件"对话框，从该对话框中选择复制的"实例 47~49：太阳镜展示网/SY03.jpg"文件文件，单击"确定"按钮，退出该对话框；退出"选择图像源文件"对话框后，在"插入导航条"对话框的"状态图像"文本框中显示新图像的文件名，单击"鼠标经过图像"文本框右侧的 浏览… 按钮，打开"选择图像源文件"对话框，从该对话框中选择复制的"实例

47~49：太阳镜展示网/SY03.jpg"文件，单击"确定"按钮，退出该对话框；退出"选择图像源文"对话框后，在"插入导航条"对话框的"鼠标经过图像"文本框中显示新图像的文件名，单击"按下图像"文本框右侧的 浏览… 按钮，打开"选择图像源文件"对话框，从该对话框中选择复制的"实例 47~49：太阳镜展示网/SY03.jpg"文件，单击"确定"按钮，退出该对话框；退出"选择图像源文"对话框后，在"插入导航条"对话框的"按下图像"文本框中显示新图像的文件名，在"替换文本"文本框中键入"新产品展示"文本，如图 49-19 所示。

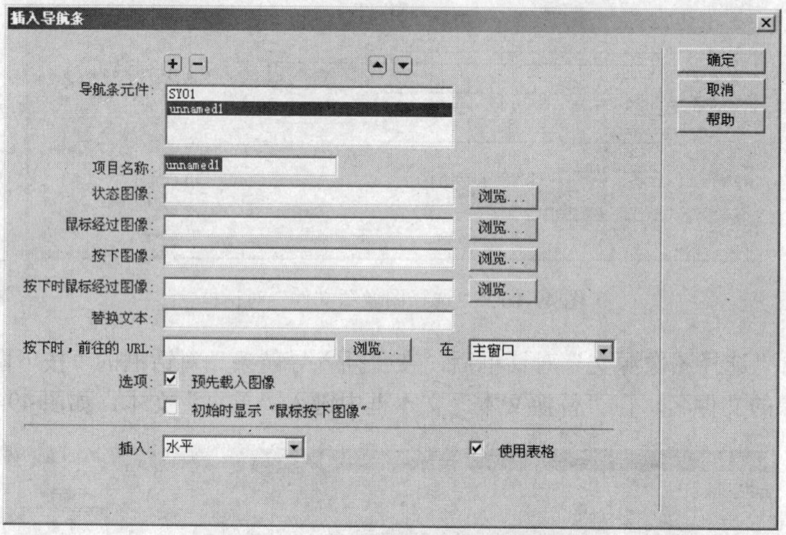

图 49-18　"插入导航条"对话框

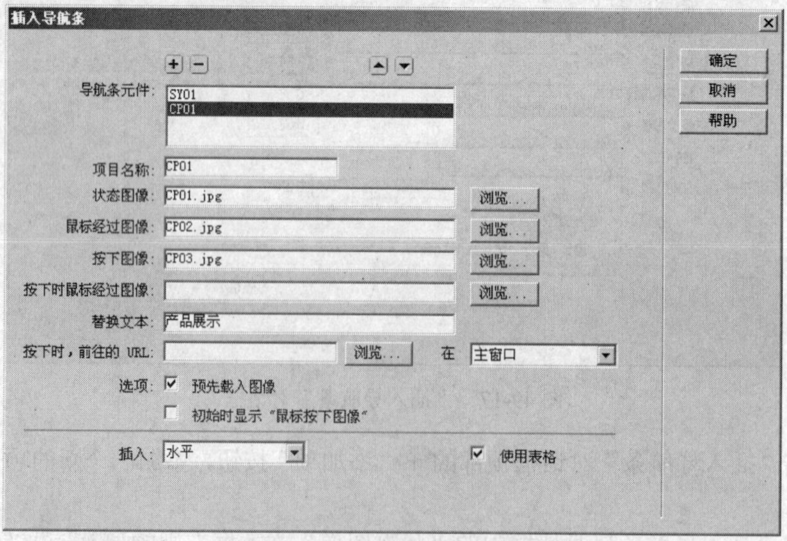

图 49-19　"插入导航条"对话框

22 使用同样的方法，再添加 3 个"状态图像"、"鼠标经过图像"和"按下图像"，如图 49-20 所示。

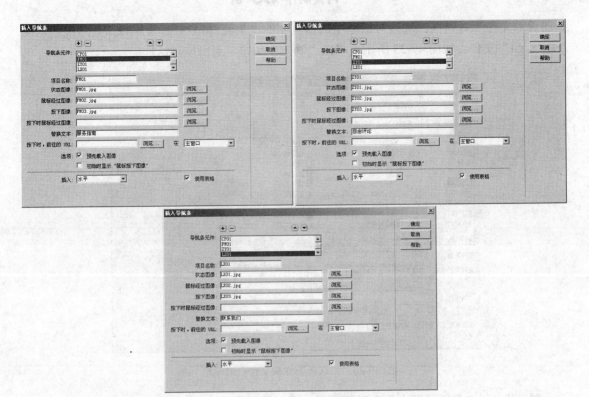

图 49-20　设置其他项

23　全部设置完成后，单击"插入导航条"对话框中的"确定"按钮，退出"插入导航条"对话框，插入导航条后的效果如图 49-21 所示。

24　在"布局"工具栏中单击 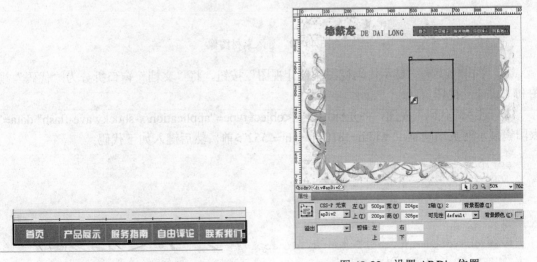 "绘制 AP Div"按钮，在页面中绘制一个任意 AP Div，选择新绘制 AP Div，在"属性"面板中的"左"参数栏中键入 500 px，在"上"参数栏中键入 200 px，在"宽"参数栏中键入 204 px，在"高"参数栏中键入 326 px，如图 49-22 所示。

图 49-21　插入导航条

图 49-22　设置 AP Div 位置

25　将光标定位在新绘制的 AP Div 内，在菜单栏执行"插入"/"图像"命令，打开"选择图像源文件"对话框。从该对话框中选择复制的"主流网站/实例 47~49：太阳镜展示网/FDCK.gif"文件，如图 49-23 所示，单击"确定"按钮，退出该对话框。

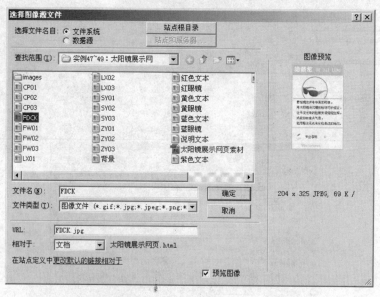

图 49-23　　"选择图像源文件"对话框

26 退出"选择图像源文件"对话框后，素材图像导入至 AP Div 内，如图 49-24 所示。

图 49-24　　导入素材图像

27 单击 <img> 拆分 "显示代码视图和设计视图"按钮，将"文档"窗口拆分为"代码"视图和"设计"视图。

28 进入"代码"视图，将光标定位在<object type="application/x-shockwave-flash" data="太阳镜展示网页动画.swf" width="810" height="552">前，然后键入如下代码：

```
<script>
var x = 12,y = 162
var xin = true, yin = true
var step = 2
var delay = 1
var obj=document.getElementById("apDiv2")
function floatapDiv1 () {
  var L=T=0
  var R= document.body.clientWidth-obj.offsetWidth
  var B = document.body.clientHeight-obj.offsetHeight
```

```
    obj.style.left = x + document.body.scrollLeft
    obj.style.top = y + document.body.scrollTop
    x = x + step*(xin?1:-1)
    if (x < L) { xin = true; x = L}
    if (x > R){ xin = false; x = R}
    y = y + step*(yin?1:-1)
    if (y < T) { yin = true; y = T }
    if (y > B) { yin = false; y = B }
}
 var itl= setInterval("floatapDiv1 ()", delay)
obj.onmouseover=function(){clearInterval(itl)}
obj.onmouseout=function(){itl=setInterval("floatapDiv1 ()", delay)}
 </script>
```

29 将光标定位在<object type="application/x-shockwave-flash" data="太阳镜展示网页动画.swf" width="810" height="552">后，然后键入如下代码：

```
<tbody><tr>
   <td></td>
 </tr>
</tbody></table>
```

30 按下键上的 F12 键，预览网页，读者可以通过单击网页右上角的导航条，观看导航条图像变换和图像浮动动画。

31 现在本实例就全部完成了，如图 49-25 所示为本实例完成后的效果。如果读者在制作过程中遇到了什么问题，可以打开本书附带光盘中的"主流网站/实例 47~49：太阳镜展示网/太阳镜展示网页.html"文件，该文件为本实例完成后的文件。

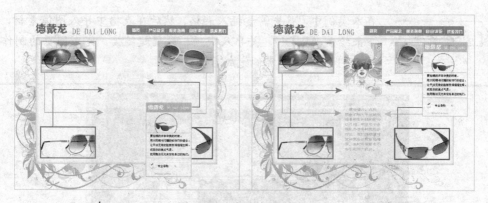

图 49-25 太阳镜展示网页

四、科幻视频下载网站

科幻视频下载网站为一个视频下载相关网站，通过网页上的播放器可以观看视频文件效果，单击网页右下角的按钮可以下载相关视频。通过本实例的学习，使读者了解在网页设置视频和下载的方法。下图为科幻视频下载网站完成后的效果。

科幻视频下载网站

实例 50　科幻视频下载网站

视频的播放和下载是很多网站必不可少的功能，在本实例中，将指导读者制作一个科幻视频下载网站，在该网站，可以浏览视频并下载视频压缩文件。通过本实例的学习，使读者了解在网页中插入视频并设置下载的方法。

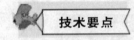

在本实例中，首先需要插入表格，然后在表格中导入图像素材，接下来绘制 AP Div，并导入视频，设置超链接，完成网页的制作。图 50-1 所示为本实例完成后的效果。

图 50-1　科幻视频下载网站

1 将本书附带光盘中的"主流网站/实例 50：科幻视频下载网站"文件夹复制到本地站点路径内。

2 运行 Dreamweaver CS4，单击起始页面的 HTML 选项，创建一个新的 HTML 格式文件，将该文件保存在本地站点路径内，然后将其命名为"科幻视频下载网站"。

3 单击"属性"面板中的"页面属性"按钮，打开"页面属性"对话框，在"分类"显示窗中选择"外观（CSS）"选项，在"页面属性"对话框中会显示"外观（CSS）"编辑窗，在"外观（CSS）"编辑窗内的"左边距"、"右边距"、"上边距"和"下边距"参数栏中均键入 0，确定页面边距，如图 50-2 所示，单击"确定"按钮，退出该对话框。

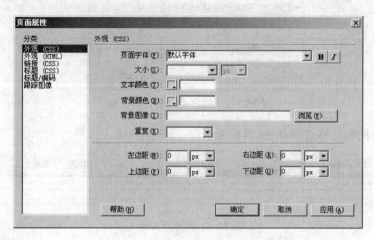

图 50-2 "页面属性"对话框

4 在菜单栏执行"插入"/"表格"命令，打开"表格"对话框。在"行数"参数栏中键入 3，在"列"参数栏中键入 1，在"表格宽度"参数栏中键入 1004，在"边框粗细"、"单元格边距"、"单元格间距"参数栏中均键入 0，如图 50-3 所示，单击"确定"按钮，退出"表格"对话框。

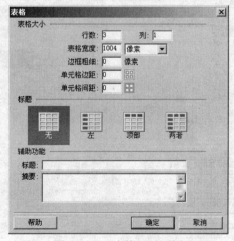

图 50-3 "表格"对话框

5 退出"表格"对话框后，在页面中会出现一个表格，如图 50-4 所示。

图 50-4　插入表格

6 将光标定位在第二行的单元格内，进入"属性"面板，单击该面板中的 <u>拆</u> "拆分单元格为行或列"按钮，打开"拆分单元格"对话框。在该对话框中选择"列"单选按钮，在"列数"参数栏中键入 3，如图 50-5 所示，单击"确定"按钮，退出该对话框。

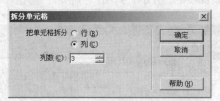

图 50-5　"拆分单元格"对话框

7 拆分后的单元格效果如图 50-6 所示。

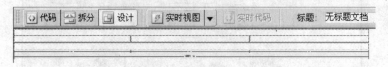

图 50-6　拆分单元格

8 将光标定位在第一行的单元格内，执行菜单栏中的"插入"/"图像"命令，打开"选择图像源文件"对话框。从该对话框中选择复制的"主流网站/实例 50：科幻视频下载网站/image/科幻视频下载网站_01.gif"文件，如图 50-7 所示，单击"确定"按钮，退出该对话框。

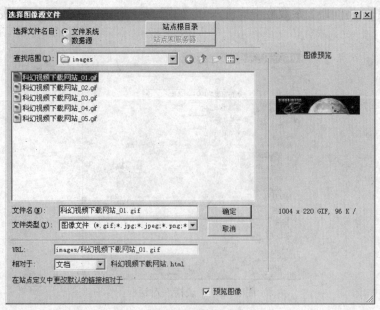

图 50-7　"选择图像源文件"对话框

8 退出"选择图像源文件"对话框后，打开"图像标签辅助功能属性"对话框，使用默认设置，单击"确定"按钮，退出该对话框，将图像导入到单元格内。

⑩　在第二行的第一列单元格内导入复制的"主流网站/实例 50：科幻视频下载网站/image/科幻视频下载网站_02.gif"文件，在第二行的第二列单元格内导入复制的"主流网站/实例 50：科幻视频下载网站/image/科幻视频下载网站_03.gif"文件，在第二行的第三列单元格内导入复制的"主流网站/实例 50：科幻视频下载网站/image/科幻视频下载网站_04.gif 文件，在第三行单元格内导入复制的"主流网站/实例 50：科幻视频下载网站/image/科幻视频下载网站_05.gif"文件，效果如图 50-8 所示。

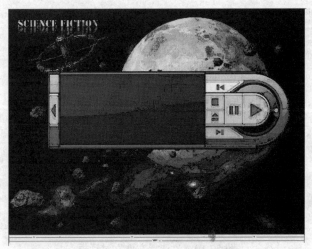

图 50-8　在单元格内导入图像

⑪　在"布局"工具栏中单击 "绘制 AP Div"按钮，在页面中绘制一个任意 AP Div，选择新绘制的 AP Div，在"属性"面板中的"左"参数栏中键入 174 px，在"上"参数栏中键入 221 px，在"宽"参数栏中键入 487 px，在"高"参数栏中键入 227 px，如图 50-9 所示。

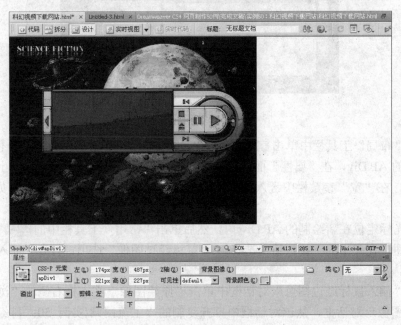

图 50-9　绘制 AP Div

12 将光标定位在新绘制的 AP Div 内，单击"常用"工具栏中的 ▇ ▾SWF 按钮右侧的 ▾，在弹出的下拉按钮中选择 ▇ "插件"选项，打开"选择文件"对话框。从该对话框中选择复制"主流网站/实例 50：科幻视频下载网站/太空动画.avi"文件，如图 50-10 所示。

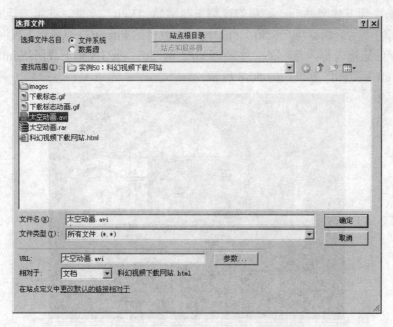

图 50-10　"选择文件"对话框

13 退出"选择文件"对话框后，在新绘制的 AP Div 内会出现媒体插件标志，拖动媒体插件标志的控制柄，使其充满整个 AP Div，如图 50-11 所示。

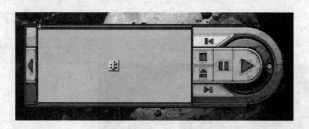

图 50-11　编辑媒体插件标志

14 在"布局"工具栏中单击 ▇ "绘制 AP Div"按钮，在页面中绘制一个任意 AP Div，选择新绘制的 AP Div，在"属性"面板中的"左"参数栏中键入 808 px，在"上"参数栏中键入 496 px，在"宽"参数栏中键入 135 px，在"高"参数栏中键入 234 px，如图 50-12 所示。

15 将光标定位在新绘制的 AP Div 内，然后单击"常用"工具栏中的 ▇ ▾"图像"按钮右侧的 ▾ 按钮，在弹出的下拉按钮内选择 ▇ "鼠标经过图像"选项，打开"插入鼠标经过图像"对话框。

16 在"插入鼠标经过图像"对话框中单击"原始图像"文本框右侧的"浏览"按钮，打开"原始图像"对话框，从该对话框中打开复制的"主流网站/实例 50：科幻视频下载网站/下载标志.gif"文件。单击"鼠标经过图像"文本框右侧的"浏览"按钮，打开"鼠标经过图像"对话框,从该对话框中打开复制的"主流网站/实例 50:科幻视频下载网站/下载标志动画.gif"文件,如图 50-13 所示,单击"确定"按钮,退出该对话框。

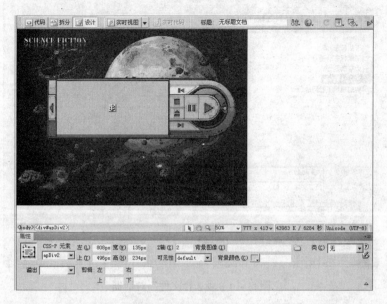

图 50-12 绘制 AP Div

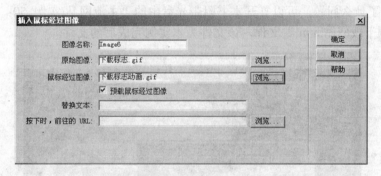

图 50-13 "插入鼠标经过图像"对话框

17 在页面中选择"下载标志.gif"图像,在"属性"面板中单击"链接"文本框右侧的 "浏览文件"按钮,打开"选择文件"对话框。从该对话框中选择复制的"主流网站/实例 50:科幻视频下载网站/太空动画.rar"文件,如图 50-14 所示,单击"确定"按钮,退出 "选择文件"对话框。

当链接文件为 rar 格式,单击相关元素时,会下载链接内容。

提示

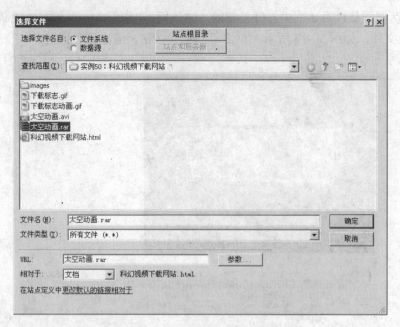

图 50-14　"选择文件"对话框

18　现在本实例就全部完成了，如图 50-15 所示为本实例完成后的效果。如果读者在制作过程中遇到了什么问题，可以打开本书附带光盘中的"主流网站/实例 50：科幻视频下载网站/科幻视频下载网站.html"文件，该文件为本实例完成后的文件。

图 50-15　科幻视频下载网站